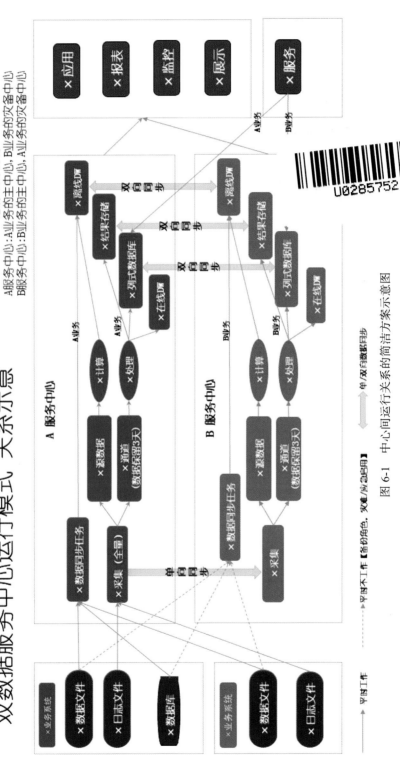

双数据服务中心运行模式 关系示意

总体设计说明

A服务中心：A业务的主中心，B业务的灾备中心
B服务中心：B业务的主中心，A业务的灾备中心

图 6-1 中心间运行关系的简洁方案示意图

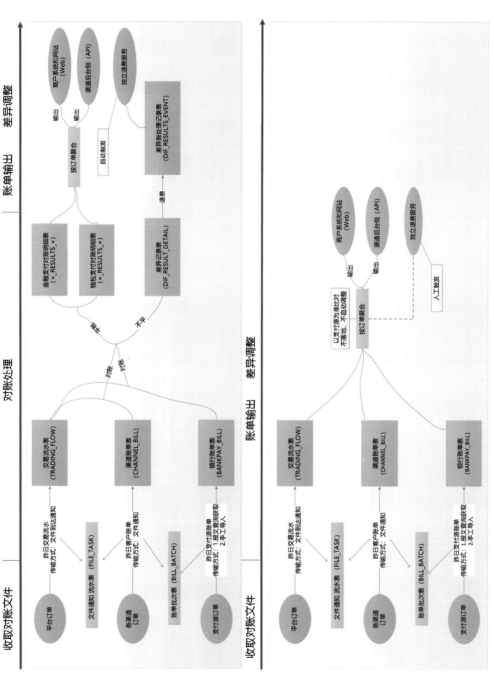

图 6-2　两种对账逻辑对比的简洁方案示意图

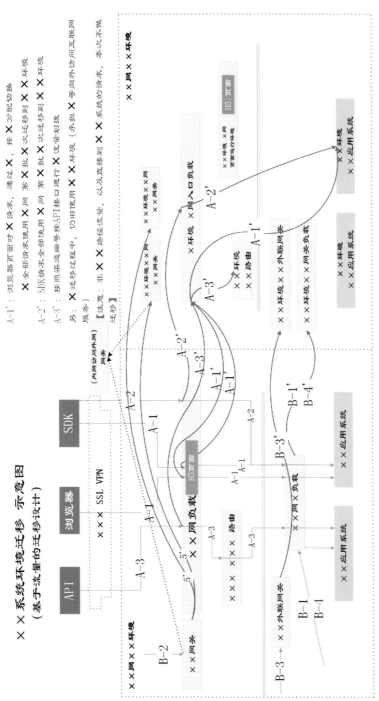

图 6-3 系统环境迁移的简洁方案示意图

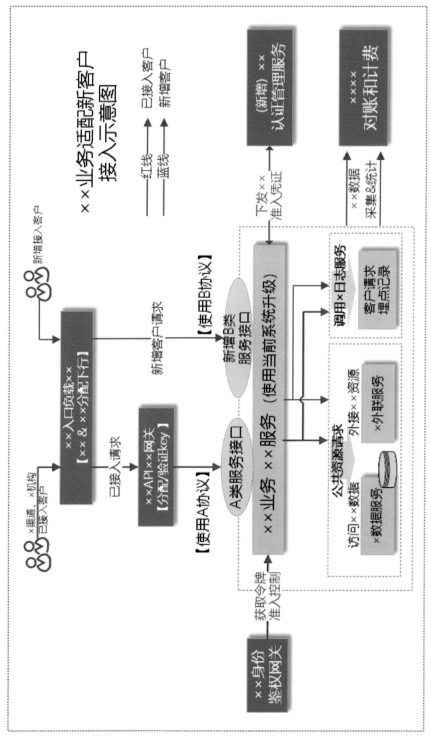

图 6-4　适配新老客户的简洁方案示意图

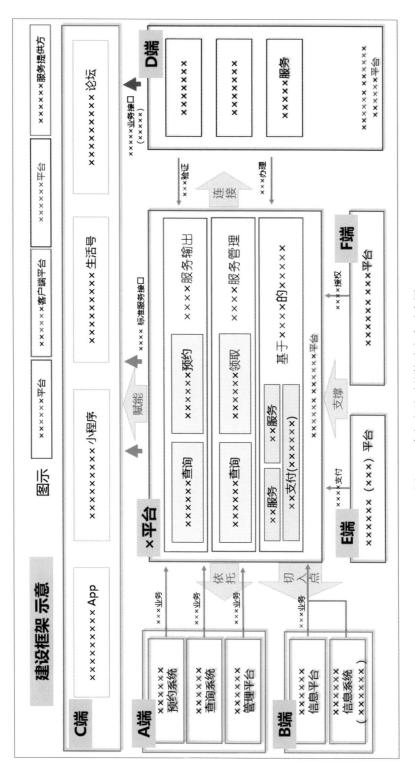

图 6-5　参与方关系的简洁方案示意图

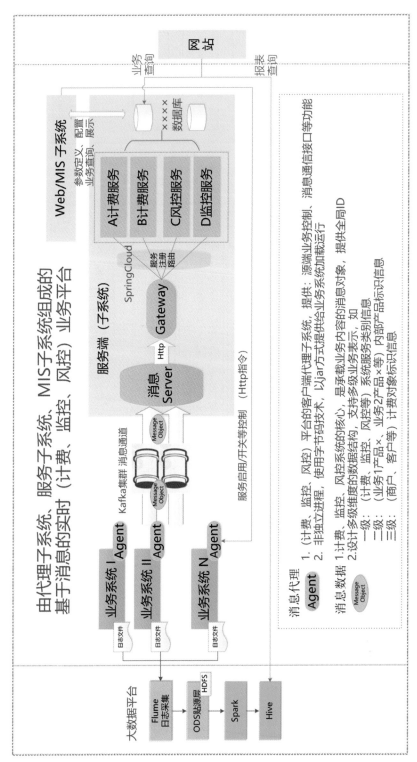

图 6-6 系统间通信关系的简洁方案示意图

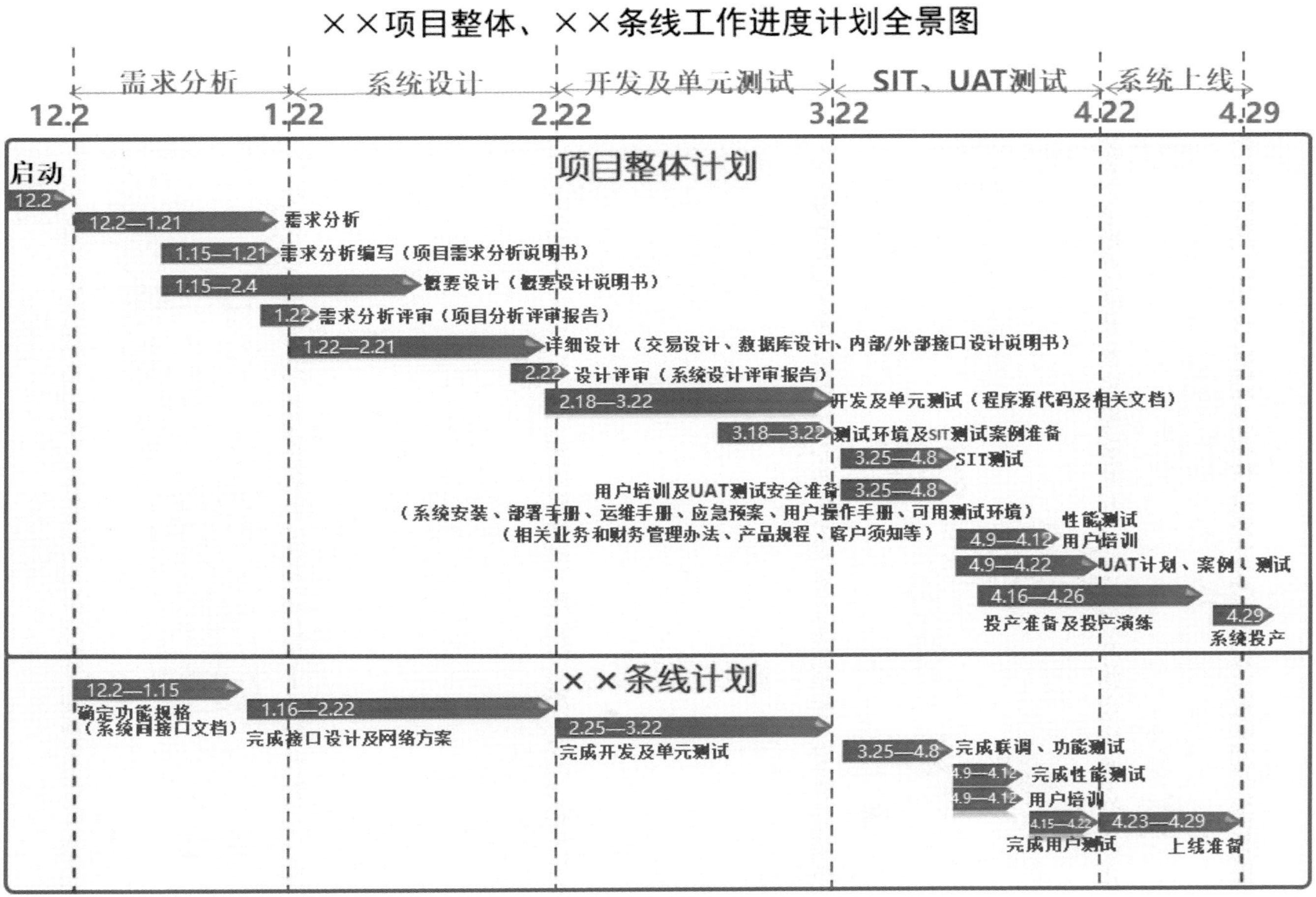

××项目整体、××条线工作进度计划全景图

××项目整体 → 需求分析 → 系统设计 → 开发及单元测试 → SIT、UAT测试 → 系统上线
12.2   1.22   2.22   3.22   4.22   4.29

项目整体计划

启动
12.2

需求分析
12.2—1.21

需求分析编写（项目需求分析说明书）
1.15—1.21

数据设计（数据设计说明书）
1.15—2.4

需求分析评审（项目分析评审报告）
1.22

详细设计（交易设计、数据库设计、内部/外部接口设计说明书）
1.22—2.21

设计评审（系统设计评审报告）
2.18—3.22

开发及单元测试（星标源代码及相关文档）
2.22

测试环境及SIT测试案例准备
3.25—4.8

SIT测试
3.25—4.8

用户培训及UAT测试安全准备
（系统安装、器置手册、运维手册、用户操作手册、同用测试环境）
（相关业务和财务管理办法、产品规程、产品知识、客户须知等）
4.9—4.12

性能测试
4.9—4.22

用户培训
4.16—4.26

UAT计划、案例、测试
4.29

投产准备及投产演练
4.29

系统投产

××条线计划

完定功能规格（系统接口文档）
12.2—1.15

完成接口设计及网络方案
1.16—2.22

完成开发及单元测试
2.25—3.22

完成联调、功能测试
3.25—4.8

完成性能测试
4.9—4.1

用户培训
4.9—4.1

完成用户测试
4.15—4.22

上线准备
4.23—4.29

图 6-7 瀑布式任务的路线示意图

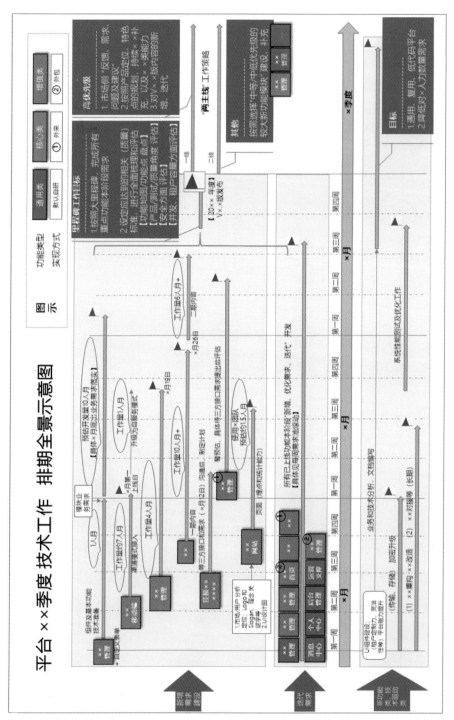

图6-8 迭代式任务的路线示意图

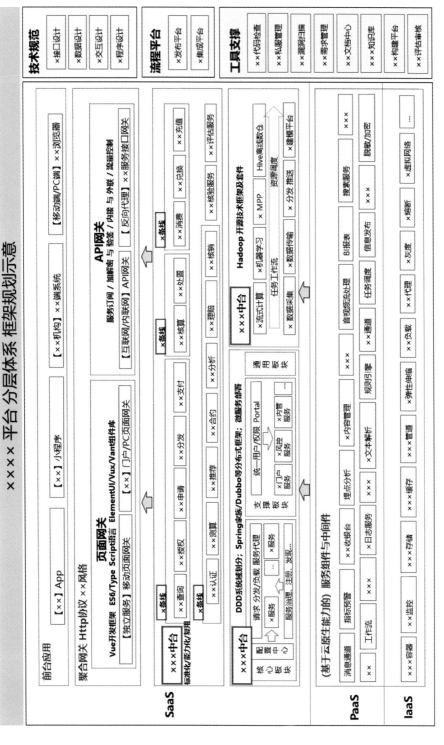

图 7-1　偏重中台和技术栈的分层架构示意图

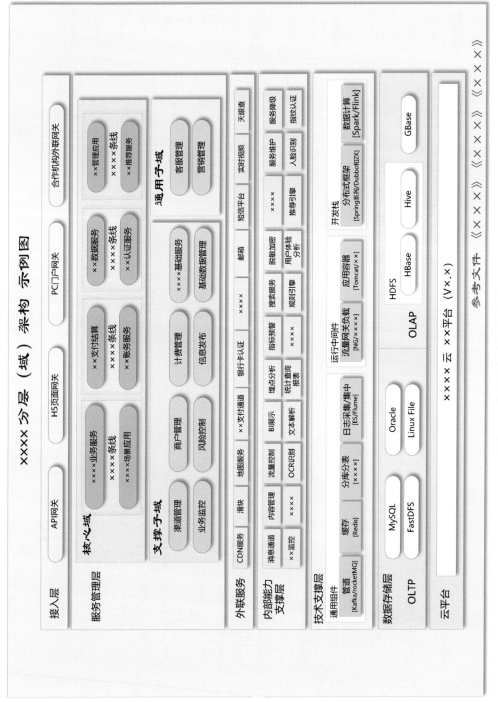

图 7-2 偏重业务域的分层架构示意图

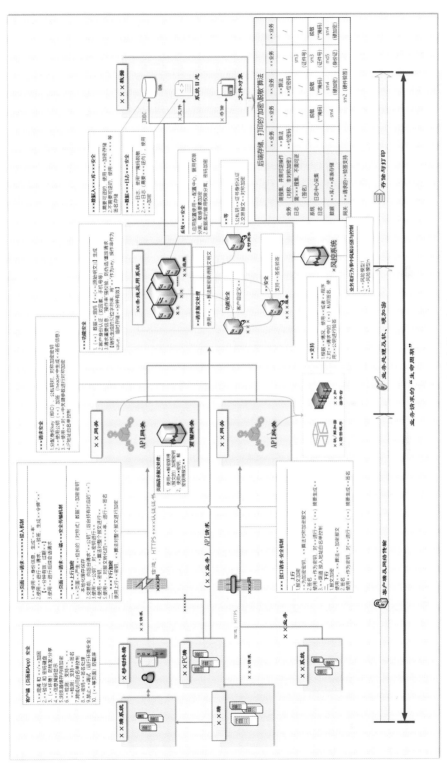

图 7-3 移动应用安全架构示意图

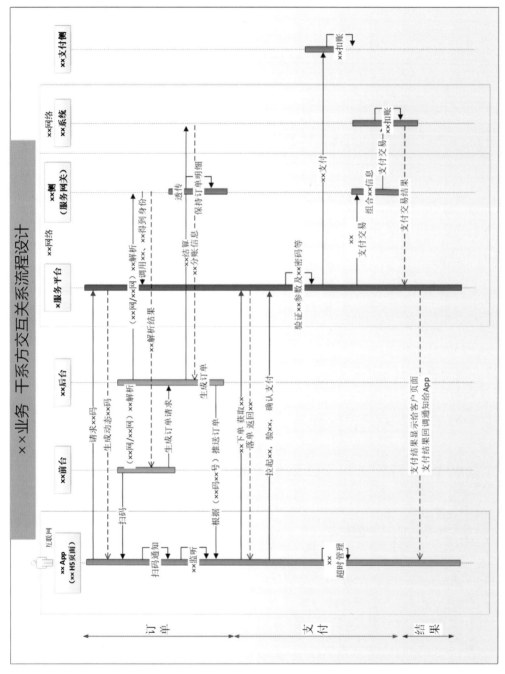

图 7-4　泳道风格交互流程示意图

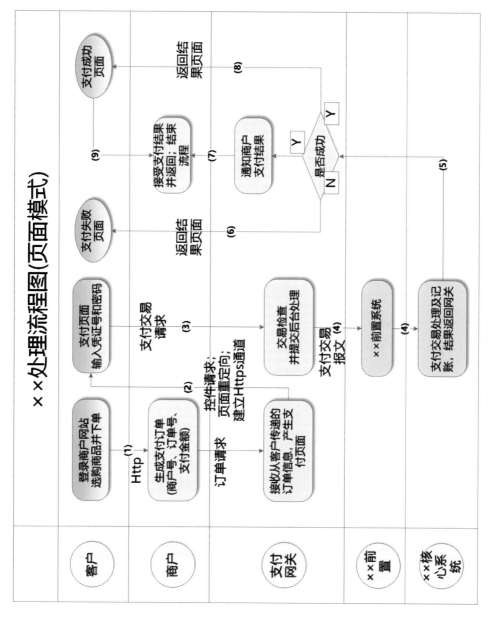

图 7-5 反洗道风格交互流程示意图

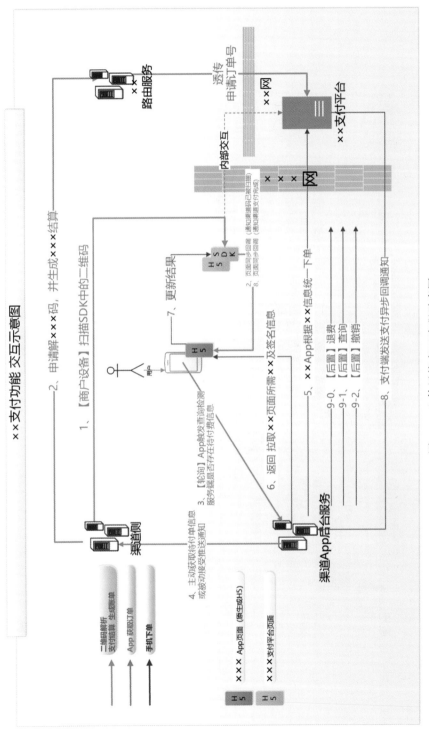

图 7-6 立体风格交互流程示意图

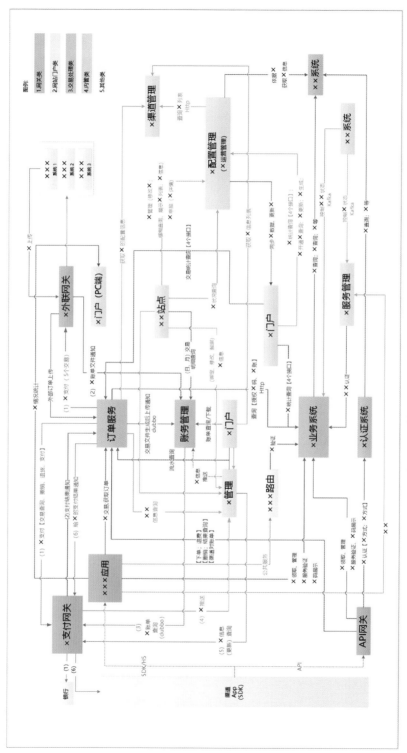

图 7-7 立体风格系统逻辑关系示意图

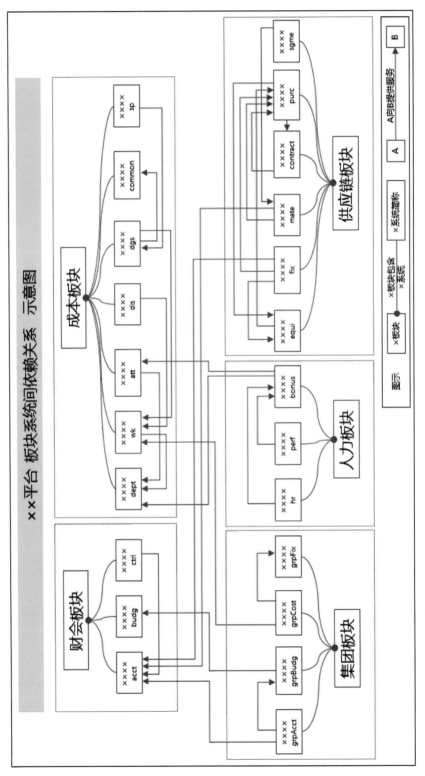

图 7-8 分层次风格系统的逻辑关系示意图

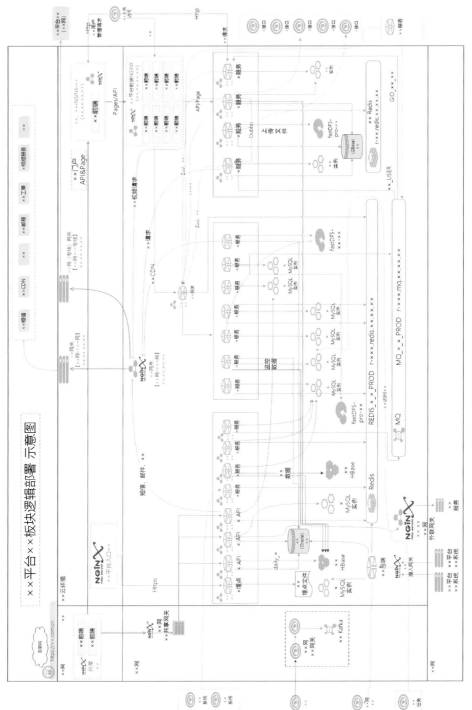

图 7-9 应用系统部署设计示意图

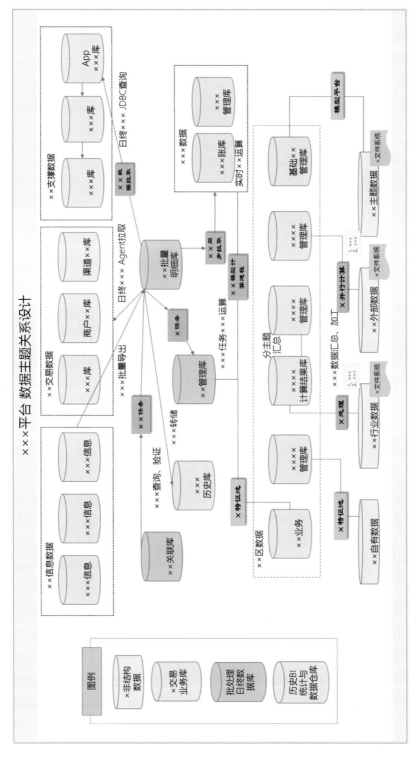

图 7-10　数据主题处理关系设计示意图

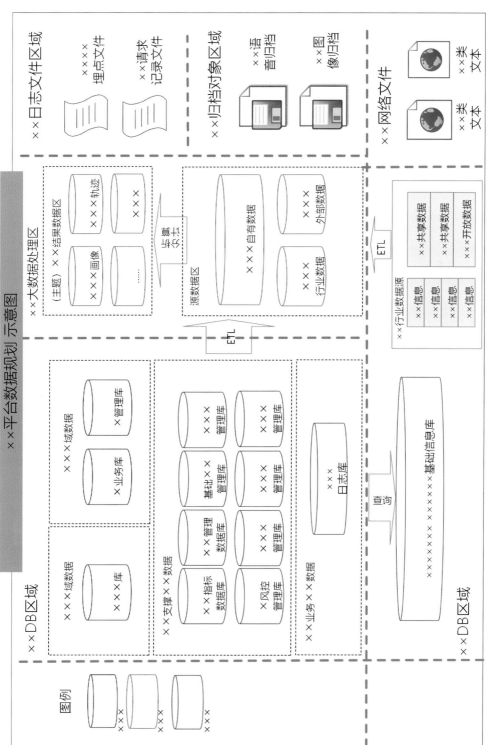

图 7-11　数据分区分类设计示意图

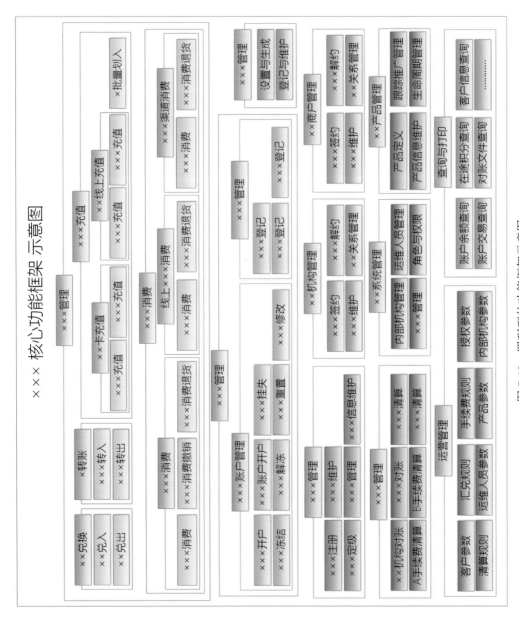

图 7-12 罗列型的功能框架示意图

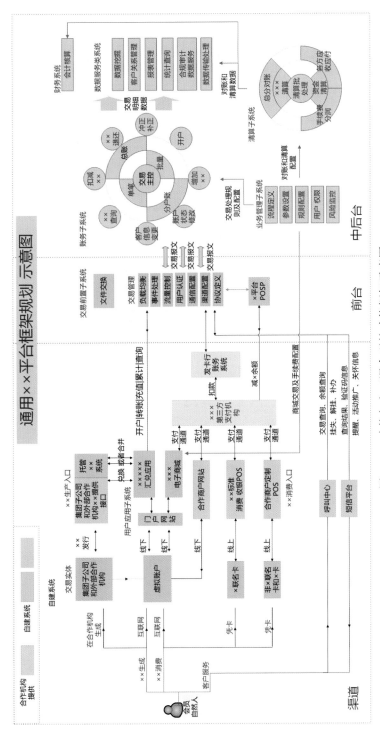

图 7-13 功能与交互混合型的功能框架示意图

软件平台架构设计
与技术管理之道

由维昭 ◎ 编著

清华大学出版社

北 京

内 容 简 介

本书分为两部分。第 1 部分包括 5 章 50 节,通过主题短文,在思想底蕴与思维认知、平台顶层架构与核心能力、技术管理与分析决策方面,给读者提供丰富的工作锦囊,综合提升读者的技术掌控力和布道力,精进方法论,使读者能快速成为一个通识全貌型人才,从容自如地驾驭中大型软件平台方方面面的技术工作。第 2 部分包括 3 章,提供 20 余幅技术方案图和架构设计的工作示意图,以及常用工作台账示例,帮助读者进一步精通图形化表达方法,提升技术设计呈现能力。

本书不仅适合工作于一线的技术总监、架构师和中高级技术人员阅读,对致力于 IT 咨询和布道师岗位的读者,以及扩展知识面、争取持续提升的 IT 项目管理人员、质量管理人员,同样可以从中受益,大获技能包,增强软实力,早日脱颖而出。

图书在版编目(CIP)数据

软件平台架构设计与技术管理之道 / 由维昭编著 . —北京:清华大学出版社,2023.1(2024.5重印)
ISBN 978-7-302-62263-5

Ⅰ . ①软… Ⅱ . ①由… Ⅲ . ①应用程序—程序设计 Ⅳ . ① TP317

中国版本图书馆 CIP 数据核字 (2022) 第 234428 号

责任编辑:袁金敏
封面设计:杨玉兰
版式设计:方加青
责任校对:徐俊伟
责任印制:刘海龙

出版发行:清华大学出版社
    网 址:https://www.tup.com.cn, https://www.wqxuetang.com
    地 址:北京清华大学学研大厦 A 座   邮 编:100084
    社 总 机:010-83470000   邮 购:010-62786544
    投稿与读者服务:010-62776969,c-service@tup.tsinghua.edu.cn
    质 量 反 馈:010-62772015,zhiliang@tup.tsinghua.edu.cn
印 装 者:北京同文印刷有限责任公司
经 销:全国新华书店
开 本:185mm×235mm 印 张:18 插 页:11 字 数:342 千字
版 次:2023 年 1 月第 1 版 印 次:2024 年 5 月第 4 次印刷
定 价:79.00 元

产品编号:099171-01

序一

十年磨一剑

我与由维昭兄于 2002 年相识于清华园。彼时我们同住一间寝室，经常一起去上课、打球，所以彼此非常了解。尤其是 2003 年因非典疫情封校期间，由于同宿舍其他同学恰逢外出而无法返校，只有我和由维昭兄共同度过了那段特殊岁月。我们在学习上互相交流，生活上互相帮助，经常"秉烛夜谈"，因此情谊甚笃。

光阴荏苒，转眼间我们已毕业投身 IT 行业多年。由维昭兄在 IT 系统平台建设方面积累了丰富的经验，无论是在技术、架构还是管理层面都颇有心得。此番他将这些宝贵的经验、心得集结出版，供相关从业人员学习、参考，我认为这是一件非常有意义的事情。

软件行业的发展日新月异。若以十年的时间跨度观之，我们可以清晰地看到技术、架构、方法论等方面的变迁。尤其是在业务发展的驱动下，行业精英们在前人的基础上不断推陈出新，精益求精，如今分布式、高并发、高可用、DevOps 等技术和理念已深入人心并得到广泛应用。能够深入理解和驾驭这些技术、架构和方法论，在中大型平台建设中担负起至关重要的决策和管理责任，使平台建设取得成功并可持续发展，不断满足新的业务需求和变化，是很多 IT 从业人员心向往之的职业发展方向。本书恰恰为这一群体提供了一个宝贵的视角，细数软件平台建设中涉及的方方面面，以道贯术，字字珠玑，并配以多幅技术方案和架构设计的工作示意图，让读者可以信手拈来作为借鉴，用于在自己的工作中表达技术观点、要点所需。

《易传·系辞》里说："形而上者谓之道，形而下者谓之器。" 古希腊哲学家亚里士多德留下的诸多著作，被后人分为两大类：Physics（物理学）和 Metaphysics（意思是那些高于物理学、看不见、摸不着的学问）。日本哲学家井上哲次郎在看到 Metaphysics 这个词后，联想到《易传·系辞》里的那句话，把 Metaphysics 翻译成了"形而上学"，即所谓"道"。类似地，如果我们把市面上那些关于具体技术主题的书籍比作 Physics，本书则进入了更高的层次，深入探讨 Metaphysics。能在技术工作实战中做到"大道至简、淳朴自然"，是每一位 IT 从业者梦寐以求的境界。放眼看我们的实际工作，许多技术同仁往往精通于"术"，但在信息技术与项目管理、设计能力与表达技巧、工作计划与组织落地、履职做事与带队育人等诸多方面的融会贯通，相对缺乏洞察力和悟性。毫不夸张地说，加强"道"之修为、提升"道"之水准，已经成为他们在职业道路上持续发展的当务之急。本书正是此类读者的福音。

"致广大而尽精微，极高明而道中庸。"由维昭兄说决策是一门"折中"的艺术，此语深得我心。一个有悟性的人无论从事何种职业，在有了一定的人生阅历之后，通常会发现文学、历史、哲学、美学这些"无用之用"往往堪当大用。"世事洞明皆学问"，恰如有人说"建筑是凝固的音乐，音乐是流动的建筑"，这世上很多事物貌似迥异，实则相通。当一个人的认知水平达到了可以轻而易举地识别这些相似之处的层次，他便拥有更多的智慧锦囊，从而在做决策时更加得心应手、游刃有余，甚至是呈现"降维打击"的态势。本书在看似不经意的漫谈间，即能够助您体会这种"一览众山小"之感，实为可贵！在我个人印象中，还从未阅读过如此风格的 IT 类著作，而由维昭兄能够仅用寥寥数周的时间，思考和整理出如此多的锦囊并且执笔成书，已然令我十分惊讶，请我为本书撰文作序，更是让我不胜荣幸。

由维昭兄性情中有一股锐意进取的气势，又不乏逻辑、思维上的缜密性。他求真、务实，看问题高屋建瓴，写文章开宗明义，从宏观趋势到微观细节都把握得很到位。这一特点在本书的结构和内容上也得到了充分的体现。

"如切如磋，如琢如磨"。学问之精进永无止境，每一代人都是在继往开来，与时俱进。本书作为由维昭兄十年磨一剑的倾心力作，囊括了他从业十数年的经验、心得之精华，希望可以为读者带来启发，激励更多从业者在个人发展和行业建设方面不断进取，砥砺前行。

——Salesforce 资深系统集成架构师　左学明

2022 年 7 月于澳大利亚悉尼

序二

一本有故事有品位的IT书

刚拿到维昭的（供写序版）书稿，看到这个题目的第一反应就是：软件平台架构设计是个千头万绪的工作，技术管理也是见仁见智，写这样的内容并不是一件很讨巧的事情。

也正是出于架构师的好奇，促使我接过书稿，打算先看看再说。开始读前面几页以后，内容很快就吸引了我，这不是一个一板一眼地写计算机技术方面的书籍，好像是面对架构师和技术负责人，在讲述一些过往的故事，其中不乏很多犀利的描述和评价，非常有意思，漫谈中富含率真智慧，诙谐中不失严肃认真。于是我用了好几个中午的时间，将书稿仔细地读了一遍。

除了剖析软件架构设计的技术发展方向，作者大量分享了经验和教训，包括系统设计者一些共性的问题，比较容易引起共鸣。例如，很多时候，对于有大型架构设计经验的工程师和技术负责人来说，不论是新建系统，还是已有系统的实用化改造，适当地运用新技术、新模式进行设计非常重要，但却不免常常陷入"过度设计、模式迷恋"等需要克服的痼疾中，无法自拔。

对于系统设计所涉及的主要技术和产品，作者也用自己的经验和语言做了全面而简洁的描述，中间还穿插项目实操的案例，相当于一部用很小的篇幅展示当下比较流行的技术介绍的短视频。

无论是作为初涉架构师岗位的新人，还是工作多年的技术设计与管理的老司机，完全可以对标书中的几十节内容进行自检，自我评估做得如何，哪些事项没有得到应有的重视，并考虑规划和改进。本书还有一个特点，那就是章节设计相对独立，内容也非常解耦，很适合工作繁忙、没有整块阅读时间的读者，只需利用碎片时间，即能够通畅阅读完本书。

——腾讯云专家工程师　黄志东

2022 年 7 月于北京

序三

大型软件系统驾驭之道

作为一个软件行业的从业者，我在该领域摸爬滚打了二十多年，见证了 IT 架构的演化变迁过程。企业 IT 架构是一个随着业务的变化不断发展进化的过程，每种架构在当时的阶段都非常好地支撑了当时的业务模式。信息化技术刚开始应用到业务，可能使用一个单机软件就可以搞定一个信息系统。随着技术的发展和越来越复杂的业务需求，软件架构变得越来越复杂，系统越来越庞大，设计并驾驭如此复杂的软件系统，考验着每位软件架构师的综合能力。

随着技术的发展、业务规模的暴增、商业模式的创新，企业 IT 架构经历了单体架构、应用分层架构、分布式架构和云计算架构等不同阶段。原来一个系统由一个团队就可以开发维护，慢慢发展到一个系统由数十个应用构成，需要几十个团队相互协作，企业业务协作的范围也从企业内部走向基于极端开放、动态的产业生态链按需协同。前所未有的分布和开放的特性，意味着企业 IT 系统的应用架构、开发运维、互操作框架、通信协议、高可用要求等许多方面与传统架构有着本质的区别。

一方面，所有的架构都是为了解决特定的业务场景，业务场景千变万化，每个人的技术背景不同，站的角度不同，所理解和设计的系统架构也就各不相同；另一方面，架构总是不断演进的，新的技术也层出不穷，因此软件架构的落地形式与能力边界也在不断进化中。软件开发底层的设计细节和高层架构信息是不可分割的，它们组合在一起，共同定义整个软件系统。软件架构师这一职责本身就应更关注系统的整体结构，而不是具体的功能和系统行为的实现。软件架构师的目标是创建一个可以让功能实现更加容易、迭代修改更加简单、扩展更加轻松的软件架构。随着技术的升级及业务的创新，企业级应用平台所面对的技术协作难度及管理成本均大幅上升，在这样的趋势下，软件平台架构设计与技术管理显得尤为重要，它决定了一个大型项目的最终成败，本书正是面向大型软件工程项目的架构设计与技术管理的解决之"道"。

架构设计是一门复杂的学问，要综合考虑编码、集成、部署、运维、可观测、容错、扩展、升级迭代等各种因素。要想提高软件架构的质量，就需要知道什么是优秀的软件架构。而为了在系统构建过程中采用好的设计和架构，以便减少构建成本，提高生产力，又需要了解系统架构的各种属性与成本和生产力的关系。因此，架构设计是平衡和取舍，不仅是简单的技术问题，更是管理智慧。永远没有绝对最优的架构，只有相对适合的架构。一个软件架构的优劣，可以用它满足用户需求所需要的成本来衡量。如果该成本较低，并且在系统的整个生命周期内一直能维持这样的低成本，那么这个系统的架构设计就是优良的。我们在做一个大型的复杂系统的架构设计时，不仅要考虑业务承载，还要考虑未来技术发展趋势，更要结合当前技术团队的知识储备，是一项综合业务＋技术＋团队管理的系统性工程。

软件架构设计是一件非常困难的事情，通常需要大多数程序员所不具备的经验和技能。不是所有人都愿意花时间来学习和钻研这个方向，做一个好的软件架构师所需要的技术广度和深度，以及团队管理的平衡驾驭之道，可能会让大部分程序员望而却步。本书正是作者多年大型项目架构设计及技术管理的经验总结，虽然篇幅不多，但却很有针对性，兼顾理论升华和实践落地，可谓"人狠话不多，字字暴击，全程高能"，对 IT 相关的从业人员具有非常好的实践指导意义，相信读者必能从中受益匪浅。

—— 阿里云架构师，《企业级云原生架构》作者　刘景应（四牛）

2022 年 6 月于北京

推荐语

正所谓实践出真知，老由作为技术总监，一直工作于公司各类系统平台建设与维护的一线战场，解决了无数技术问题和各类疑难杂症，对于如何提升平台的技术水准具有发言权。不止技术，老由此次将多年经验以自己的视角进行了提炼，在管理方面也提出了众多的价值主张和锦囊妙计，在书中一览无余。

本书使用了对话式的接地气语言，辅以自然的幽默，降低了阅读门槛，延伸了阅读范围和边界，令架构设计和技术管理之"道"变得通俗易懂，无论是刚出象牙塔的年轻人，还是职场中细分角色的架构师、CIO、CTO、PM、QA，甚至产品和运营人员，只要开卷，皆有收获。

金保信社保卡科技有限公司总经理　殷牮

随着现实世界中业务复杂度的增加，软件的复杂度以几何级数增长。软件也从"件"进化到系统，再进化到平台，正在向开放式生态演化。在管理复杂性和应对不确定性的过程中，关键要素并不是先进的技术栈，而是一个可以不断进化的架构，并围绕其建立可持续运转的体系，这也正是本书的主旨。维昭讲的不是一个死的架构模型或者方法，而是基于他在金融和社保行业的深入实践，演绎出的一个"活"的架构思考体系。这本书可以帮助技术总监、架构师和开发人员在现实世界中，活用架构思维，来对抗系统的熵增。

让我非常有感触的一点是本书的开篇，讲的既不是架构方法，也不是一个闪光案例，而是一个技术负责人的画像，为全书"以人为本而论技术工作"的独到写作视角打下了伏笔。管理，特别是研发和技术管理，最重要的对象既不是系统，也不是技术，而是人。人是创造问题的根源，也是解决问题的依赖。这些管理的心得和技巧，融汇在书中的每一个章节，将架构和管理两个维度巧妙地连接在一起，让人受益匪浅。

资深技术专家　吴震操

软件平台是中大型企业数字化转型的基础和灵魂。面对层出不穷的新技术，如何把握平台架构设计、驾驭平台建设之道，既是 CTO 和首席架构师的责任担当，也是所有开发人员必须面对的重大挑战。中大型软件平台如何建设和维护、架构如何设计及规划、管理如何体系化和可持续，都考验着平台负责人的功力。本书作者把沉淀多年的实践管理经验，用丰富的场景呈现平台管理工作的理念和方法，立体多面，娓娓道来，可以为一线技术管理者提供有力的帮助。特别是如此丰富的锦囊妙计，针对实际工作场景中的具体问题，提供解决方案、工具和案例，全是干货，是架构师不可多得的宝典。

中信集团信息技术管理部总经理　张波

近年来，很多行业都在采用分布式技术进行大型应用系统的建设和改造，不难看到，由平台技术能力来引领企业发展并在市场竞争中获胜，已成大势所趋。本书对此类平台的技术及管理工作，提供了清晰的概念、原则、要领，很有见解地展示出带领大型 IT 队伍工作的方式、方法，不仅金融科技从业者可从中受益，对于进行其他行业的信息化建设和数字化转型工作的 IT 人员，也具有现实借鉴和参考意义。

中冶研（北京）国际信息技术研究院院长　陈天晴

何谓软件平台？业界有众多的定义，却总是给人"云深不知处"之感。作者对其进行了释义，个人认为是对软件平台专业而易懂的名词解释，作者立足反哺行业、基于技术实战的角度去编写本书，进而改善市面上此类书籍的稀缺现状，精神可贵。

作者以清华技术男的原创精神，对多个项目案例经验教训的细致提炼，采用东北人与生俱来的幽默语言，对分布式应用平台的各工作面进行了剖析式指点。相信读者可以从本书中为自己有效赋能、赋智，灵活应对平台建设过程中的各种矛盾，有效驾驭整个平台。不得不说，本书独特的视角，有成为行业书籍一面旗帜的潜质。

北京软件和信息服务交易所总经理　刘惠军

本书作者长期服务于对安全和性能要求极高的金融领域，具备丰富的系统建设和平台顶层设计经验。通过对自身工作实战经验的提炼总结，在本书中提出了平台设计与技术管理"之道"的概念，深入浅出、化繁为简，将软件平台设计中晦涩的专业知识和技术术语用浅显易懂的方式娓娓道来。

　　总体看，本书是一本兼具深度、智慧和趣味的图书，不但将软件平台技术和架构设计等理念融入书中，更通过实例剖析了平台设计开发的成功经验和难点，让读者系统地了解和掌握平台设计方法论，享受平台设计工作的乐趣。本书不仅适用于项目管理者、产品和平台技术负责人、架构师，也适用于技术总监、CEO 等管理人员，读后必将从中受益。

竹云科技副总裁　赵静谧

　　架构是驾驭复杂系统建设的有效方法论，简单地说就是要有整体思维和方法工具来开展具体的大型系统建设。作为金融行业从业老兵，深感金融行业特别是银行系统建设，复杂度高，从业务架构、数据架构、技术架构到集成架构，特别需要这些方法来驾驭大型系统的建设、实施甚至管理。本书作者结合其丰富的金融行业数字化领域的建设经验，从实操角度提供了很多驾驭大型平台及开展系统建设的方法和经验，特别适合这些行业的相关从业者借鉴。

　　本书作者笔力惊人，语言流畅，能以这样的方式写作计算机书籍，为之称绝。

百合金服总经理　厉冬

前言

计算机技术的发展日新月异,市面上软件架构、项目管理、IT 技术类书籍层出不穷,从软件专业和技术视角进行阐述的居多,但对技术烂熟于胸,还是无法保证你能成为优秀架构师或驾驭平台的技术负责人。

在互联网、金融、支付、电子商务、民生服务领域参与 IT 系统平台建设工作多年,我认为确有必要静下来梳理和总结,写这样一本书,通过精湛的主题短文和技术设计剖析,分享在平台建设与维护、架构规划与设计、技术管理与问题决策等各类工作过程中,对"思维、认知、专业能力"的沉淀总结,以及"工作实战经验"的精华观点提炼,给读者提供丰富实用的工作锦囊,帮助大家掌握顶层架构设计和表达方法,精进方法论,优化团队管理;善于审时度势,明察秋毫,综合提升技术工作的掌控力和布道力;增强软实力,快速地成为一个通识全貌型人才。

论道,可以简言间传递领域智慧、触达心灵。与此同时,更希望视本书为软件平台技术管理指导、架构设计与表达的全景字典,可以书中内容及观点作为实际工作参考,在多种场景下把控正确方向,进行有效决策,以解决实际问题,完成各项任务,并且能够对前瞻性的工作行动有效赋能,帮助读者进行主动审视和积极规划。

书中内容并非完全诉求 IT 技术本身,每个章节独立成文,语言简洁易懂、诙谐幽默,虽系计算机类书籍,但阅读门槛不高,能够以醍醐灌顶的方式指导软件平台技术工作,是对市面上此类书籍稀缺的有利补充。

写作背景

书中提到的专业知识、技术术语,以及作为全书主脉的"平台"二字,更多来自于本人所工作过的行业领域,即平台的构成体是定位于不同功能目标的系统群,使用以开源技术为主的主流分布式框架和高级程序语言设计开发,服务端和多形态客户端相结合,通过网络方式向(C 端 /B 端)各类客户提供业务应用和场景服务。可以明确地说,此"平台"系社会各行业应用最为广泛且具有代表性的 IT 技术应用形态,主导软件架构理念和技术演变，并体现 IT 行业主流的管理与发展模式，覆盖大多数的 IT 从业者。

驾驭软件平台，面临多方面的工作难度。

1. 规模大，团队大，投入大

相互关联的庞大系统群，由架构、开发、测试、运维、质量、项目管理等多个团队共同参与建设、维护和管理，技术人员规模一般超过百人，各端采用多种类型的技术栈和工具，平台建设可能占据企业一半以上的成本支出，上游面对多条业务线（产品线），承载企业全部的数据资产和用户交易，决定企业的市场竞争力和商业价值。

2. 参与方多，错综复杂

软件行业各领域呈现专业纵深发展和分工细化的特点，平台建设必须最大化集成和复用外部的能力，需要联合众多外部角色，包括参与平台建设的外包商、产品供应商，以及平台功能所依赖的三方平台服务方、合作机构端等，不可控因素多，集成、异构带来很多的技术风险，跨公司沟通成本高，项目群管理难度大，整体工程的进展和质量风险敞口指数级增大。

3. 硬实力和软实力要求都极高

平台中，分散自治与规范统一、技术异构与通用通配、安全合规与开放易用、交付速度导向与架构基石等矛盾对立处处存在，如影随形。驾驭这样一个错综、复杂、立体的"怪兽"，除了必备专业技术技能、熟知企业业务之外，必须具备出众的沟通力、表达力、领导力、思维认知和场景经验。平台级技术架构设计规划与工作决策，是更高阶的架构能力级别，也是更考验"方法论"的运用和"平衡、取舍"的艺术。矛盾无处不在，驾驭软件平台的精粹是驾驭矛盾。

由于技术栈的多极化、立体化发展，企业中已难觅前后端技术通吃的系统架构师，更何况平台要满足服务治理、高性能和高可用、自适应性，以及开发运维一体化和自动化等不同维度的高标准要求，还会涉及大数据、人工智能、区块链等多个领域。就规模、关联性和复杂程度而言，软件平台非一般系统级技术架构师、团队级开发负责人所能掌控。

在个人技术能力覆盖型的管理方式无法满足的情况下，必然需要平台顶层视角级角色，掌控高阶架构，知道每个阶段的工作重点、抓手和工作价值点所在，在相关领域技术理论之上的层面，剖析多个架构切面和主题，进行平台级抽象表达，并能够洞察和平衡多方优劣，有效进行认知提炼，面向平台的能力空间，进行最顶层架构设计规划和技术工作决策，有效引领系统群整体建设。

读 者 对 象

> 建设和维护软件平台的技术负责人、架构师、中高级技术成员。
> 致力工作于"CTO、技术总监、架构师、技术咨询或者布道师"岗位的读者。
> 扩展知识面，争取持续提高的产品、运营人员，以及IT项目管理（PM）、质量管理（QA）人员。

本 书 导 读

本书名称经过多次修改，最终使用"之道"二字，旨在表明，如果一个系统的技术工作更多地聚焦于以软件技术实力为代表的"术"的级别，驾驭平台则更重于上升至论"道"的层面。很少有这样的书，也很难去写这样一本书。

本书是一本与常规技术书风格迥然不同的书籍，第1～5章通过50节主题短文的表达形式，力求语言的简洁精辟，引经据典，如故事一样轻松易懂，篇幅虽不长，但细心阅读会发现承载的信息量很大，全是干货。

50节主题短文的组成方式为：第1章、第2章的23节内容，不仅点睛思维与认知，而且揭示技术工作中的精粹要点；第3章的9节内容，通过架构主题进行平台架构设计的全景式指导阐述，第4章的9节内容，则对高可用、高性能、防御保障等关于核心能力的话题，进行了体系性的关联、剖析和指导，知识点覆盖面广，概念定义分析透彻，不失为平台架构工作小字典；第5章的9节内容，重点在打造高能力技术团队方面进行授道。

可能还没有这样一本书，剖析技术设计材料，与你探究制图之道。本书第6章和第7章提供20余幅技术方案图和架构设计的工作示意图，来源于本人工作和个人学习过程中的手稿，经过完全的信息脱敏后提供给读者，希望能帮助读者学习"表达技术观点、要点"的方式，这对于粗颗粒度的、指导性的设计工作尤为重要，在平台工作中必不可少。第8章则提供两个领域的技术评审参考项和3个台账模板。如果你在工作场景中为制作技术设计图、方案图或者制定评审清单犯难，也可以使用这些材料作为模板参考，用于解决实际问题。

书中大部分内容和观点阐述，多是从认知和方法论的视角来着笔，横跨思维、技术和管理，希望给读者带来一份职业能力发展的"点金术"，即使你是非此形态的软件（如细分领域内的专业软件、底层软件或者特定应用的单体软件）工作者，一样会从本书获益。

在阅读过程中，希望你能在简单的文字中，识别出具备赋能价值的关键词汇，并进行思考和自我评估。例如，你是否在"风险偏好""生死线指标"这些方面做过明确的定义，是否熟练使用这些作为决策时的理性判断参考维度；你在向上级汇报时，是否存在"技术性幼稚"的问题，甚至阻碍了职业发展；"技术债务"四个字，是否可以帮助你将很多工作任务归入此类，为任务带来一种有味道的属性，增强任务的识别性，为任务赋能；"模式病"和过度设计在你的团队的设计工作中是否大量存在，为此在技术评审中应该有哪些卡口；"分区治理"四个字，是否可以让下属团队迅速理解平台层数据库设计及应用部署设计的核心出发点；"最小化实现"是否可以帮助团队理解软件工程技术角度的敏捷思想；多次使用的"高阶""要素""主题""切面""问题域""标的物"，以及"软技能""全貌""推手""标签""主脉""通识""加持""套牢""舒适区""胜负手""反模式""预研""缓释""补偿""水位线""标靶""底线""范式""勾稽""契约""可信度加权""兜底""冗余""心智模型""风险敞口""粗略视图""进程鸡窝""富文字图""桎梏""漏勺""雪崩""盲区""固化""拓扑""扎口"等字眼，均来自工作实践的升华和对IT"土壤环境"的诙谐领悟，可以在抽象和总结性工作场景中，解决词汇贫乏问题，在工作中熟练运用这些词汇，可以让你的表达和汇报上升到新的高度，布道能力更高超，宣导更加顺利。

掌控这些技能需要不断地练习与实践，走出技能"舒适区"才能实现突破。本书通篇内容为一行一行原汁原味的创作，剔除批量化制造的铜臭味，使用对话的口吻和尽量接地气儿的语言，多处引用成语、谚语，大量使用比喻写法，期望带给读者原生态技术语言之感受，体现软件平台技术工作中的情愫和品味。

　　最后，进行两个阅读提示：一是对于阅读本书的收获，我最期望的是提供进入一个新的境界的思考方式，本书中提供了很多经典的例子，究其本质而言，是可以在多个章节里面通用的，读者在阅读中请注意体会；二是对架构设计与技术管理的论道，本书内容是基于我 18 年工作与学习积累的经验，一定会带有不同程度的主观色彩，因此读者要有一个弹性的理解，与其过多关注内容的正确性和权威性，不如以此为点拨，作借鉴之用，以思考和实践自己的论点。让你的思维进入本书谈论的话题领域，悄然间发生质变，是我的最大目的。

　　本书经过精心思考后所使用的词语和表述，相信其中不乏精粹之处，映射了本书书名"之道"二字，如同戳破窗户纸，触及心灵，成为你的武器库、技能包，在 IT 队伍中脱颖而出。

由维昭

2022 年 5 月

目录

第1部分　技术负责人的工作锦囊

第 2 部分 技术图表材料实战解码

第1部分　技术负责人的工作锦囊

洞悉研发工作精粹　解构平台设计全景

第 1 章
良好认知，成功钥匙

领导软件平台各方面的工作，对技术底蕴、思维模式、决策能力、工作风格、文化铸造等方面都有极高的要求，你可以称之为"领域智慧"。认知盲区的代价是巨大的，"不知"比"不会"的后果更严重，可能导致方向性的错误。

庞大的科技队伍，可谓千人千面，管理工作中出现举棋不定、迷茫不清时，唯有以扎实的认知作为心理的定海神针，切不可做无根之水。带队更是育人，深厚的认知力不仅有助于完成平台技术工作，更是建设梯队、为社会培养人才的无形之手。

本章的 12 节以认知为主话题的短文，来自本人长年平台级技术工作的精心提炼，从人物和职业特征、文化风格，以及工作思维和沟通交互方面着笔，貌似初读即懂，但达到熟练应用于实际工作，还需要从心底反复领悟，也可作为丰富综合布道力的认知基石。

良好的认知无疑会加速团队的成长，对此而言，比起机械、沉重地再学习，精炼、轻灵的点拨或许能够带来更多的灵感启发，如同打开成功大门的钥匙。在繁冗、枯燥的 IT 技术工作中，埋头干活不能忘记抬头看路，主动发现更多的"艺术"细胞，增加更多的抽象领悟，终会拨云见日。在工作陷入僵局时，回到认知上去审视自我，助力破茧而出。

需要提醒的是，要心怀正能量地使用本章中的方法，不可将这些方法和技能最终运用成"个人计谋和手段"，否则会适得其反。

1.1 为技术负责人画像

软件平台的体量、复杂度、专业度，对架构设计和布道工作提出了更高阶的能力要求，平台的技术领导力，由 CTO、技术总监、高级架构师等少数核心角色决定，一般而言，技术总监职责重在团队建设与管理，并对任务完成情况负责，架构师则主要在工程和技能领域发挥作用，CTO 更具统领价值，除了更多的管理层事务和外联类工作外，还应建立行业影响力、取胜于格局。项目管理、质量管理团队则扮演"监督和加持"的角色。

本书内容涵盖架构设计与技术管理两大（职能）领域，考虑到不同公司组织结构中，高级技术岗职位头衔设置及职责分工各不相同，因此，根据具体语境，书中很多处使用了更具普适性的"技术负责人"一词，来统称此类领导角色。下面从以下几方面对技术负责人做一个画像。

1. 基础能力方面

软件平台技术工作有清晰的行业技能要求以及人才可识别性，对于高级岗位也不例外，主要包括：科班出身最佳，开发技术精湛，软件架构设计原则清晰，领域任务经验丰富，具备系统[①]化思维能力，文档扎实，沟通良好。同时，性格好，正能量，不仅对 DevOps 和新兴技术有兴趣，而且乐于积极辅导，善于通过技术评审等方式带动团队提升，并且勇于在第一线处理故障……

2. 工作职责方面

作为平台技术负责人，需将有限的精力在项目管理、开发测试、运维、安全、质量等板块进行合理分布，重平台的技术能力，善破解关键瓶颈。既能保证任务的进展，又能在研发管理上抓重点、出成绩，确保高质量交付。同时，积极规划运维工作，为平台保鲜，守住生死线，保持各类服务高效、稳定运行。

3. 格局、能力和认知体系方面

对外必须具备能够使目标市场相信公司在这个领域的技术领导力和权威性，对内必须能使下属团队接受、实施平台技术规划的设计方案。除了技术布道任务外，还要熟知技术工作的运作规律、背后的无形"推手"及各类工作方法论，并具备积极的向上管理意识，必须在认知层面八面玲珑，从深度和广度上提升自己。

4. 人物性格方面

通过不断地学习成长，理想的人选应该多才多艺、成熟练达，必须具备极强的洞察力、领导力，而且思维活跃，大开大合。如果给这样的技术人才增加个特性标签，应该是"享受同时使用左脑和右脑，善于与人沟通，精于方法论，最好是一个对哲学、历史、艺术有兴趣的人"。

硬实力是必需的基础，而软技能则决定着技术负责人的最终画像，驾驭平台更需要"软实力"加持。如果能成为开源社区或论坛的活跃者，或者是行业规范制定的参与者，以此来提升自己在相关领域的影响力，则更是加分项。

---

① 此处并非指 IT 系统，而是广义存在的系统概念，例如，参加 2018 年世界杯的法国足球队，即是一个成功的系统。

1.2　技术分工细化之殇

进入前后端分离时代后，前端已经完全立体化，MVC、微服务、组件化这些从后端而生的架构已经是前端行业的事实标准；前端近年来技术栈变化极快，几年前还是 jQuery 技能开发，现在已经被 Vue、React 取代；一个平台，后端可以采用一种程序开发语言（例如 Java①），而平台的前端技术领域，必须要涵盖 iOS、Android、小程序等不同操作系统和生态环境，不全部覆盖已很难参与市场竞争，前端开发团队，已经被广泛称作"大前端"。平台的市场竞争力，很大程度上取决于前端的能力，用户体验和外部评测，直接反映了平台大前端中异步通信、懒加载、压缩、渲染等能力的强弱；产品迭代发布的速度，直接取决于前端组件化、模块封装复用的架构力和打包部署能力；对行业新技术、新生态的跟进，则依靠前端团队技术栈和语言的学习与运用能力。

不仅如此，前端领域还是安全问题、兼容性问题的重灾区。如此发展和演变速度导致的分工细化，几乎没有开发人员同时肩负前后两端的开发角色，平台必须具备一个强大、独立发展的前端团队。

---

① 本书有关后端语言技术的讲解，均使用 Java 语言，书中作为案例使用的 Dubbo、SpringCloud 等后端领域的分布式开发框架，均默认使用 Java 语言。

就后端来说，分工细化现象也愈演愈烈，真正意义上的双语言、多语言程序员已逐渐成为凤毛麟角。分布式开发框架解决了单体应用的扩展和演进问题，带来的弊端是逻辑角度的系统越来越多，跨进程系统服务之间的交互越来越多。同时，软件服务行业越来越专业化，人工智能、大数据、区块链等新领域层出不穷，监管和审计要求也越来越高，并成为长期趋势。云技术的广泛应用，服务网格化、开发运维一体化需要掌握和使用云原生能力，这个领域也超出了传统开发人员的技能边界。后端团队只能把有限的精力用于设计、开发平台中自己的业务逻辑部分。

放眼整个软件行业端，各个领域专业的纵深发展让产业快速茁壮成长，终端用户更是享受到了更高水平的服务。但对平台建设者来说，领域纵深发展带来的分工细化，为了实现各项新技术带来的应用赋能价值，使得平台依赖越来越多的三方平台及服务，大到 OCR、电子签章、人脸识别、指纹认证、图像处理加工、自然语言处理、大数据处理、BI、文本解析、高速搜索，小到短信、电子邮件、滑块、CDN、地图，甚至如 App 消息推送这样的细分功能领域，都有若干专业化公司。你所面对的，是真正庞大的系统群、集团军。广泛集成各家所长，已成为必然趋势。

技术变化快，分工细化，平台工作层级变深，跨机构、跨团队联合开发方式增多，这些客观原因使得整体工程的堆积和拼凑问题日益严重。很多人看到过这样的场景，一支技术队伍大换血，其原来做的系统就被推翻重新做，在互联网这种快速迭代的行业尤其明显。刨除内部斗争、文档不齐全或工作未交接等人为因素，技术分工细化导致的"代码工程过于庞大，可维护性差，承接下来成本过高，与其重构还不如推翻"问题，更是致命原因。

不仅是研发、运维板块，项目管理、质量管理领域的技术和工具也在急速发展，每年都会听到"使用 ×× 工具能进一步提升研发效率，咱们应该引入，需要增加人手"的建议。从各角度看，平台的体积都在呈现不断膨胀的趋势。

总体来看，行业趋势代表着正确的发展方向，平台能力得以持续不断地提升。但同时，行业技术发展加速了分工细化，后者反过来进一步催生技术再发展，如此循环上升，技术人员必须克服"被其绑架"的困境。

平台技术负责人已经不可能在各个细分技术领域都是专业上的通才，无法将主要精力放在技术深度方面。面临着技术团队庞大化、技能差异化，技术负责人工作价值和竞争力的体现，必须聚焦于"平台技术能力视角"的整体蓝图，作为各条产品线开发团队的总架构师、布道师，进行全局分域规划、应用系统及服务的颗粒度设计、能力支撑和公共抽象、平台级的组件建设，并编排各条产品线间的服务治理、系统间关系、技术复用，清晰知道目前进行到哪个阶段，筹划要具备什么能力，价值是什么，以及对问题的合理性技术决策。

中大型平台想取得竞争优势，要有能力跟上技术栈多元化发展的节奏，操纵更复杂的 IT 系统，不断向软件添加各类功能和服务，提升质量和交付要求，推动业务目标达成。因此，对于技术团队来说，"软件平台的极度复杂性""技术分工细化之殇"……这些问题看起来不可避免，是必然要面对的。那么，技术负责人应该更多关注技术范畴之外的工作领域，减少这些问题的负面影响，为技术团队营造最佳环境，帮助技术员工最大化发挥潜力。

如果把企业比作大厦，那么企业内的各个部门可以看作是大厦的各楼层，技术负责人需要经常乘坐电梯往返于不同楼层，触达各个相关利益方。首先，技术负责人需要能够理解经营战略，并且将其转化为重大决策，描绘技术规划和发展蓝图；其次，不仅引领架构设计、指导开发和运维人员，技术负责人更要能够在项目上与业务需求方、PMO 办公室、质量人员密切合作；最后，并非局限于简单必需品，应将 IT 技术理解为机遇与生产力，技术负责人需要能够包装和营销技术观点，积极向上层管理者传达和解释技术主题。营销能力是至关重要的软技能，是提升影响力的加速器，主动营销意识及策略的缺乏，会对很多技术型人才的长期发展造成困扰。

1.3   决策是平衡与取舍的艺术

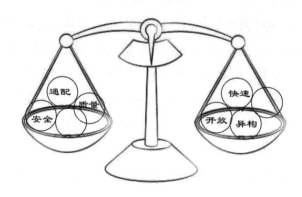

鱼与熊掌不可兼得，技术部门内部的工作决策，尤其是技术主张、架构设计类，经常出现没有正确答案、各个团队各执一词的场面，就其本身而言确实是客观的，例如，引用新技术的风险与机遇、微服务拆分的颗粒度、几种开发框架的选择、系统间关系设计及通信协议的选择、对业务数据迁移的风险估计等，或者是开发周期短与测试把关要求严之间、质量与交付速度之间、快速解析数据与使用高强度加密算法确保安全之间……无处不在的矛盾体。技术决策的选择，不会出现简单的答案，各类设计、各种主张都有各自的道理，需要技术负责人承担决策责任。

1.3.1   没有完美答案

使用更多设备作备份，可以降低故障率，降低管理复杂性，但更多的设备需要更多维护，增加了管理复杂性。看似简单的技术工作决策，背后矛盾无处不在。架构师应该明白，世界上不存在十全十美的设计，很难既高性能又高可用，既高度安全又高度抽象。定义软件架构，就是要在质量属性、成本、时间以及其他因素之间做出正确的权衡。对于软件平台而言，什么都想要，最终结果意味着失衡。

决策并不是给出完美的答案，决策的核心，是在有限的时间内尽量充分地沟通，合理进行"取舍"，决策工作不是技术工种，究其根本是门"折中"的艺术，以达到一个平衡的目标，多数情况下你并非是以某一个选择作为结果，而是多个观点之间的平衡点。这是对决策者的才华和工作价值的考验。软件行业应多向成熟的建筑行业学习，向建筑师学习，对美学的学习、对哲学的理解，以及涉猎各类杂书的好习惯，都会直接提升对"决策之所以谓为艺术"的理解。

独断专行的决策方式是极左，过于民主协商的决策方式为极右，两者都有缺陷。最佳决策应该是在创意择优中，按照观点的可信度高低来得出，圈定参与决策的人员，每人提出自己的观点，对于能力强、责任大的人员，还应该在过程中努力解决彼此分歧，不同能力者观点的权重不同，进行可信度加权产生决策参考结果（大家都清楚即可，一般不需要搞投票或打印单子签字，尤其是技术部门内部的决策，不应该太为形式所伤神），这样的方式是一种客观公正的规则。

当然了，决策者必须保持独立思考，"一个人一条龙，十个人一条虫"的现象在IT工作中屡见不鲜，作为决策者，你有权推翻参考结果，但是有一套这样的公允机制总比没有要好很多，这种机制给团队的赋能，应该由平台技术负责人来牵头推动。

需要注意的是，决策者没有必要凡事都做出判断，但是必须能够适时终止辩论，知道如何超越分歧，推动就下一步措施形成共识。有时延时决策（如放到下次会议上决定）是很好的缓释方式，有句谚语叫作"退一步，海阔天空"，这和个人风格有关，急于行使权力，为决策负责的心态，可能会让决策者掉入决策陷阱，问题背后往往隐藏着超出你想象的信息盲点和信息不对称，决策者可能还没有了解足够的素材，更没有充分论证，匆忙、轻浮的决策，可能经不起三天后的再推敲。决策者要明白的是，大多数情况下，决策的正确性比决策的时效性重要得多。时效性体现的是表面执行力和工作态度，但仅此而已，"正确性"才是决策工作的核心。

1.3.2　记录决策理由

作为良好的工作习惯，决策者应该在当时用最简单的方式自行记录决策原因。2021 年的一次关于"某个共享系统是否要拆掉，将其承载的功能剥离到各个业务线系统来自行实现"的会议，结论是"有利有弊、不好判定、先不拆"，有点延时决策的味道。因为有这个方案的会议讨论材料，我认为无其他遗留了，但是今年的另外一个事情，比较复杂难以权衡，可以用这个做个参考，但已经无法翔实回忆当时的决策依据，只能用"无奈"二字描述此时心情。这类内部技术会议一般不会费力安排会议纪要，即使有记录员也难以写清楚技术观点分析，决策原因作为深层次思路的体现，又有"艺术"感觉的加持，只有自行记录，效果才最佳。虽然属于过程资产，但可能十分精彩，绝不应该被错过，可以使用文本形式的速记备忘录，或者使用更为正式的模板也可，当然了，这时有个"烂笔头"再好不过。

记录"我们做了什么决策""为什么这么决策"的核心内容，"还考虑过哪些方案，为何没有采用"也在备忘范围之中，随手速记、无须为之付出维护精力，但具有很高的回报价值，可以作为和开发人员沟通的工具，说明基础理由和策略路径，针对开发人员的质疑能够"就事论事"，避免"兵变"，也可以用于任务移交，或者能在相关条件变化后对决策进行重新评估。

对于架构设计工作，用心记录的决策理由，其本身就是一套架构演变文档，无论如何这类材料都物超所值。

1.3.3　掌握行业方法

决策一词非贬义，但也绝非褒义，过多决策意味着工作根基出现了问题。参与平台级架构设计工作，多是一个团队而非一个架构师，绝不可仅凭个人头脑。作为最佳实践建议，掌握和使用行业的成例方式作为参考，在很大程度上，可以帮助我们尽快选定合适的"方法论、表达模式和工具支持"，能够在这个方面避免陷入过多的技术讨论和被迫决策。参与决策工作的精力有限，应该用在真正属于平台自身的领域问题。

架构设计虽然不是成熟的学科，但是有大量可称为事实标准[①]的设计方式可供循迹，典型如4+1架构视图[②]，对于"4"有两个分支，一种为逻辑视图＋过程视图＋物理视图＋开发视图，另一种为逻辑视图＋进程视图＋部署视图＋实现视图，应该说核心未变，但两种方式的侧重还是有所不同。这样的设计标准，确实给了我们基础指导，

---

① 非由标准化组织制定，但已被市场实际接纳的技术标准。

② 最早由 Philippe Kruchten 提出，他在 1995 年发表了题为 *The 4+1 View Model of Architecture* 的论文。

需要完全领会，否则不可简单套用于实际工作。

"架构视图"一词，确系经典，但更给人以"从剖面、窗口看到的内容"之感，侧重结果的表达，含义略显匮乏。经过深入考虑后，本书推荐的词汇是"架构主题"，我认为"主题"二字所携含义更深厚，更具有对特征的识别、分析，以及主旨探索之意。形象化看，一个视图是整个平台的横切面。而前端技术架构、大数据架构、统一身份认证架构等是平台纵向的组成部分，是一个个领域，并非某个视角的全平台横切面。严格说，架构设计的对象（学科范儿一点，可称为标的物，本书下文有几处使用标的物一词），并非只是若干经典视图，而且还包含了一系列的领域对象。既有横切视图，也有纵分领域的情况下，主题是我能想到的最佳词汇。对此，可以多给自己一些积极的暗示：超越，无处不在。

良好的架构工作要成为闭环、有头有尾，除了专业技术、素质能力、工作经验等范畴之外，还可以借助一些有助于架构决策的方法论工具，例如，架构权衡分析法[1]、成本收益分析法[2]等，可以学习（具体可以访问软件工程协会 SEI 的网页），甚至是套用。国内而言，ADMEMS[3]方法更为行业所熟知，各自定位有所不同，ADMEMS 侧重于"软件架构设计工作的过程、方法和步骤"，而不是"对软件架构进行评估，进而推导决策观点"。

本节所述的这些行业方法，相互间并不在一个量纲上，在架构内容表达、架构属性（如适应性）评估、架构设计工作过程和方法等方面各显神通。理性理解，实际工作中适当选择使用，会提升架构设计的工作效率，注入更多信心，不要推脱这些更像是项目管理（PM）岗位应该做的事情，技术负责人应该首先知晓。

---

① 简称 ATAM（Architecture Tradeoff Analysis Method）。

② 简称 CBAM（Cost Benefit Analysis Method）。

③ Architecture Design Method has been Extended to Method System 的简称，相关资料很多，网上搜索即可获得。

1.4　会有第五代架构吗

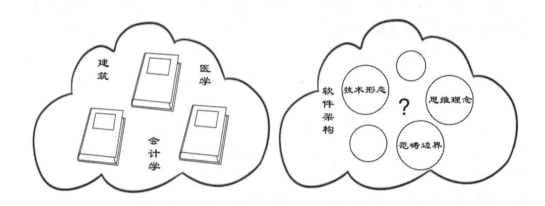

架构发展历程，不同专家的观点并不相同，我比较认可的是相对粗放的四代架构论。每一代架构虽然和所处年代的计算资源及能力、编程语言及开发框架有关，但是定义各代架构，其核心视角在于理念和风格，或者说是实现复杂软件的方法论调。

1.4.1　前四代架构的精髓

第一代是单体（Monoliths）架构，也称作巨石型应用系统，水平分层；容易上手、部署和测试；缺点是耦合性高、技术选型单一、开发效率低下，主要生存年代是 2010 年之前。

第二代是面向服务架构（SOA），垂直分层；系统之间通过 Service API 和中心化管理的企业服务总线（ESB）进行交互，已有服务化整合和治理理念，但每个服务从本质上还是单体服务，对 ESB 严重依赖，主要活跃期约在 2010—2020 年。

第三代是微服务（MicroService）架构，水平分层与垂直分层结合；将单应用程序作为一套小型服务，分布式技术，轻量级通信机制；有服务注册、熔断、容错、自检测、自动发布等能力；可快速迭代及持续交付。微服务架构与分布式开发框架相辅相成，体现了小团队自治和快速迭代产品发展，至今仍然被广泛认知和使用，处于成熟期、活跃期。

微服务实际上是面向服务架构的一个更好的替代，即去中心化的分布式服务架构（DSA），将服务寻址和服务调用完全分开，不再依赖于 ESB。

微服务架构下，产生了一些新的词汇，例如"微服务节点"，对原来传统的系统概念造成了一定的冲击。一个微服务，究其概念来说，颗粒度比应用系统小，与原来我们所谓的"子系统"较为类似，但是作为一个独立部署、独立运行的独立进程，一个微服务本身就是一个系统。学科上定位，系统即是一个操作系统的进程，从这个角度看，一个微服务应用与一个应用系统是一个概念，理解这点也可以帮助读者更加畅快地阅读本书。至于"节点"二字，一般用于部署这类语境的上下文，是系统进程在部署视角的落地形态，例如，8 个节点的意思是这个应用系统上线时水平部署了 8 个，目的一是负载均衡，二是冗余机制。

第四代是云原生（Cloud Native）架构，基于微服务思想，以容器为载体，提供一种产品研发运营的全新模式。在业务角度提倡基于云的中台战略[①]，在开发和运维方面包括：基于云的能力，资源动态管理；Docker 容器技术；Service Mesh 服务网格；Serverless 无服务器架构；API 服务化；轻量服务无状态化；Restful 风格化；自助管理资源；持续集成（CI）持续交付（CD）；DevOps 开发运维一体化、自动化。从云平台推广至今，仍然被广泛认知和使用，仍处于发展期。

1.4.2 深谙架构职业特性

到底什么是软件架构，核心是模式与工具，还是理念和思想？模式是风格吗？微服务到底是架构模式，还是架构风格？架构模式与设计模式，在实际工作任务中，它们真地有界限吗？防腐层到底算是哪个级别的模式？消息推拉呢？反射呢？系统重构工作所用的绞杀者模式，模式二字，重在说明设计技术，还是思维方法？事件驱动架构（EDA）算是架构模式吗？API 网关也算是来源于某个架构模式吧。那么前后端

---

① 中台战略，企业级能力复用平台，具备 4 个标签：a. 跳出某个业务线，站在企业整体视角；b. 面向能力的建设视角和服务输出；c. 更高抽象，前台更轻，SaaS 自助化；d. 平台化，提供柔性，易于扩展和多级打通。

分离算是一种架构的结果体现吗？AOP 和 IOC，也属于架构模式吧？连接器，算是一个模式，还是一类模式？说架构，难免提起著名的领域驱动设计（Domain Driven Design，本书中统一使用简称 DDD），究其根本内容而言，DDD 是一种架构模式吗？某些书中讲述的几大架构模式，其中还有开源贡献者模式，这算吗？

这些专业词汇，就范畴、属性、归类而言，有一致的官方定义吗？并没有。软件架构领域书籍众多，但你仔细寻找上述话题的答案，会发现对于这些内容，不同专家在维度和量纲上的回答是五花八门的，很多术语本身具有模糊性、主观性特征。不同资料对架构和设计模式的分类，没有严格的可循之迹，看的资料越多，得到的答案越多，或者说是越得不到答案。

如果我也给出一个观点，那就是"欲言架构，必言模式"，在内容表述上不论是偏技术形态，还是偏思维理念，本质是能够用于特定问题的可复用解决方案，这就是模式。模式无处不在，好的设计方法实际就是模式，没有实际边界，也没有锚定的层级关系，按照经验而言，一般有颗粒度大小之分，适合于不同层面的设计工作。如果非要说现在到底有多少种模式，那么所有已知的这些都算是模式，做一个并集。

学习软件架构知识，最好能自然而然，广泛地吸收，灵活地理解，不要为大杂烩所扰，可以把这些当作多多益善即可，重点是在实际设计工作中，合理分析并有效使用架构能力，用结果说话。

究其根本，软件架构的基因，具有天生的"模糊性"，现在大学有软件架构专业吗？我上学时没有。相比于建筑行业已经存在了几千年，软件行业还很稚嫩。软件架构设计更像是一门手艺，不需要持证上岗，主要门槛是个人实力。难以将软件架构进行绝对化、学科式的考量，更不乏自学成才者，在此方面，难以将其与律师、医生、会计师等行业相提并论。

另外，需要注意到架构设计工作具有的"双向性"特点，干得不好，不是零分，而是负分。相比于正向学习，对"反模式[①]"的领悟会令你脑洞大开，例如，掌握"蘑菇管理[②]""委员会设计[③]"……可以避免许多容易忽略的问题。

---

① 影响软件设计、开发的不良方法。

② Mushroom Management，雇员被置于阴暗的角落，意思是说不通知或是错误地通知雇员信息，在 IT 工作中指系统开发者和系统用户被隔开，用户的需求，通过媒介（架构师、经理或者需求分析师）传递给开发者。

③ Design by Committee，设计项目中有多人参与设计，而且没有一致的计划或看法。有时也指没有相应技能或相应产品设计经验的技术专家设计的特性系统。

1.4.3 预测五代无意义

四代架构的发展历程，体现的是核心理念、风格和模式在几十年间的实践，并非是银弹技术。和前三代具象的描述方式不同，第四代架构的定义已经模糊化，是广义的能力包，更多的是对应云技术的广泛应用。而云生态，就量纲而言，与 AI、大数据、区块链，往往被水平排列，已经没有影响力上谁大于谁之分。

很多人想预测下一代的架构理念，但是，当今软件技术是多极化发展趋势，分工的细化注定没有什么"天下通识"，如前四代架构代次的定义方式，未来无法覆盖全部主流。算法开发人员的职业规划，估计没能从云原生架构中获益，Hadoop 大数据开发者，对微服务架构也不甚关心，这些是可想而知的。未来可能没有任何一个词能独自站出来，承担起对第五代架构的缩写定义，取而代之的是各个领域的分支发展。

不论有无第五代架构，其实际意义已然消散。而且，不应认为后代比前代好，好坏之说过于绝对，只能说后代是面向行业发展的新产物，软件本身不是目的，只有是否适合目标之分，如果要做一个很简单的小 Demo，仍然可以用单体理念，找一个最原始的技术栈来实现。各行业各领域中，老旧遗留系统的更新换代，可能没有热衷于微服务人士想象得那么快，有很多大型机构的重要业务系统还是 JSP+Oracle 这样的技术架构，我还见过某些老牌传统企业中，很多项目是由数据库存储过程来实现业务逻辑，而且依然使用 FTP 方式进行跨企业间的业务数据传递。架构升级与系统平台重构作为企业数字化转型众多任务之一，仍旧任重而道远。

不断涌现的架构代次之说，是为表达发展趋势下的主流潮流，以及新理念、新技术落地的模式方法，时间轴只是各代架构的一个附属体现而已，并非判断的核心因素，DDD 已经有超过 20 年的历史，仍旧处于高度活跃状态。

立此话题，首要目的是引起读者的思考，虽无答案，但是这种思考对布道成长是有意义的。至于为何我主观地给出有些消极的观点，可能还在于：勿让架构"统治"了我们，架构优劣与否，并非是全部问题的答案，不应认为架构是"银弹"，而将过多精力置于考量架构模式的话题上。大量的设计方法更广泛存在于程序语言中，编写整洁的代码和使用自动化测试，对于系统的成败更为重要，这仍是现代化软件研发工作的核心。

1.5   简洁开明的领导风格

基于扎实的技术能力和多年的实战经验，进而成长为管理者，是最普适的 IT 技术人员进阶之路，在研发管理中确立优异的领导风格，为团队建设和工作带来文化的能量，则是管理岗位的继续进阶之路。

1.5.1   透明求真和沟通交互

企业文化是技术团队文化的基础，一般来说，不需要为技术部门再拉出一套文化和口号（Slogan），投入资源和精力做文化设计、文化宣导，这可不是技术部门所擅长的。技术团队的文化是技术负责人的领导风格在潜移默化中带给大家的，指的是人格魅力和品德，以及具体的行为举止和工作方法的影响力。建立简洁开明领导风格的框架如图 1-1 所示，以透明求真为文化理念、快速形成材料的能力作为支撑，形成以沟通交互为中心的行动方式。

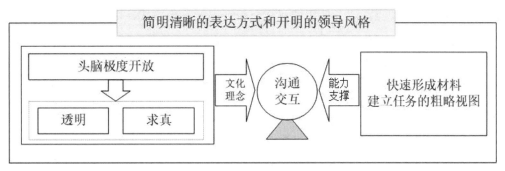

图 1-1　领导风格的核心框架

1. 头脑极度开放，致力于极度透明、求真

这是桥水基金的工作文化核心[1]，是实现创意择优决策的理论基础，包括问题摆在台面上而不是隐藏在暗处，求取共识并坚持，允许犯错但不能一错再错，发展有意义的人际关系等。透明、求真就是实事求是，避免决策时看到的情况并非是符合事实的，降低个人计谋、信息不对称、主观判断等因素对工作决策的影响，建立团队成员间互信、公平的氛围，也是集体决策的基础，从根本上剔除分派站队、权力话语权等职场问题的滋生土壤。

有一个认知点需要澄清，头脑开放，并非是"应该去选择的选项"这么简单，而是彻头彻尾的一项能力，需要不断地学习和练习才能逐渐获得，获得这项技能需要真正的付出。

技术员工普遍是简单、单纯、直线的，精于计谋、善于折腾的是极少数，真实透明、开放沟通的工作文化十分适合 IT 工种，这样的文化贯彻始终，多数人会沉浸于踏踏实实的工作中，以笔者来看实际确实如此。相比于其他团队，这种纯粹和简单，应该是技术团队的主导文化思想，让人免于过多的人情世故。如果说人性是不可完全相信的，你完全可以相信透明、求真的价值和力量，可能有人质疑你的能力，但没人能够质疑这种文化和领导方式。

2. 以沟通交互为中心，建立简明清晰的表达方式和开明的领导风格

喜欢坐在象牙塔的架构师、技术决策者，只会引发大家的抵触情绪，造成团队不和，必须走出"舒适区"，提升自己的沟通技巧，主动帮助团队成员理解目标任务。点对

点言简意赅地表达观点，或者使用非正式白板会议的召集方式，写下你的想法，这些方式比任何自认为的高智商都更有效。

作为领导平台的技术负责人，无论是树立愿景、确定原则、揭示问题，或是指明前提条件，都需要具备极佳的沟通交互能力，这种非技术能力是最重要的"软技能"。用故事激励团队，呈现图表建立共识，用非技术语言阐述技术理念，每一次这样的沟通交互，其实就是一次建立影响力和领导力的过程。

沟通交互的范畴是广博的，提高交互的境界，需要注意双向性，学会倾听技术同僚和下属成员的意见观点，以人为本 [1]，增加知识的同时，能够提高团队对技术观点的认同感。

3. 通过快速形成材料的能力，实现沟通的简洁有效、讨论和决策工作的快速聚焦

过程材料尽量简化，想法也可能变化比较快，此时不能一头扎入冗长的文字里，最好借助 1、2 张 Visio 或者 PPT 图表来表达想法，将与任务有关的 3 ～ 5 个维度和讨论话题体现在图中，形成简洁材料作为标靶，以其作为参与人的讨论标的物，最大限度降低各类沟通会议中漫无边际的沟通成本。

敏捷开发中的白板文化也是如此，不同之处在于白板不需要事前准备材料，因此更便捷，但是更适用于相对易懂、已经能够共享的话题，对于技术含量较高、涉及元素较多的话题，靠现场白板发挥并不能胜任，此时，只能是没有准备地仓促上阵。

应该让团队骨干人员都学习掌握快速形成材料的能力，关于技术员工是否掌握"任务如何转换为材料来表达、快速写材料的方法和技能"，是每一个技术负责人挠头的事 [2]，却没有捷径可走，为建立此能力，包括聘请外部讲师授课，通过互联网学习课程，内部举办沙龙进行宣讲和案例分享等多种方式。技术负责人应当意识到，这方面多花精力是值得的。

核心员工在主动沟通对话意识、快速形成材料能力表现不佳时（我见过太多如菜市场叫卖一样杂乱无章的小型沟通），技术负责人必须打断或者做小结，严厉地指出这方面的不足，要清晰意识到自己不能对此当老好人。快速进入沟通轨道，聚焦话题，让参与人处于共同的问题域，共享一致的心理场景，是此类工作不变的宗旨。

---

[1]　这是架构设计思维四原则之一，在 1.7 节中有所讲述。

[2]　建议在招聘工作中，考察应聘者这些方面的能力，引入文笔好者是正确的选择。

对"快速材料"一词，如果你觉得过于白话，或者不够点睛，可以理解并称其为"粗略视图"。

技术设计工作中充斥着这样的问题：点评、吐槽他人时"头头是道、思如泉涌"，但真到自己落笔文档方案时，则"效率低下、内容干涩、词汇匮乏"，这样的反面教材可不少。如果更形象化嘲讽此类现象，"说书的走江湖，全凭一张嘴"这句歇后语很合适，免于陷入这种"设计低能"的深渊，答案的关键正是快速形成粗略视图的能力。技术负责人应当对此足够重视，将粗略视图视为传递"设计要义、核心模型，以及重要技术信息"的载体，建立起连接"不同类型工作板块之间、任务内部各个环节之间"的走廊，并且"身先士卒，率先垂范"，为各层级技术人员树立榜样。

技术部门的高度，一半取决于此，平台各个"业务线相异、工种相异"的技术团队，好比集团军，一个"码农"集团军永远无法提升到新的高度，平台质的发展，将长年受制于此，无法改变。我在此特意使用了"无法"这种相对绝对的字眼，没有使用"难以"，分量之重，供读者参考。

1.5.2　领会无为而治

说点题外话，希望为大家扩展思路，老子《道德经》中所讲治国水平的四个层次，最低层次凭"管理者智力、智谋"，其次是使用"规章制度、条文规范"进行正规化的管理与约束，再高的档次是"包容、仁爱"的美德级别，而四层级的最高档次是"无为而治"。

无为而治需要更多地站在一边观察，如同冥想一样，相信并让开发人员（或其他一线员工）自己做主，不要急于发挥自己的权威，做出自己的指示，也不需无处不在的"积极努力"，平台型工作并不能天天做冲刺，技术负责人缺少的可能是倾听。学会放手是管理精髓的真正领悟，技术负责人应该注意团队是否按照设计和工作计划实现系统，但是没有必要站在背后监视大家。下放工作权限，给予团队成员足够的自主和自治，让他们发挥自己的创意和能力，或许才是技术负责人的最大价值。

毛躁、方法论稚嫩、预测力不强，这些是年轻的技术员工一定存在的不足，唯有经过必要的工作历练和沉淀，大量说教往往事倍功半。技术负责人应该足够成熟，清楚哪些属于成长之路所必需的，对此类问题尽量不予直接干预，低调地提出这么干有可能会出什么问题即可，可以让年轻人事后去感知，如果真是出现了问题，技术负责人可以认为是这项工作必须付出的成本。相比于说教，技术负责人更应该关注的是年轻人的冲劲儿、活跃度，以及积极贡献力。

没有翔实技术内容的文章时而令技术型读者感觉虚幻，如果读者觉得这一小节没有什么营养，我并不会奇怪，但是确实没有哪本书能告诉你具体下放多少工作权限合适。对日常类工作的判断尚且容易，对于设计类工作，哪些需自己主导，哪些应该下放呢？

这是一个抽象方法论范畴的话题了，我能想到的几招包括：一是凭借自己的经验和智慧，形成一套有迹可循的原则和合理的偏好，多数人是按照工作分工惯例，有些则是视任务的风险大小，还有的是围绕高层的关注点而决定哪些由自己亲自参与；二是对任务下放尺度的理解和运用，可以在自己主导和多种下放方式间选择，下放模式包括商定模式（技术负责人和下属团队一起做）、建议模式（工作下放，技术负责人提出观点施加影响）、审查模式（工作下放，技术负责人负责审查审核）、委托模式（从决策到执行，都由他人进行）；三是在没有明确答案时，可以找机会咨询大家意见，以此形成判断。

好吧，继续回到"无为"二字，各类管理、考核、文化、培训、创新，这些是保证企业良好运作的基本机制，"无为"是基于心理面潜在运作的，良性信任与客观豁达结合的思想体现，无为而治绝非"不作为"，恰恰是在履行这些机制的基础之上如何更好的作为。对于懒于履职、缺乏承担者，一切无从谈起。

就全面、专业的团队文化建设话题而言，此篇所涉及内容只是其中的冰山一小角，不敢谋求长篇大论，希望此点拨之语，能起到一些点睛之效，或是抛砖引玉的作用，就已完成了它的使命。

1.6 平台思维和情绪管理

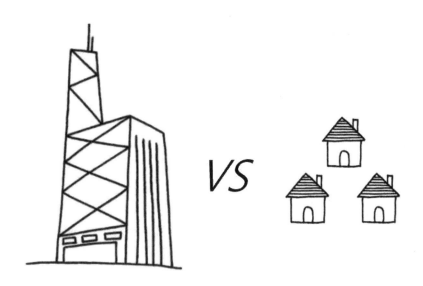

不同思维模式，决定了不同的工作思路。进行思维模式方面的认知，有助于工作布局与决策。

1.6.1 项目制vs平台型

同样是 IT 工种，做属地订制化实施项目，与做 SaaS 化软件平台，是两种不同的工作思维模式：项目思维面向契约交付，平台思维面向能力建设。

1. 项目型工作特点

就工作驱动力而言，项目型工作由需求与承接关系驱动，标准由需求方制定，承接方的重点是按期完成开发建设，考验团队在该细分领域的高度专业性和资源储备，包括同类案例经验，以及成熟可复用的（代码）干货，围绕 SOW（工作任务说明）条款，进行点对点地实施、达标，项目具有短期性，拿到客户验收是衡量一切的标准，更是以结果为导向进行考核，资源调配相对较为被动。

项目模式的工作更关注业务分析，以及对技术栈的快速学习和代码上手能力。为了确保达到最短的交付时间，在既定配置下，团队不能将过多精力用于打造架构模式，后台架构师也难以在短时间内对一线工作进行直接支撑，因此，多数情况下，能够适度地在程序中运用代码级别的设计模式，就已经很不错了。

项目制具有周期性、攻坚性特点，多数情况下，在项目的周期内，一旦商业落定、启动开工，就需要团队全力以赴，周周打鸡血的状态最好不过，攻坚下每一个问题，最高水平的极致发挥，最大能量的冲刺，不遗余力完成交付。然后，在下个项目来临前，整个间歇期都是你的真正假期！

2. 平台型工作特点

平台型工作，除产品需求驱动交付任务外，还有一半工作是自驱动，更考验主动规划力，平台的各项技术标准、各种公共抽象与共享、各类制度规范、环境的搭建、运维工作、安全工作，均依赖自己的团队来规划建设。

平台思维模式是一种互联网思维，一切都是开放的、去中心化的，实践中典型的工作特点和方法包括：顶层架构按照层级能力规划设计，如面向业务中台、数据中台提炼设计思想，以 IaaS、PaaS、SaaS 分层组织服务能力；更倾向合作借力，复用外部成熟的能力，擅长集成、桥接，广泛使用第三方（按流量收费）服务，乐于参与打造生态圈。

平台模式工作的长期性特点，必然要求更关注架构工作，更关注整体机制运作，更多投入到开源和创新型技术研究，通过架构底蕴推动对团队赋能，更加关注对平台中底层能力的建设、储备，依托中底层进行持续的技术发力，对交付形成长期的支撑。所谓磨刀不误砍柴工。

平台型技术工作是技术集团军的一场无终点的马拉松长跑，更需要规划性、持续性、稳定性的工作心态，不能急于流露所有的观点，不能力求于赢得每一次争论，也不需要事事第一时间做分工搞排期。在保持持久专注的前提下，"审时度势""风物长宜放眼量"更为恰当，退一步海阔天空，避免快则不达。

1.6.2 不要愤世嫉俗

平台型技术工作的漫长工作周期中，很多中高级技术人员的发展，真正受限于对上游方（任务来源方，可能是商业方带来的需求，业务运营人员和产品部门的需求，以及监管和审计整改要求等）愤世嫉俗的情绪。技术"天才"们的内心独白经常是："你们（上游）只会提要求，你们说的我都明白好吧，提要求没什么难的，技术上你们却什么都不懂"，进而发出自作聪明、居高临下的言论。"自我感觉良好"的思想，会让中高级技术人员在业务领域一败涂地，上游方却不会受到太多触动，他们之前或许就碰到过这样的家伙。

对项目型工作而言，一样会有这样的情绪，但是实在不行还可以申请调换去别的项目，或者"能忍就忍，忍过去、做完走人，江湖再见"，使得情绪的负面影响力小得多，这里说的有点极端，但确实是这个理儿，毕竟两种类型工作背后的商业模式不同。

满怀工作激情，但激情必须是协调的、正能量的，不要是带着愤怒、火气的激情。为业务服务是生存之本，如何与各相关方建立良好的关系，在分歧中前进，需要主动思考，克服思维格局边界，走出一根筋情绪的禁锢，是中高级技术人员的职场必修课。

成熟心态不是一天练成的，只能一天一天去磨练。

1.6.3 去除地盘意识

地盘心态在 IT 技术部门处处存在，程序员只愿意跟随自己最熟知的领导，产品经理给技术员工派活会让技术部门负责人很不爽，上层直接找下层安排工作让中间层觉得自己被忽视……以及"护犊子""小帮派"这样的例子不胜枚举，这些都是地盘意识在作怪，究其根本源自一种自私心理。

继续追问，职场自私，这种占有欲，到底来源于何处呢？

第一是认知狭隘，第二是不自信，或追求虚荣的心理。

地盘意识，让很多技能优秀者，距离卓越永远差那么一步，却始终难以跨越。殊不知，一团沙子，你越使劲握，从指缝之间流失的就会越多。带队者必须要认识到，"员工是属于企业的，不是个人的"，部门工作更是需要建立公允机制，不能一言堂，一切以客观开展工作任务为导向。

去除地盘意识，分为面向技术负责人自身的和面向团队的。对于前者，更多是解决个人心理层面的问题，这不是一本社会科学书，我就不在此大用笔墨谈性格与人生观了。需要注意的是，地盘意识的思维惯性很大，并非一朝一夕可以克服，对此应该有一定的心理准备。

对于后者，我们把话题拉回软件平台技术工作中，下面给出实际指导。

1. 团队间人员短期借调使用

可以把各个技术职能组职责划分清晰，但不要把员工划分得太清晰，同类型（同工种）的职能组之间尽量能达到人力共享、混用的效果，在东边开发工作紧张、人手不足时，去西边临时借几个开发人员过来，约定好借的时间（一般 1、2 个月内为好），对这些员工做好鼓励，在心理层面要给大家轻松、可信的氛围，这种主动寻找机会跨组调动员工的做法，打破组织边界，极有助于培养良好的文化土壤，对于提升团队作战力带来的价值、意义远超工作任务本身。不能等出现了强烈的地盘意识再去扭转，而是把其消灭在日常。

2. 主动推行小范围轮岗

如果没有借调这样的契机，应该有意识主动去创造。任务不紧张时，可以搞一次小范围轮岗。对人轮岗与对系统进行切换演练，两者有异曲同工之处，不同的对象，相同的理念。另外，应进一步考虑，重要岗位是否可以建立 AB 角色？如何把人力共享、混用方面的表现，作为重要的绩效考核项？对技能难以胜任，或者考核不合格的员工，是否积极推动进行岗位调整？

3. 设置 A、B 角色

设置 A、B 角色是很多企业中常用的方式，对于技术部门来说，可以对组、团队层级的技术负责人设置 A、B 角色，应该是作为一种公开机制，但建议不要把敏感度提升到"组织级别"这么高，以"技术考虑"为口径来解释更佳。A、B 两者可不是"轮值主席制"，而是正职和有潜力的培养对象之间的关系。正常情况下，A 带队，B 不对 A 形成任何威胁，仅在必要的情况下，用于适当平衡话语权、降低 A 的地盘意识，是以良性发展为出发点的牵制策略。

找到适合的答案后，这些方法都可以使用。去除地盘意识，可以让团队如钢筋混凝土一般坚不可摧。

时常检视自己是否存在私心，时常关注去除技术组织和团队中的地盘意识，能够积极主动地大范围调度不同职能组的员工互相帮忙，是我多年工作中最可圈可点的。在这方面，每次合理的尝试，结果都是成功的，每次都是。

人的地盘意识或多或少是客观存在的，有时是不合理的组织方式造成的。

在我的第一份工作中，有一个转变至今仍旧印象深刻，我们大约 12 个经理负责某业务板块的系统建设工作，当时一共带了 30 多个系统，后来机构改革，组织颗粒度细化了，我们 12 个人被分成了 4 个组，30 多个系统被分拨划开，对应分配到各个组。貌似大家有更多的升级机会了，但这个好处是表面的，实际结果是整体承载力出现了巨大的滑坡，原来有点活儿互相搭手就完成了，现在情况呢？如果需要帮忙，要先请示，对方组认为这个系统已经划给你了，因而百般推辞，沟通成本极高，事情推不动。

就像与同桌儿在中间划了条线，领地意识、官僚化，这样的情况愈演愈烈，有些工作如同陷入泥潭，是我离开第一份工作的原因之一。其根本原因是组织架构调整中，切分组的颗粒度错误，最终以地盘割据为果，"惩罚"了我们。这种形态下，不应该将主因归结为人的自私心，是组织方式让一直客观存在的自私得以膨胀。

具体看个人心态，也可以将其当作"成长的烦恼"而已。前面说了，不要愤世嫉俗。但无论如何，这个例子作为典型案例，是很具有真实说服力的。

1.7　提升架构设计严谨性

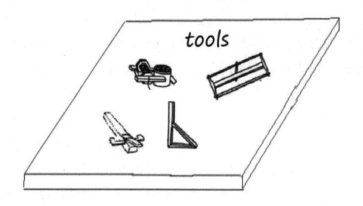

这一节的话题来源，更多来自于与 IT 领域先进国家的对比差距：国内软件架构设计工作，相对来说还是略显草莽化，工作成果更多取决于个人智慧，在"思考、表现、表达"的组织性，以及"基础方法及工具的扎实运用"上，还存在很大的提升空间。借此谈一下架构设计工作优化的建议。

1.7.1　架构设计思维原则与模式

提炼软件架构的设计思维，一定是该领域的高屋建瓴之论，就我所学范畴，最为认可和推荐如图 1-2 所示的四项原则 + 四种模式 [2]，其足以帮助读者梳理思路，审视各方面的强弱，自我盘整。有理论指路，有认知加持，才能较容易地调整思路，走出之前的思维惯性。

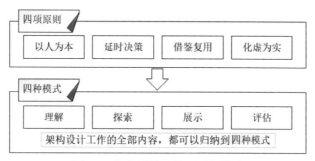

图 1-2　架构设计思维原则与模式

1.7.1.1　四项原则

1. 以人为本

不论是开明的领导风格，还是达成任务的方法论，本章多次强调沟通的重要性。设计工作的本质是人与人的交往。理解相关方要求，驱动下属团队认知，任何架构工作的开展必须要求架构师融入团队，尊重所有干系人，换位思考，出色沟通，才能成为领导者。

2. 延时决策

学会利用延时决策，在 1.3.1 节关于工作决策之道中有所阐述。对于架构设计工作而言，模棱两可的工程是危险的，不到条件成熟的那一刻，不要着急做出最终的设计决策。

如果你是极简主义者，那么，不直接影响软件质量和交付进度的设计决策都可以是低优先级的，有些甚至可以放到工作范畴之外，留给后来的设计人员去决定。记住，这绝不是逃避责任。

3. 借鉴复用

我们完全可以在别人的基础上开始自己的设计，或者使用别人已经搭建好的框架来解决问题。设计架构时，必须花更多的时间研究已有的设计，减少自己创造，避免低效的产出方式。因此，广泛阅读、认真学习过大量设计模式的人，只要没有模式病，就会显得能力更强，这个道理太过简单了。

4. 化虚为实

让受众通过感性的认识可以理解和消化，如果无法让他人接受想法，再好的设计理念和创意也无法产生价值。

这四个原则都极易理解，可谓软件架构设计思想之集大成。其中一些思想，虽然本章前面的内容已经有所反映，但在本节从架构设计工作的视角，应该体现得更为具体而透彻。

1.7.1.2　四种模式

1. 理解

研究利益相关方关心的业务目标，理解重要的业务需求内容，更要了解非功能需求，包括开发团队的资源、风格，甚至是办公室政治，均要做到悉数掌握。

对于非功能需求一词，应该宽泛地理解，可以是技术需求，典型如（加密使用什么算法等）安全需求，或者可以是（并发能力、可扩展、可维护方面的）质量需求。还有重要的一方面是限制类需求[①]，或者说是要求，例如，必须使用 Linux 服务器，必须在 Java 虚拟机运行（意味着使用 Java 语言）等。

2. 探索

某流行的说法，将设计思维等同于头脑风暴，把设计工具等同于白板和卡片（或便签），这个说法透露着对积极性、协同性的认识，但只是探索想法的一种手段，无疑过于片面。我们应该注意对概念进行定义时的科学性和严谨性，架构设计探索，是指形成一系列设计概念，确定解决问题的工程方法，包括研究大量的模式、技术和开发方法。

3. 展示

展示，不仅体现四原则中化虚为实所强调的让他人理解和接受你的设计想法，并且供架构评估和校验所用。展示想法实际就是架构工作的输出，推进协商、制订计划。

---

① 在国外的软件架构领域语言中，对此常用"约束"一词，我认为这个词很好，应该多去运用。

因此，需要注重如何提升架构成果的表现力、表达力。最常用的方式包括（线框形式表示的）架构图以及配套文档，有些任务可以加入原型制作，或者使用数据展示这样的方法。

4. 评估

分享架构的唯一方式就是把它具体呈现出来。很容易理解评估对验证架构设计适用性的作用，用于判断是否满足各个干系方的需求。

四种模式并非只适用于软件架构设计，也适用于很多知识密集型工作，即使没有接受过设计思维的训练，也会在无意中使用这些思维方式。论道之处，更在于我们经常"知其然不知其所以然"，直觉和感性控制了你，那么能力提升可能是线性缓慢的。

架构设计工作的全部内容，都可以归纳到四种模式中，在各类工作循环中不断地并行、串行使用，在实际场景中，我们需要频繁快速地切换思维模式，例如，在一次对话里就可能多次发生，随时选择使用哪种方式来解决对话中的问题。

产品增加需求、客户增加约束时，对性能如果可能有影响，我们就需要更多的信息，进一步理解问题，这是在发生"理解模式"，以便于进行风险判断。如果对话中发现问题点在于需求方对当前状况不甚了解，那么需要迅速切换至展示的思维方式，这不一定要求立即在对话中进行演示，而是可以约定时间对目前的设计结果进行一次展示沟通，这其实就是在用"展示模式"进行思维。

在这四种模式中，总能找到适合的一种，良好地应对卡住你的问题。对于一般人来说，认识这四种模式并加以思考和练习，能够有助于跳出思维定式来破局，这就是"知其所以然"的作用。

1.7.2　过程增强与工具运用

1. 存在问题分析

参加过项目管理培训的技术人员对 SWOT 分析法、工作任务分解（WBS）、团队海报这些概念了如指掌，甚至对循环设计、观点填空和协作者卡片也不陌生，但实际工作中真地很少见应用。我们所学习的六西格玛、CMMI 方面的技能，也大多数被扔在了阁楼的夹板里。

在进行理解模式的工作中，我们极少使用利益相关方关系图做为工具，来将核心的诉求进行透彻化分析；在进行探索模式的工作中，我们会花大量的时间做模型设计，但没有哪次能真正运用事件风暴做为工具，来实现产品经理和开发人员的通彻共识，加速对模型的设计达成；评估模式的工作中，我们也会做一定的架构评审，但极少见使用决策矩阵做为评估工具，是的，评审单里会有评审参考项，但这是通用模板，并不代表是对被评审的架构，做出的有针对性的准备和特征分析。

总体来看，架构设计的组织过程、分析提炼过程、评估过程普遍缺乏"方法及工具"的真正运用，各类会议也永远是一个模式一个味道，关于如何提升科学性、严谨性，很多情况下仍处于架构工作的盲区。

先排除工作压力大、版本迭代速度太快这些挡箭牌，来找下自身原因。

处于发展的必然过程，目前行业能力成熟度达不到？浮躁、懒惰心态者多，材料能力和表达能力是瓶颈？或者是整体协助意识和能力不行，更喜欢发挥个人智慧，十个人一条虫问题广泛存在？估计很多人不会只选择某一个答案，因为多个情况都存在。

如果一般设计人员仍然觉得这个问题没那么严重，那么对于想去从事"技术咨询师、IT布道师"职业的人而言，不论是设计思维模式，还是各个模式下的工具方法，则是必备的看家本领了。

2. 一个简单例子

增强过程，加强工具能力，门槛并不高，就"观察一个支付系统的运行表现"这一设计任务 [①] 来说，运维人员一般会使用系统可用率、接口响应时长、每秒支持的并发支付笔数这3个质量参数，这是运维思维，这就完事了吗？如何通过过程和工具来提升这项工作呢？

召集一个产品经理、开发、运维多方会议呢，从白板的最左边写下各自的目标，也就是这个话题的各方利益诉求。产品可能会写：客户都能接到交易通知、准确统计客户更喜欢使用哪个支付方式；运营可能会写：对账无差错；开发可能会写：支付依

---

① 这个设计一定算是技术设计，那么可以称之为架构设计吗？或者说，IT技术设计和IT架构设计有实际边界吗？如同1.4节中"会有第五代架构吗"中对架构定义的观点，我认为也是模糊的，从颗粒度上看，技术设计范畴更广，架构设计更具体，两者是互通的，无准确边界可言。

赖的所有银行通道接口都正常工作。

对于揭示各利益方的目标，这个例子的难点在于：运行表现涉及非功能性属性，业务人员对此了解可能甚少，日常工作多是考虑功能性需求。

这样目标就立体化了，由3个变成7个。在白板的中间写下为达到目标需要找到的指标。运维人员关心的3个指标当然是SLA、RT、TPS[1]，其他部门关心的指标应该有交易通知成功率、不同支付方式占比、每日差异账数量，以及各个银行提供的支付通道可用率。

下一步白板继续向右侧推进，大家一起沟通指标数据内容及来源，对于不同支付方式的占比，是使用客户点击页面动作的锚点采集呢，还是使用支付结果数据来统计呢？前者不占用昂贵的数据库计算资源，但是后者数据质量更好、结果应该更准确，那么是否可以使用一个决策矩阵二维表，来表达两者的优劣势对比呢？这样容易客观决策。

再向右，到白板最右侧，一起沟通指标数据的技术实现：每秒支持的并发支付笔数，可以是压力工具测试后提供一个数值，定期评估为好；每日差异账数量，直接来自对账结果数据表即可；而交易通知成功率，方式可以是，应用系统打印交易结果状态的文本日志，经过采集、聚合后，推送给数据分析处理程序进行统计计算。

在白板上将目标、指标、数据来源、实现方式，四列中的每一项内容，与邻列对应内容画上连接线，线上尽量标注重要属性，例如，实时还是非实时这种时效属性，或是批处理任务还是人工触发这类技术属性。

给白板拍一张照片，照片的意义在于，这是形成的"观察 × 支付系统运行表现"的设计方案粗略视图。这个过程有多个部门参加，意味着重视"利益关系方沟通"和"组织过程价值"，会议采用了风暴式讨论方式，风暴可以是事件驱动、风险驱动或者是经验驱动，也会在局部使用决策矩阵作为辅助工具，当然了白板文化也发挥得不错。

并没有什么技能门槛，只是"有效组织和召集，形式活跃但态度认真，积极思考和献策，勤于动笔记录和汇集"而已，但是现状是，实际工作中，每一点我们做得可能都不够，尤其是缺乏勤于动笔者。文字能力差、执笔意愿低，是工具派不上用场的主要原因。

---

[1]　具体见4.4节"可用率和容量衡量"、4.5节"并发性能衡量"中的相关阐述。

　　主趋势方面，我们的软件架构设计水平一直在提升，而且速度飞快，这是毋庸置疑的。那么为何展开这个话题？我一直认为软件开发这类知识密集型的团队工作，机制的效用远大于个体智力，建立机制的核心，除了风格、文化外，最重要的领域即是过程能力和工具方法的运用，而我们在这方面的提升相对缓慢。因此，在认知上论道，希望为大家找到质变的上升空间。

　　那么尝试一下，发起一个小倡议，下次的业务模型设计，做一次事件风暴讨论会吧，或许还能借此获得一些新的工作乐趣和不一样[①] 的同事关系。

　　亚里士多德的名言"整体大于部分之和"，是古希腊哲学留下的宝贵遗产，至今仍然是现代系统论的一条基本原则。各个实体聚集起来成为系统时，实体间的交互会把功能、行为、性能和其他内在属性"涌现"出来。涌现一词十分精妙，在"运行时表现"这个基本含义之上，笔者认为其更是强调：当组成系统的各实体独立存在时，其各自价值几乎是 0，加在一起才可能是 100。系统的分析、设计过程其实亦是如此，通过（如本节所例）积极的碰撞、交互，以及能量的多向传递，如果运用得当，能够出现涌现效应，那么最终成果应该是远大于各个个体能力的简单相加。

　　本书定位并非是"术"层面的技术原理与实现，很多内容更偏重于：力争能够提出一些"抽象性、思想性、普适性"的建议，期望帮助大家在深度思考和建立技术哲学观方面，具有一些推动价值。读到此处，建议读者可稍作停顿想一下，上段所述内容与自己工作场景的相互结合，以及提升两者间交互关系的举措。

---

① 　最好是焕然一新的。

1.8 问题并非出在技术上

一个好的软件开发人员，如何升级为架构师、技术总监？能想到的是精通分布式开发框架、富有基础组件设计开发经验、了解公司业务、熟知运维部署、有一手数据库方面的绝活儿等，这当然不是答案。

1.8.1 贵在积极对话

实际中很多技术人员难以升级为带队者，问题经常是，整个任务一锅粥地干下去，拉不出清晰的任务节奏；领导提的某一个事儿要不要主动反馈？什么问题应该自己拿主意、什么问题需要升级决策？经常掌握不准尺度和火候；对组织和建立对话没有积极意愿，除了技术外，感觉没有其他的发力方式。这样的情况，很多人或许并不陌生。

要知道，"关键问题可能并非出在技术上"。人才是任务成败的基础，对于有人工作方式不正确拖后腿，唯有使用最古老的方式即对话来解决。除了掌握对话的基本用途和要点，要精于"不要把对话变成对抗""尝试设定共同目标、不要带情绪"等技巧，是获得成功必须掌握的核心技能。积极主动的沟通意识，一定会让你在众多技术人员中显得出类拔萃。

交流软件极大提高了社会沟通效率，但有时会产生"我已经有效沟通了"的假象，我亲身经历过一次大型的停机演练，但某些合作方不知晓，入口页面未挂维护，对客户造成影响，认为这是一起故障。真正原因在于，提前 3 天在某微信群里对合作方接口人发过通知留言，但是对方没有留意，信息在这个传输环节发生了断路。这是典型的"好事变坏事"的案例，给我们的启示在于：一是发信息不等于完成了沟通，重要信息的传递，应该保有对话机制，而不只是依赖聊天文字；二是应增加接收人，避免信息单点传输；三是应当考虑必要的确认机制，例如对于上面例子，应在停机当晚确认对方是否准备好。

技术演练竟然在通知环节栽跟头，一旦涉及多方，很多工作会出乎你的预料，对此而言，积极对话是减少各类技术工作盲区的最有效的手段。

1.8.2　方法论胜负手

领导软件平台工作顺利开展，除优秀的沟通表达能力之外，更重要的是对工作方法论的思考、关注和实践。做平台某个主题领域的架构设计，或者某个专项的全局优化、改造类的设计工作，从工作周期来看，真正的落笔输出占比时间不应该占大头，此类工作应该形成如图 1-3 所示的正确方法论。

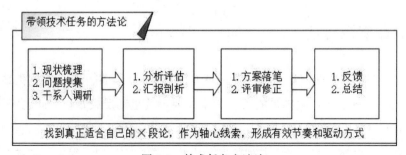

图 1-3　技术任务方法论

> 首先做好大量的现状梳理以及问题和痛点的搜集，需要大量的跨团队技术沟通，最大限度、最广泛地听取意见、建议，识别不同团队的差异化，勤于积攒大量的素材，这个调研过程是占比最长的，要能与各类人群打交道，要认识到这个环节是这个任务的最大门槛，是此类工作的开门"钥匙"，切记此时你是听众和笔录者，不要携带主观判断、更不可轻易决策。

> 其次应该考虑做有效的分析、评估和一次中期汇报，形式可以不限（邮件也可以），向各方进行该任务的有效定义，尽量取得各团队的共识，内容包括对现状的透视、可以实现的成果、各方边界、依赖关系、风险及影响，如果理想与现实之间有差距，是否作为遗留问题，也应该剖析出来。

> 最后一次落笔合成，给出精简的方案，必须具备高质量的文档能力，这决定着任务高度，在这个环节去压实相关技术的标准化、抽象化，适当进行拔高和布道，书面化体现成果。记得留出一步，来做最后评审和再修正，然后启动实施。

上述三段式方法论可以真正让专项技术工作走得稳，这恰恰是开发型人才最缺乏的，横向沟通、高质量写作，也是难以跨越的能力门槛。因此，务必知晓要具备这样的工作认知和方法论，并且不断地主动锻炼能力，主动走出之前的认知边界，才能实现质的跨越。

也可以不用三段方法论，而使用更适合自己的二段方法论、五段方法论，例如，对于大型任务，可以在完成后进行一次反馈总结会，对当初的设计有效性、达成率进行评估。设置后反馈机制，本身就是一种优良的工作方法论。几段并不重要，重要的是需要懂得：干成一件全局的工作，先去思索并做出方法论，以此为自我指引和主线节奏，来驱动任务从头至尾进行。

积极主动的沟通意识，工作任务的方法论意识，两者是技术人员和管理者之间最本质的能力差距。胜负手的确如此，越早行动越好。

最后，我们再从系统设计视角来看沟通的重要性。有些技术人员认为，沟通力只是起到润滑作用的辅助角色，并非是系统设计的核心竞争力。这样的认知错误是普遍存在的，必须予以纠正。康威定律明确告诉我们：系统设计的结构，将不可避免地复制（或者说受制于）设计该系统的组织的沟通结构。通俗来讲，即系统设计结果是其（人员）组织沟通力的缩影（或者说是映射、写照）。

1.9 精明赢得公司汇报

你加装了翅膀啊

擅长技术和善于向上管理是两种不同的能力类型，技术负责人需要两者兼顾，就价值和资源来讲，一万行代码也比不上一次领导认可，这个道理人人皆知。

平台建设中、专项任务中，作为最重要的沟通机制，一般定期（周／双周等）召开相关核心人员的全体会议，这样的会议对技术线同仁来说，真是鸿门宴。商务、产品、运营团队都要分别进行汇报，营收未达成、市场拓展不利或者客户营销有压力，他们的汇报可能不利于技术，压力向后传递带来的内卷不可避免。这样的会议往往决定着团队工作的走势。

不同于有相对充分时间的专项汇报会，项目大例会是各线过堂，各自在有限的时间里争向大领导汇报自己团队的工作情况，能抢到的话语权越多，对自己无疑越有利。技术负责人必须关注如何"赢得"这样以商业结果为导向的全体会议，团队工作被认可的程度，下一阶段的工作士气，直接取决于大领导会上的观点。需要晓得，结果比汇报话题本身重要的多，虽然我不鼓励这么心机，但是必须清楚这是最真实的职场道理。纵观实际工作，不少刚走上平台重要管理岗位的技术负责人，工作中存在不同程度的"技术性幼稚 ①"短板，那么如何克服"技术性幼稚"呢？

1.9.1　关注真正的重点

专业不同、岗位不同，会导致对问题的立场和视角不同，进而导致观点不同，这是客观存在的，你会为所提问题和建议，会上没有得到认可而气馁吗？其实不需要过于沉迷于解决问题，如果无人重视，那么姑且放下，可以等待问题变得更加糟糕而暴露出来，效果反倒会更好。听起来不太正能量，但有这样的平衡心态，有根据情况拿捏的心理准备，结果一定不会差。

切记大领导不是技术顾问，更不是来评价平台技术的，借助最直观的图表，你的结论是否能快速导向他的真正关心点，即技术部门能在指定的时间里，保质保量完成开发，提交发布，让领导放心可以达成，如果不能，那么需要领导来帮助协调什么资源，解决什么问题，这是你要快速回答的。作为向上管理的要点，你要理解大领导的心理真空更在于"技术部门给我的是否是个空洞的承诺，实际工作有多少的水分"？

记住一切商业优先，技术为业务服务。对于上游部门汇报内容的不合理之处，不急于争论和相互否定，核心是自己汇报的内容要逻辑清楚、条理和目标合适。此观点并非完全正确，但可以提示你的是，以直接 PK 的方式去体现力量，大概率不是明智的选择，谚语"吃小亏、占大便宜"适用于这里。"聚焦于工作任务本身，对事不对人，以任务来客观导出你的观点"，是最重要的向上汇报、横向沟通的工作方法。

1.9.2　亮出点看家本事

作为业务的下游，技术话语权时间相对有限，需要具备在很短时间内表达更多内容的能力，连篇的文字、多行多页的翻滚屏幕，是无法在这种场合脱颖而出的，没有大领导有耐心跟着你一点点去理解，此时详细的材料可能意味着焦点的发散，以及中间被打断失去既定汇报节奏的风险。此类场景应使用直观、精简的汇报材料，图 / 表

---

① 本文指的是，与不同的对象沟通时，不善于语言组织，感觉只会谈技术，技术导向或者技术语言过多，就对方的关注点，难以使用对方理解的方式去表达。

可以最大化胜任。一个汇报主题，不论信息量如何，尽量用少量的几张图/表搞定，例如，要有主动意识将各个系统（或功能模块）的工作进展及后续排期，绘制成一张类似甘特图的全景图，这张图上还可以包括如安全改造、架构优化等技术发起的任务，目标就聚焦在一张图中，当然里面的内容越全面越好；要有意识将对多个外部合作方的各个调研情况、优劣对比和分析建议，汇总到一张二维表格上；要有意识将各项需求任务的优先级绘制成一张不同颜色的分层图……技术负责人必须为这一两页材料倾注精力。

换个角度说，你也可以呈上 50 页 Word 文档，25 列 300 行 Excel 图表，但是牢记重点讲的永远是其中的极少数几页，对于 15 分钟的高阶汇报场景，如果使用 PPT，这样的重点页应该不超过 3 页。这个规律，与多方沟通方案会议的经验是一致的，真正让大家聚焦去重点沟通的，一定是极少的几页，其他的页更多是表明工作量、工作过程方面的能力和质量而已。

借助一张饱满、立体的图形，能够快速有效地表达汇报焦点和结论。必须有这样的意识，主动花些脑筋，隔三岔五地用一张高效的图来和其他条线的汇报进行差异化竞争，由此带来的汇报效率和表达高度，或许是其他汇报者不可比拟，也难以复制的。

1.9.3　研发管理上得分

平台技术负责人必须高度关注研发管理工作，将超过 50% 的精力放于此也不为过，研发管理是大领导们对技术部门的透视窗口。非技术出身的领导，更多是通过团队管理情况来审视工作，而非技术架构和开发设计水平。

投入分析、研发效能、绩效评比、梯队建设、团队学习、技术培训等方面，是大领导更愿意与技术负责人互动的话题，向技术负责人传达他的管理要求、分享他的过往成功经验，会让会议向着良好的局面发展。

只要有这个意识，勤于思考，技术负责人会发现总能找到不错的研发管理类话题，即使没有如"本月效能提升了 15%"这样可观的实际成果可报，也可以主动抛出如"下一步工作节奏的把控""对某工程弱点的整体评估策略"等管理类工作思路，甚至可以是"计划开一次内部恳谈会，收集员工的技术建议"的计划安排。总之，主动准备、积极推送研发管理类工作话题，体现出有管理直觉，善于拉动团队，大多数情况下都是加分项。

1.10 别指望每个人都认可架构

1.10.1 问题客观存在

就我实际经验而言，相比于架构岗位，很多公司领导更重视承担交付的技术岗，认为其有直接产出，总是给人感觉贡献更大、工作也更辛苦。相比之下，专职架构工作生存环境差的原因在哪里？首当其冲是因其具有一定的独立性，存在与交付工作相脱钩的风险，当然还包括增加技术内部的沟通成本，甚至是内斗的问题，还有一个因素在于，不仅某些架构师的自命不凡不讨人喜欢，而且也难以进行合理的绩效考核。

对终端用户，甚至是上游业务产品经理而言，"界面就是系统"，功能的展现、操作与交互都在页面输出展示。在实际中，不乏见到这样的情况，在项目预研阶段，或是在建设前期，业务部门看到为（汇报、评审等重要会议）演示而做的展示页面就会心中喜悦，认为对整个项目已经心中有数了。

从工作立场和职业视角来看，需求方经常与架构设计者争辩设计优劣和职责划分，产品经理更关心功能需求的实现，而架构师视角则经常置于非功能性[①]设计。

从任务目标和工作节奏来看，将上游业务所强调的交付速度，与架构设计无障碍融合，业界目前并没有两全其美的模式方法，架构工作有传统性、纪律性的特征，对于软件行业，目前还只是在向"速度与纪律性达到平稳状态"的过渡中，一方面倡导快速反馈循环的交付方式，另一方面通过架构设计技巧来开发更优秀的软件产品，各方都需要耐心并持续保持关注。

1.10.2 不合理的使用

很多企业为平台组建了架构团队，却没有让他们在本职工作上发挥，而是在例行公事，做服从管理者要求的架构设计。企业里经常发生这样的资源失配，掌握相关信息和专业技能的人没有权力做出决策，而决策者却缺少相关信息。而事实是技术与市场之间的反馈回路不断在缩短，在技术已经成为大多数业务驱动力的时代，这绝不是好现象。

对架构师的错误用法有千万种，有一类不得不提，很多管理人员期望架构师能随时分析并解决任何突发的技术问题，承担救火员的角色。就此，我以现身说法，来讲述让我的团队卡壳儿的"灵异事件[②]"：

> 操作系统的配置文件，使用的名称服务器（NameServer）是外网地址，投产当夜网络进行了"外网换内网"切换，网络设备上进行的设置变为：全部使用内网的服务器地址，超时失败后才切换到外网解析。也就是所有操作系统先去内网绕一圈，但在内网中却找不到配置文件里面的名称服务器地址，所有节点之间的连接超时被卡，这个问题"扣押"了开发团队几个小时。

---

① 即软件质量，包括高可用、高性能、可伸缩、稳定性、可视化、可维护性等。
② 10年前的一个下属，称这种"整体工作被莫名而极其隐蔽的一个小小技术环节卡住了好久的现象"为灵异事件。

> ➢ 使用Java Osgi框架开发的系统，两年来启动一直正常，某天晚上准备测试发版时照例重启，鬼使神差地突然出现了无法加载全部Class问题，首先排查应用程序的问题，这个问题也卡了我们几个小时，结果原因是前几天一个新包的加入，莫名其妙导致Osgi打乱了原有的启动加载顺序。

> ➢ 给商城系统发出的消费交易，时而会丢失，卡了好久无法上线，后来发现是软负载均衡软件上的配置策略给交易加了时序，先发的交易先到时一切正常，而到达顺序与发出顺序不同的，就会被抛弃。

> ➢ 运行在WebSphere的War包，在浏览器里面加载显示页面超级慢，前方为客户做演示的业务人员已经抓狂。排查好久，发现War包的解压文件是Root权限，启动WebSphere的用户，对War中的Class文件及目录没有写权限，导致每次访问都要重新编译Java文件来生成Class。

为了说明观点能长期站得住脚，我刻意没有使用最近几年分布式应用平台中的例子，上面这些例子都是10年以前的"被坑"案例，再来说结果：应急解决这些问题的人，没有一个是架构师和所谓的行业技术大牛，都是负责开发系统的、聪明伶俐的一线工程师。

并非架构师水平不行，关键在于，多数情况下，并非是技术难度造成的问题，要成为救火队员，需要足够了解系统的每一个细节，架构师此时从天而降，能干什么呢？先用3小时了解系统，这样可以救火吗？出现问题可能有5～10种原因，很多是和运行环境、操作场景相关，抓来一个架构高手会立即知道出现问题系统的前生今世和环境场景吗？当然不能。

把架构师当做救火员，这虽是一种完美视角，但很容易被现实击败，结果就形成了"架构虚假性"和"架构师无用论"。如果不能严肃地对待架构事宜，就无法吸引到真正的架构师。

上节和本节已经列举了很多来自于实践中的认知事实，这样的事实，极大地挤压了技术架构和系统设计工作的生存空间，不论是从价值体现，还是可获得的资源和时间。架构师这一职业的灰犀牛效应[①]，正在于此。

---

① 灰犀牛效应指那些过于常见以至于人们习以为常的风险，用来比喻大概率且影响巨大的潜在危机。

1.10.3　寻找可行之路

面对这种情况，给架构师的最佳建议是调整思路，曲线救国，认识到架构师首先是开发人员，你的代码就是你的资本。下沉至开发，投身于交付，有时会有奇效，帮助你熬过考验期，或是等到形势向好的契机。是金子总会发光。

对于不那么在乎职位者，这更不会成为过大的困难。仔细观察会发现，虽然有些团队没有明确的架构师角色，但一定有人不知不觉承担了这项工作。因此，没有什么可以阻止将架构思维引入团队的设计讨论，即使没有架构师头衔，也完全可以询问有关性能、质量属性的问题，指明团队如何进行取舍，主动分享对设计模式的实践，在技术评审中积极献言，撰写设计文档并接受更多的架构师职责。

功能式的开发模式或许可以完成某些项目型工作，但对于软件平台而言，架构工作不被重视无疑是令人郁闷的，平台和团队发展到一定规模，瓶颈效应会逐渐出现，想再提升到新高度时，会发现工作乏术、无力可发。可惜，对此并没有神奇解药，技术视角与业务视角的认知不同，是天然存在的，并无必然的对与错，努力的方向不外乎是：产品经理应该多关注非功能需求，架构师应该拓宽工作范围，更加具备产品思维；对平台技术负责人而言，则应主动规划提升架构工作的重要性，尤其注重主动输出对需求交付所带来的价值，争取有利资源。

最后回到软件从业者自身，谈一下"应如何看待和开展架构工作"的话题。当前是"敏捷开发、持续交付"时代，快速迭代思想拥护者们倡导的观点是：架构不是预制的，而是演变的，是通过由小到大、由下至上的过程，渐进式得到的。因此，应该专注于"使用微小的架构活动解决现实的开发问题"，这样做才是接地气的，奏效快并且利于反复检验的。这样的理念是完全正确的，有句行话叫作"持续架构"，其精髓即是如此。但是，认为传统瀑布式、自顶而下的设计方式（如高层设计或预先设计）是纸上谈兵，甚至应该被淘汰的说法，则过于极端，是错误的认知。

由下至上与自顶而下，两者各有各的价值，各有各的市场。根据系统规模及复杂度、质量属性、各类约束、技术债务、场景特征、实施风险等情况，有针对性地结合与取舍，因地制宜获取平衡之道，才是最佳实践。关注架构工作实效性，聆听多方反馈，善于适时调整，才能令架构设计与需求开发交付相互契合，相得益彰。

1.11 一点规划胜过多次补救

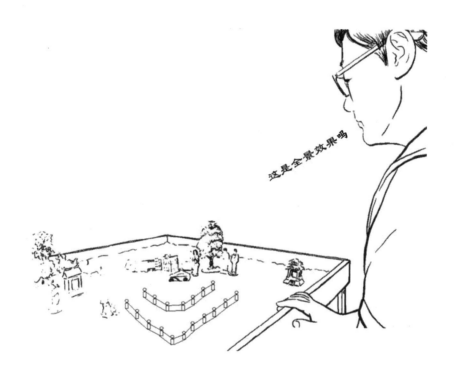

很多即使并不复杂的技术任务，也没能够如期完成，这种情况我们几乎都遇到过。如果问同事为何如此，多数人难以理性解释，只是有"这个活儿，干得迷迷糊糊、不清不楚"之感。本节不重复讲述前面各节已经提过的认知观点，只提供一个思路，从项目管理中的最基本之处来洞察问题。

项目管理的原理和思想，更多是常识性的，貌似未感觉有何绝顶高深、难以逾越之处，但是深入观察我们的各项技术任务，很多问题在于我们未能在实际工作中把这些看似简单的事情做到位。决定一个技术任务命运的要领，恰恰在此处。

在敏捷产品理念和迭代式开发方式被铺天盖地宣扬的工作环境中，任务制订者容易陷入一个思维误区，很多情况下，会有"应该先做起来，然后再说"的冲动。这种思想理念本身并没有对错之分，把控得好则是加分项，反之，拿捏不当易导致任务发布过于主观，任务启动过于草率，这样的陷阱每时每刻存在于我们身边。以实际经验之谈，技术（部门）驱动类任务，这类问题可能更为严重。

1. 目标、边界，以及结束（或终止）标准，是否有较清晰的定义

举个例子，技术部门要做某个业务运行的自动监控报警功能，惯性思维是出具技术方案，评估技术可行性，然后开工，或许大家心里都有一个默认的整体想法和认知，因此疏忽于对结束条件进行分析和明确定义，并对此形成简洁文档，结果可能是做起来永无止境。

假如基本功能都做完了才发现一个问题，报警的误报率要控制在什么范围内，发送报警信息需要纳入到生产事件通报与响应流程中吗？报警信息需要作为重要运行状况信息输出给公司高管吗？除了短信这样的文字信息方式之外，还需要输出曲线图吗？如果要输出给高管人员，那么误报率就一定要极低，而且最好有图形化的通知方式来代替短信，那么现在确实还做不到这个程度，怎么办？因为是否输出给高管这一个标准没有清楚定义，即可能造成任务迟迟不能结束，只能延续。再如，做到最后才发现，没有团队能够出专人来负责这个功能的日常操作和维护，也会导致这个任务无疾而终地一直挂在那里，无法真正收尾。

2. 是否知道这个任务的水有多深

举个例子，做一个"随时通过手机自拍照片，生成证件照"的功能，任务启动后，技术人员首先是忙于去学习 OpenCV 或者 MODNet 技术框架和程序库，掌握自拍照片人像抠图和图像再合成算法。但是做到后面才发现，投放客户使用，需要在图像美化与用户交互方面下大功夫，那么必然要考虑提供自定义尺寸设置、换背景颜色、换职业装、人脸美白美颜、对人像倾斜的自动（横向居中、纵向竖直）调正等功能，此时发现，这是另外一大片深水区。即使做完了这些功能，你会发现相比于市场上专业化竞品而言，不仅照片的生成速度有点慢，而且对于"爆炸头"发型等一些特殊的人像，头发与背景间"毛刺儿"的处理效果，还需要再次提升，而这又是一片新的深水区，需要继续加大投入，项目时间也意味着更久。这还并没有完，照片如何保存、如何输出、

如何收费、是否需要提供一整套的客户隐私协议等问题，都需要逐一确定，越做涉及的范围越大。

再如，已经决策了自研客户端安全工具，但是在付出很大精力，做了传输报文加密和签名，以及代码混淆和加固之后，发现除此之外，还有环境安全监测、防爬虫等众多专业化程度更高的安全功能需要考虑，继续依靠自研难以完成，但如果外采，则会导致同时使用内外多套工具的局面，这并非是期望的架构形态。此时的结果是，技术负责人被夹在继续自研和外采之间，无论结果如何，都异常艰难。

在项目（任务）管理方面，模糊不清的任务完成标准，以及对工作范畴、难度、工作量的盲目乐观预计，这些虽然是最基础性的问题，但仍旧是广泛实际存在的。中大型软件平台并行的工作众多，并非所有的技术任务都会使用典型的项目管理流程去避免这样的风险[1]，如果实在是没有那么多部门人员参与一起策划和评审，也没有配置专职的项目经理来进行任务把关，那么技术负责人必须足够睿智，尽量利用技术团队资源，对任务边界及成败因素给予充分的揭示，也可以借鉴"沙盘推演、分角色探讨"等方式进行更加纵深性的论证，从项目管理视角审视"规划是否做得足够用"，做到拿捏到位后再行启动，必要时还可考虑本章前面提到的"延时决策"策略。目标只有一个，即免于陷入进退两难之境后，再去做变更和补救工作。

所谓补救，意味着已经或多或少发生了损失，小的损失可以算是亡羊补牢，大的损失则可能直接导致项目失败，因此，一点好的规划，胜过多次事后补救，这句话用在这里再恰当不过。事先多做一点规划，会更快、更节省地完成这个项目，这个道理听起来太易懂了，但是落到工作实战中，不仅客观条件有限，而且信息不对称、沟通成本、场景时机、人物性格等众多其他因素都可能对决策过程产生不利影响，因此，实际可能比想象得难。正因为完美的规划大多可遇不可求，所以我们并不能称本节的几个例子为反例，更恰当地说，应该还有一定的提升空间。

作为论道之言，我想强调的是，认为最基础性的工作是简单的，忽略在最基础的工作点上提升人员能力和工作质量，这是极大的认知错误。将这些看似简单的问题呈现出来，正是编写本节的意义所在。

---

[1]　多数平台配置的项目管理人员及流程，是偏工具支撑、任务跟踪职能的角色，对于此类问题，即使配置了也无济于事。

1.12　掌握禀赋，正确用人

分析型　　　控制型　　　友善型　　　表现型　　　······

　　无人不晓孙子兵法中的"知己知彼，百战不殆"和儒家理论中的"因材施教"，既然有这么多耳熟能详的古训，那么这里无须对了解禀赋的重要性再做任何强调。

　　深入了解员工，是各行各业管理人员进行团队管理的基本概念，对 IT 行业和软件平台工作，并无特别例外，因此我将此小节放在了本章最后的位置，以免喧宾夺主。这里重点想说的是，对员工的禀赋，技术负责人多是基于工作表现去感知和判断，这是一种"隐式"的了解，我建议，相比于体力劳动型工作，禀赋在知识型工作中体现得更加深奥、隐蔽，对于几十人、数百人的 IT 队伍规模，应该把"掌握禀赋"当作一项严肃、正规的事项，利用团建或者恳谈会等时间窗口，使用行业公认有效的工具和方法，静下心来好好地测评一下，开诚布公地进行，最好能做到每人起立发言，积极对结果进行自我诠释。以实际经历来说，这对于把人用对用好，以及进一步促进员工关系，很有裨益。

　　大家对禀赋定义有所不同，我认为禀赋的范围，不仅指性格属性以及能力特征，还可以包括健康状况，甚至是家庭环境。作为禀赋中最重要的一项，我们至少应该透彻了解团队成员的性格属性。性格一旦形成，极难改变，工作管理不能诉诸于去改变谁、改造谁，带队育人的核心理念，应该是帮助员工成为"他应该去成为的"那个人。

性格测评方法和工具有很多，侧重点有所不同，我曾经使用过的是九型人格法[①]，测评结果是，每一个员工都在"完美主义者、给予者、实干者、浪漫主义者、观察者、怀疑论者、享乐者、保护者、调停者"这九种类型中，找到了与自己最匹配的那一种。将测评结果与平时判断的结果结合考虑，即可对"员工的最佳使用方式"给出清晰、准确的指导参考。

我们很难为IT工作找到趣味，"掌握性格、对号入座"或许能算是一个例外，那次测评之后，每当有不定期的问题风暴会议，一般会让"怀疑论者"性格的员工一起参加，因为这个性格无疑最具洞察力，事实也验证了确实如此。另外值得庆幸的是，项目管理岗位的女员工是"给予者"性格，这个性格适合服务型、公共支撑型岗位[②]。对于有些员工，技术负责人平日很少直接接触，多数信息只能间接来源于其直属领导，科学、客观的性格测评，无疑有助于对"此类人员与其岗位的匹配性"进行权衡。

更重要的是，这项工作还有利于形成更好的同事关系，对于同事间增加包容、减少互相告状的现象，其效果大于一般性的团建活动。进一步放眼全局，其价值不仅在于从总体上来梳理、度量整个IT队伍的"正确用人指数"，而且可用于审视和优化招聘工作。

务必注意的是，掌握员工禀赋是正能量的，切记不要给人以"评判优劣为目的"之感，更不要有"刺探隐私"之嫌。除了评测性格之外，掌握其他方面的禀赋还是保守点为好，对此，我没进行过任何公开方式的尝试，如果读者有信心和方式，可以酌情评估后去尝试。对此类工作，同时还要留意区分技术管理和人事管理两者的区别和界限，如果拿捏不准，应该直接找公司人力负责人咨询。

虽然性格几乎无法改变，但是在管理中还是有如此多文章可做，这也是这一小节的另外一个目的，即在于展示：优秀的技术负责人，需要广泛涉猎多个领域、具备更多的软技能。

[①]　具有较完备的理论体系，以及较好的客观性，经过很多的实践案例验证，虽不复杂，但需要一点时间学习掌握，切勿把其想象成类似于星座性格分析，两者不在同一层次。

[②]　可以悉心回忆下，庞大技术团队中，是否总有那么几个乐于热心帮忙的人，没有太多的地盘意识，拥有极好的人缘。如果有，可谓是团队的福气。

第 2 章
萃取精华，驾驭主题

具备深厚的技术底蕴、良好的认知，掌握高超的平台架构设计能力，就能够驾驭软件平台吗？答案当然是否定的。两者间的差距在于，是否能够取胜于技术管理领域。这需要进行高度思考与提炼，提升软实力，在实际工作中将技能与管理两者有效结合。

通过分享在实践工作中高度提炼的工作精粹，本章的 11 节内容主要是帮助读者在平台工作的各个领域的关键工作主题中，具备清晰的原则、要点、策略，将难题迎刃而解，高标准地驾驭各项技术工作任务，带领团队达到新的高度。

掌握这样的能力，并不一定需要去拜读长篇大论，也不一定要求助于专业化再学习。本章几节各自独立成题，形同散文故事，用"非技术"的方式谈"技术"，希望可以淋漓尽致地体现书名的"之道"二字，帮助读者找到此领域的直觉、灵感，提升洞察力，开阔眼界，打通技术管理的思维瓶颈，快速掌握技术工作中的管理要点和方法，实现自我超越。

本章内容并非高深的专业理论，既没有严苛复杂的流程，也不依赖于掌握和使用特定工具来达成目标。多数内容阅读即懂，但是真正熟练运用到工作中，只靠阅读是无法达到的，希望读者能够阅读后通过深入思考进行"加持"，时常对比审视。

跨界于技术与管理之间，最重要的在于勇于挑战自我，跳出思维模式惯性，走出原来心理和行动的"舒适区"，才能实现质的飞跃。

2.1 起个响亮的名称代号

2.1.1 代号的价值

不论是蓝图规划、重大需求开发建设，还是大型专项升级改造，为这样的平台级工作任务，起个名称代号（别名），会给团队成员提供附加的信息暗示，除此之外，名称代号将有助于提升任务的重要性和战略高度，获得上级领导更大的重视和资源倾斜。技术负责人应该有意关注工作任务的故事线索，对拉动任务的执行，其意义不可小视。开个玩笑说，是这些任务，陪你走过一段段黄金时光，得有个名分吧，起码也对得起它了。

不仅适用于任务，名称代号也一样可以用于"点亮"系统。中大型软件平台所含业务应用类生产系统已达到几十套甚至更多，考虑到负载网关、密管平台、监控报警、日志中心、流量检测、白名单管理等非业务属性的生产系统，以及如 IT 资产管理、私服和代码仓库、版本打包工具、版本部署发布、工单处理、堡垒机等服务于生产活动的通用工具和辅助类系统，从逻辑角度上看，平台的系统数量可超百级。如何称呼各个系统，使用非模糊语言降低沟通成本的话题随之而来，如支付订单系统、数据服务计费系统这类表达业务应用的名称还好，对于"版本上线程序部署发布"这种工具类系统，这样的名字不仅太过乏味，而且过长的名称也不利于快速沟通。

如果系统的重要性足够高，参与其建设的人数足够多，为此系统起个名字代号会是个好的选项，对系统本身来说增加一层语义信息，也是一种赋能。可以从影响力视角思考这个问题。既然人可以有小名，植物可以有学名和俗称，为系统起个响亮或者诙谐的别名，也就没有任何奇怪的了。

软件工程领域的名称代号，真是不乏惊艳者。就复杂系统重构类工作，业界常用的有三种模式，分别为拆迁者、绞杀者和修缮者模式。这样的名字对模式的价值，无论再多夸奖也不为过，尤其是极好的隐喻和可记忆性。

2.1.2　轻松的时刻

如何命名肯定是仁者见仁智者见智，但一定要和任务主题（或是系统的功能与用途）有一定的潜在对应关系，不要出现张冠李戴的命名。命名题材可以选择历史典故、著名小说或者文集，例如使用"官渡之战"适合作为以小博大的任务；也可使用人物主体，例如，某些企业使用"斯巴达克斯""阿克琉斯"等代表勇士的名字，来称呼检测非法攻击的主动安全防御系统，其实此类如果叫做"战神""灭霸"也行；使用"敢死队""破冰"等名称代号适合于极具攻坚要求的工作任务，而"蓝海"适合 IT 蓝图设计和技术发展规划类工作；对于一套人工智能算法程序，如果觉得"巫师""姜子牙"这样的名字太过俗气，可以用 Evolution，或者 Insight 这样酷酷的英文别名。

这会是工作中的轻松时刻，和平时谈的来的员工，一起喝下午茶，大家轮流发表意见。

行动代号，大家所熟知的是在军事领域广泛使用，确实可以在管理平台和驱动任务中借鉴使用。当然了，凡事不要太激进，名字到底叫啥，除非自己胸有成足，多数情况下，应该多沟通、请教，多数人认可是判断适合性的最好标准。沟通完成后，不需要很快确定，给自己两三天时间悠闲地斟酌一下，也不会造成工作损失，除非是着急进行大型汇报，或者是赶一场对外发布会。

需要注意，对重要任务起别名的行为，一年有2、3次就好，不要过于泛滥，物以稀为贵。

积极主动的命名意识具有普适性的价值，除了上述范畴外，在大型平台的IT蓝图、高阶规划工作中，或是进行顶层结构设计时，用一个词（或简语）来描绘平台建设主导思想、技术理念、主干结构，是高水平名称的绝佳用武之地。

以笔者实际经历为例，进行 × 平台建设规划时，在技术服务角度设计了5方面全局共享能力，在业务应用方面设计了3大板块，并提供一体化（一致的契约形式、通用的格式规范）服务总线，为所有系统提供数据共享接口。为推进全体成员统一思想，拉动工作"更上一层楼"，特拟定使用"1 总线 2 平台 8 中心[①]"这个简语，作为提领设计规划和建设目标的代名词。此举是行之有效的，其不仅成为各类宣传、布道场合的抬头词、标题语，而且提纲挈领地表明了（整个建设周期）技术工作管理的两条主脉：第一条主脉是各个中心作为（相对独立）建设单元，分别建设实施；第二条主脉是各个中心与总线的持续集成过程。

---

① 　1总线，指（使用 SOA 架构风格建设的）数据服务总线；2 平台，是对（技术服务和业务应用）2 个领域的平台化抽象表达；8 中心，包括技术服务平台的 5 个中心（前置交换中心、服务注册中心、配置管理中心、日志和文件中心、事件和消息中心），以及业务应用平台的 3 个中心（账务处理中心、风控中心、影像和票据管理中心）。

2.2　通用一致的专业术语

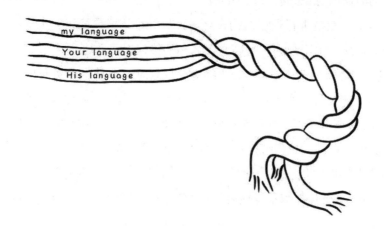

2.2.1　非模糊语言

通用语言（Ubiquitous Language）一词来源于埃文斯的《领域驱动设计——软件核心复杂性应对之道》[3]，是那些以非代码形式呈现的领域模型设计的主要载体。这个概念能有什么高深之处呢？最初我十分好奇作者使用了如此多的篇幅讲解其重要性，并在全书中贯穿使用这个词语。这么简单容易理解的概念，为何在这么经典的著作里面如此受重视？

大型平台中，不同技术团队中人员的认知和表达的差异化问题，往往比想象的要严重得多，对某个要素，团队有自己的上下文理解，内部习以为常的名词称谓，形成了他们心中的事实标准。多团队协同工作时，相互间理解不一致，对于问题空间和逻辑表达方式没有形成共同的心智模型，造成部门间的工作讨论会效率奇低。

经过考虑，在本书中用非模糊语言（Unambiguous Language）一词，原因在于，

Unambiguous 有"消除歧义"之意，更能反射实际工作中的问题，即任务推进经常受困于信息表达不恰当，难以理解，或者相互矛盾。另外，我所描述的语言问题，比 DDD 中通用语言的范围要大，不仅仅存在于领域模型设计中，而且更加泛化地存在于各类技术工作中，使用非模糊语言一词更为贴切。

　　某个机器名为 A 地址为 B 的应用网关，1 团队按照对其作用的理解叫内调外网关，2 团队则习惯使用跳板来称呼它，3 团队管它叫作 A，4 团队则称呼它为 B，5 团队根据其使用的是 Nginx 而称呼它为 ×× 业务的 NG 网关。大型平台应用网关一般有十个以上，而网关只是一次技术讨论中用到的不算太起眼的一个要素，那么其他要素也有类似情况，讨论结果可想而知。

　　即使一个独立部署的应用系统，运维团队经常用服务作为其量纲，称作 ×× 服务，而服务在开发团队眼里意味着一个应用系统对外提供的接口服务，造成很多文档中双方对重要字段的命名方式不同，歧义明显。

　　要打印一个日志，A 团队称其为框架日志，B 团队称其为业务排查日志，C 团队称其为系统日志，D 团队因为日志中打印的是接口输入 / 输出参数，因而称其为接口日志，当然了，还可以称其为应用日志、控制台日志……无数个名字。

　　上面这些场景并非偶然，是我工作中的实际案例。我因此明白了 DDD 中通用语言的重要性，并在任何技术会议中留意打断大家来统一相关要素的概念，并尽可能定义一个名字，让大家都用这个名字来沟通。

　　可以这样说，技术负责人必须意识到各种类型的技术性歧义，并解决这些歧义。

2.2.2　广学活用行话

　　软件平台上至各个板块、中至各类主题、下至各层级的问题域和各要素，应该关注使用合适的"通用一致术语"，同时应该多学习软件专业的行话。在参加外部会议、软件社区中活动或者与同行进行技术沟通时，用清晰、简洁、高效的方式和准确的词语，来提高工作水平。

　　尤其是从事技术咨询和布道师职业者，广泛猎奇，掌握更多的行业术语是必要的，12 要素（12-Factor）、反模式（Anti-patterns）等，可能和你手上的案例的直接关系不大，但此类储备对于提升工作底蕴、扩展视野格局，益处极大。

12 要素为构建（SaaS 形态）网络应用提供了方法论，定义清晰准确，内容翔实，应该说，对于架构师来说，必须掌握"显示依赖""后端服务""端口绑定""易处理进程"这些已成为经典的术语，可将其纳入日常工作中直接使用，可以降低一定的沟通成本。

反模式则是更为宽泛、模糊的领域，不仅内容处于不断的发展变化中，而且就已经被明确提出的反模式而言，在不同资料中不同专家给予的定义也不尽相同（下面所讲的死亡征途、供应商套牢，即是如此），就内容的目录归类而言，也存在多种方式，百度百科中的定义分为项目管理、设计、编程、方法、结构管理 5 类，而简书网站上有专家将其分为社会和组织结构（组织机构、项目管理、分析方式）、软件工程（软件设计、面向对象设计、编程、方法论、配置管理）2 个大类 8 个小类。与 12 要素不同，学习反模式，必须加入自己的理解与领悟，能给出经过自己消化后的认知定义为佳。

1.4 节"会有第五代架构吗"提到两种经典的反模式：委员会设计和蘑菇管理。除此之外，还有很多反模式令人过目不忘，尤其是组织结构和项目管理类的，分析瘫痪（Analysis Paralysis[①]），死亡征途（Death March[②]），供应商套牢（Vendor Lock-in[③]）在各类工作任务中屡见不鲜，如何就此问题进行交流，看到了这些行话，我才明白原来四五个字即可胜任。

说到此处要多谈两句，这些反模式中所反映的问题现象真地令我沮丧，很多技术工作失败的核心原因均是如此，技术工作倒在了技术之外，很多时候你对此无能为力。尤其是死亡征途，可能意味着巨大的浪费和一场彻头彻尾的惨败。小到几人月的技术任务，大到平台整体建设，就产生问题的概率和程度而言，"自我意识、一言堂"类原因，可能远胜于"技术水平达不到要求"。因此，企业中高级管理人员，看到此处后，建议去网上搜索反模式学习一下，可以适当平衡能量，或者起到自我检视、修正之效。

---

① Analysis Paralysis，指花费太多精力在项目的分析阶段。

② Death March，除了 CEO，每个人都知道这个项目会成为一场灾难，但是真相却被隐瞒下来；另一种定义是雇员由于不合理的截止日期，被迫在深夜和周末加班。

③ Vendor Lock-in，一种定义是从技术角度看，一个系统过于依赖外部供应商提供的服务部件；另外一种定义是从工作角度看，被供应商（商务、资源等）关系所绑架，不买不行，买了则意味着长期大量的投入，发展受到制约。

　　另外，我多次使用的贫血模型（Anemic Model[①]）一词，也来自于反模式。在沟通或会议中，有效地使用这些行话，可以让发言上升到新的档次。自己的语言容易被质疑、挑战，但行话更具权威性，活用行话，可以让观点更具说服力，建议更易被采纳。

　　广义上的行话范畴很大，测试左移、测试右移、红黑部署、蓝绿部署……这样的词汇都在其中。在实际工作中尝试运用新的技术或方法，如果自己造词来命名，多数情况下达不到行话的水准，那么掌握行话则是必经之路，应该被高度重视。

　　行话如此经典，为我们能站在巨人肩膀上工作而感恩。最后的问题留给读者，除了这里提到的 12 要素、反模式，你还自主关注、仔细阅读过哪些？

　　最后需要做一点升华，本节所讲的非模糊语言和 1.5 节中提出的粗略视图，是技术设计工作中两个极其核心的要素。非模糊语言 + 粗略视图可以浓缩反映中高级技术岗位人员的综合素养。毫不夸张地说，应将日常工作中这方面的表现，作为"评价重要岗位工作产出价值、衡量团队技术管理水准"的参考对象。

---

① Anemic Model，一种领域模型，其中领域对象包含很少或没有业务逻辑，因此，由负责调用贫血模型的程序（例如，在名为 Services 服务等的其他类中实现，这些类会转换领域对象的状态）负责解释领域对象的功能和用途。与面向对象设计的基本思想相悖，问题是，大多数开发人员似乎认为这是完全正常的，并且没有认识到在他们的系统上使用会产生严重的副作用。这是一个真正的问题。

2.3　制定全景路径

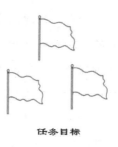

任务目标

　　大型项目建设工作中项目经理丢任务、顾此失彼的现象屡见不鲜。对工作点的全面掌控、图表化记录与跟踪，是绝大多数团队的常规操作，在此方面，项目经理会给你提供工具和资源支撑，但是内容只能由自己来梳理、策划和最终制订。制订全景路径，即确定一定周期内的主要任务拓扑、布局。那么，以从 0 到 1 的建设过程来看，制订路线和任务布局，应该在哪些时候、关注哪些方面呢？本节将讲述如图 2-1 所示的整体方法和实践建议。

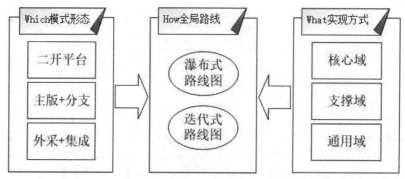

图 2-1　探究模式与实现方式，制订路线和任务布局

对所有纳入建设周期的系统、子系统、模块，下文统称为单元。

2.3.1 模式形态分析

从整体模式视角思考，以完成一个企业办公自动化（OA）的 SaaS 软件产品为例，对于产品化、平台化目标，可以考虑的建设模式包括以下几种。

1. 二次开发平台

分析 OA 软件的三大低代码能力，即自定义表单、工作流 / 审批流、图表和 BI 展示，以此为核心建设技术平台。对于目标客户的运作模式为：按照客户需求，使用这些核心能力进行二次开发，基础需求通过拖曳操作，即可快速搭建出来。这个模式的特点是：属于技术驱动型，完全自主的平台能力，前期技术起点很高，但一旦建立此能力，后期不同的用户需求，可以低代码方式实现，一劳永逸。

需要考虑的问题是，相对简单的客户需求，使用此方式或许可以，对于复杂的客户需求可以搭建出来吗？是否还需要增加其他很多的低代码能力，技术上是否可行？对这些问题需要进一步思考，拿捏准。此种模式的技术价值更高，技术优先。

2. 主版 + 分支

主版 + 分支属于产品驱动型，以翔实的产品功能为准，先实现一版具体的产品，推向市场，根据客户反馈，对产品进行迭代修改，对于与产品差别较大的反馈意见，没有办法收敛进主版的，可以开分支（基础模块不应该形成分支），形成公共底座 + 产品主版 +A 单元订制 1 版 +B 单元订制 2 版 +…+× 单元订制 N 版的并存模式，如同积木块，想给哪个客户什么，在产品矩阵里面挑选对应的单元即可。

这个模式的主要问题在于：先期自研的产品，市场可能不买账，得到的可能是推翻性的、摧毁性的市场反馈，迟迟无法确立出主版本，导致来回返工，资源上、时间上都是巨大的浪费。

3. 外采 + 集成

重点做好统一门户（Portal），以及组织、用户和权限管理功能，各个产品功能单元，以外采市场服务为主，通过接口打通双方用户权限，实现集成，这属于外挂模式。这个模式的特点是：实现最快，路径最为便捷，但是如果需要掌控所有的数据，数据打通是个大问题，另外这种模式的弊端在于对外依赖严重，订制化受限。而且，不同合作方提供的单元功能、页面 UI 和交互各不相同，用户体验不佳的忍受度问题也需要评估。这种模式属于生态合作驱动型，自己公司的重点可能在于市场拓展，销售所得要与采购伙伴按比例分配。

上面三种不同的模式，会带来完全不同的建设路径认知。进行产品需求分析时，如果此方面不明确，一定要将问题升级，引起各干系方充分关注并做出决策。

2.3.2 单元实现方式

全口径地定义各个单元的优先级，以及各自的技术实现方式，核心决定因素当然是由公司具体资源情况而定。多数技术负责人制订任务时会考虑到划分优先级，方式方法不言而喻，在本书中不再赘述。就软件工程理论建议参考原则而言，各个系统和服务的技术实现方式如下。

1. 定义为核心域的单元

核心域应自我实现，使用全部精良的团队资源，重点进行管理倾斜，以求百分百地自我掌控，必须把核心域打造成组织的核心竞争力。

2. 定义为支撑域的单元

支撑域可以以外包的方式实现，避免因错误地认为具有战略意义而进行巨额投入，但仍旧非常重要，核心域的成功离不开它，全部的源代码和知识产权，也应该是必需的。

3. 通用域内单元的解决方案

通用域可以采购现成的，即复用外部市场的成熟能力，例如平台中的客服系统就属于此类，其与核心域的耦合性较小，行业有成熟的系统案例，也可以单独运转，只需要部署进平台，按照标准接口进行一定的集成，此类可以不要求源代码。

2.3.3 绘制路线图

在上述模式分析、优先级分类，以及决定单元实现方式的基础上，该怎么做已经清楚了，即可确定全景路径，结合投入资源，最终确定各个单元之间的依赖关系，哪些可以并行，哪些有相互依赖、必须串行。绘制类似甘特图的路线图，依此形态的材料，易于掌控全局进展，进行高阶汇报，同时让工作既务实，又具备一定的前瞻性。

路线图材料，借鉴但不要直接使用甘特图绘制，甘特图具有固定的工具模板，固化的内容表达方式，更适合用于（经典式的）项目计划排列，但全景路径并非只是（表示时间为主的）项目计划和里程碑，还可以通过大量的注释框，对每个单元进行技术角度的阐述。使用能表达和发挥的自由格式，是最佳建议。

最后，讲一下制定路线和任务布局的时机问题。模式形态，必须在整体开工前进行，并且需要和业务方反复论证，否则有直接进入错误轨道的风险；实现方式，可以根据优先级，在各个单元开工前，按需进行。对于瀑布式特征明显、汇报要求较高的建设任务而言，这三个方面，应该前置在立项阶段进行，大领导必须尽量掌握一切，尤其是以此路径作为衡量投入产出的依据。

本书 6.7 节"全局路线图"提供几张简洁的示意图及文字解析，供读者参考。拥有这样全局路径的另外一个切实好处是，将一张大纸挂在墙上，以便在多头任务并行的高压期能够少忘事儿。

2.4　聚焦边界抓主脉

分而治之已经成为处理复杂难题的解药，如果读者觉得这个词太虚幻，那么，关注分离，进而引出封装和接口等概念，桥接和代理等模式，以及具体工作中的单点登录、统一服务网关类应用系统，读者一定不陌生。相同的意思，布道角色和工程师角色，使用不同术语而已。

1. 分界思维是 DDD 的灵魂

领域驱动设计中描述的"有界情境"和"情境地图"概念，对找到设置边界的自然之处很有指导意义。针对大型软件平台的业务需求进行技术功能设计，应该参考或者遵循 DDD 方法，作为最佳实践指导[4]，运用限界上下文设计模式，识别出所有的上下文（即基于业务的问题空间），根据核心域、支撑域、通用域几种类型对上下文归类，对应形成各个分类的领域模型，通过上下文映射（Context Mapping）技术来设计各域之间的关系。然后，在明确的上下文中发展一套领域模型的通用语言（Ubiquitous Language）。一个业务产品，可能只有一个核心域限界上下文，对于平台而言，则必然存在多个。这个战略设计过程是业务驱动的，专注业务复杂度，需要克制以技术为中心的冲动，技术导向最终会造成贫血模型问题，例如 Dao 层的实体类只有僵尸化的 Get、Set 方法。限界上下文的精妙之处在于，微服务本质上基本等同于 DDD 中的限界上下文，可以以此来设定微服务颗粒度。分界思维不仅适合新平台、新系统的建设，尤其适用于对"大泥球"遗留系统的整体重构类任务。

2. 边界是整体工作的核心脉络抓手

关注边界的工作策略，不仅体现在业务领域模型设计中。对于平台技术负责人、高级架构师而言，边界如此重要，主要在于：作为重要骨架，边界是整体工作的核心脉络抓手。1 个人可以完全扁平化管理，深度参与，掌控各项工作细节的覆盖面范围，一般来说是大约 10 人，也就是说超过 10 个人的团队即可能需要进行二级管理。对于平台技术负责人和高级架构师而言，"试图掌控一切"的想法过于理想和激进，不可能所有工作都亲历亲为、了解全部细节，通过边界进行各个部件的组装才是第一要领。

实战中将聚焦边界运用到实际工作中。例如，以 SOA 架构模式搭建的系统群中，重点关注 ESB（企业服务总线）系统无疑是首选，ESB 与所有应用系统有清晰的服务和接口边界，通过其控制系统群的服务治理，就是抓住了龙头，指引着整条龙的前进方向。有人可能认为按照风险偏好角度看，更应该抓核心交易系统，因为其承载了用户的核心资产及交易，这样的观点无疑也是对的，主要看两者之间如何平衡精力分配，当然了，分开建设是最好的规避方法。

绕过路径直接要结果的抓任务方式，无疑"外行"，甚至失职。实践中，很多技术负责人的主抓手是任务交付进度，会上更多是"提测了吗、冒烟测试通过了吗"这样的追问。我亲历过一个几百人参与开发的、历时超 2 年的大型产品平台建设的失败案例，确系如此，令人十分惋惜。每个团队都只关注自己的功能开发任务的进度，底下做得越多，上面被踩踏的就越严重，没有把控中轴来领导全局，导致各个团队做出的模块无法拼接、组装成有机体，整个工作盘口如同雪崩。正确的管理抓手应该是：成功交付的关键技术路径，以及主要的边界卡口处。否则很难克服"功能代码堆积造成的架构腐化"。

软件平台的所有系统中，各类网关系统是边界类系统，所有技术文档中，各类接口文档是边界类文档。进一步进行区分，其中各版块的应用服务网关、对外（指定的合作方或者市场客户）发布的接口文档，其边界特性更强，边界颗粒度更大，关注级别应该更高，此边界代表着交互双方或者多方之间的唯一"契约"，因沟通盲点、设计不佳等问题带来的返工、故障、整改，直接结果就是各参与方共同"买单"，因此，技术负责人或者架构师，将工作卡口设置在这里最恰当不过。

无论如何，识别边界并认知其重要性，是把控系统群的核心原则之一。

3. 分而治之是架构设计利器

架构作为一门学问，近 20 年发展极为活跃，笔者对占据主导地位的架构（设计）驱动方式归纳为五类：一是面向"经典视图（或主题）"的设计方式，这是最典型、最通用的方式，第 3 章即使用了这种方式。二是质量属性驱动设计，以分析与考量关键质量属性为设计抓手，第 4 章对高可用、性能与容量、可观测性等技术机制分别进行抽象提炼，逐一予以设计，即是此方式的体现，在技术特征强的系统中，尤其应当关注这种方式。三是本节已经提到的领域驱动设计，以"识别、界定业务领域的模型、事件"作为核心驱动力，更加适合于产品较复杂、业务属性强的项目。四是基于"技术风格与模式"的设计方式，例如使用 SOA 风格、微服务风格，或者是管道 + 过滤器模式、分发 + 订阅模式，以其为轴心来引领设计工作，所谓模式系统，正是指以此方式打造的软件系统。五是风险驱动设计，在 2.11 节中有所讲解，其核心是识别、评估风险，以风险为导向，按需运用架构消除或降低风险。对于复杂系统平台的架构设计，并非一种方式可以水到渠成，多数情况下是上述若干方式的综合运用。

如果我们切换到"设计的过程"这个视角来看，可以发现各类驱动方式间的相通之处，即"先划类拆解、再逐个击破"的分而治之之道。首先，以驱动设计的要素（如各类视图、多种质量属性）为线索，或是从整体与局部关系（如整个产品由多个限界上下文组成）入手，对整个设计全集进行分类、分层切割，形成若干个（相互间逻辑隔离的）不同问题域的子集；然后，通过技术抽象，对各个问题域进行理解与转化，形成技术化语言表达。设计之旅就是多个这样过程的循环与嵌套。若将分而治之称为架构设计第一利器，笔者认为是名副其实的。（后面章节讲到的）应用部署、数据规划、故障防御等众多细分主题设计中，都会体现分而治之的重要性。

2.5　合理运用架构模式

借肩膀一用，
我可省事多了。

技术大拿　　　　业界专家

2.5.1　必须学以致用

正当陷入僵局时，天空飘来一句行话：软件中的所有问题，都可以通过增加一层抽象而得以解决。其背后的理论核心，是典型设计模式中的防腐层模式，可见架构模式的重要性，使用模式，能够创造更易于沟通、理解和表达的通用解决方案，也正是1.7节架构设计思维中借鉴复用原则的体现。

模式为软件架构师提供了最具价值的工具，可以理解为[①]：模式按照级别分层，可分为架构模式和设计模式[5]，前者相对高阶，旨在提供系统架构的整体骨架，后者

————————————————

① 　做此特指，原因在于1.4节"会有第五代架构吗"所述，架构行业中很多定义存在主观性因素，每个人的理解有所不同。

颗粒度更细，用于解决常见问题，如某一系统的组件（或者某业务中关键技术）级别的组织、通信等。

科班出身的中高级研发人员，对此应该有相应的理论基础，但平台高级设计工作中很少有谁在真正运用，在组件级、代码级设计中使用率虽然高一些，但很少有人能在这方面，将实际的工程（甚至是类和方法）与架构模式两者之间进行有意义的衔接，如此重要的专业理念在多数企业实际 IT 工作中停留在个人头脑和编程经验中，"提炼、展示、表达"已经成为了昂贵奢侈品，此现象极大地妨碍了团队学习 [①] 体系的发展，制约团队的整体能力高度。可以怪罪于公司以商业为导向、上游压力传导、版本周期短暂，这也没错，因为一切事物究其根本都是在矛盾对立中。不能改变环境时，只有在设计工作的管理环节，加强各级技术人员对其重要性的认识，并进行必要的培训。

不仅是架构模式，公认行话、事实标准，甚至是架构隐喻 [②]，这些能力能否真正融入平台技术工作中，都是高水平技术团队的潜在考量标准，这种标准，其背后多是一种格局，或者说是一种情怀。一个如 Chaos Monkey [③] 这样有趣的、让人印象深刻的隐喻，能够直接揭示技术设计工作中的重要主张。

2.5.2　谨防过度设计

作为模式缺乏问题的另一个极端，在研发过程中，更要对过度设计问题进行管理。

有些事情总是"冰火两重天"，架构模式、设计模式的重视程度，在不同企业和平台的实际工作中差别很大，良好设计取决于模式能力，这一事实让"在任务中摆出大量模式，以此展示非凡的架构功力"显得非常诱人，如果因为喜欢某个模式，而套在了不适用的问题空间上，就属于典型的"模式病"。

实际工作中这样的例子不计其数，我曾遇到过某条线的开发负责人，在支付平台中增加了一个支付账户绑卡模块，并将这个模块单独设计成一个微服务（大谈微服务架构理论），这样的设计颗粒度就太细了，如果都如此，平台会成为"进程鸡窝"，

---

① 关于团队学习，属于企业管理学范畴，相关来源很多，例如《第五项修炼》一书中有深入的阐述。

② 即一个简单的比喻（或者是故事），能够为架构创建愿景和词汇表。

③ 是指 Netflix 专门开发的一系列捣乱工具，这是一套用来故意把服务器弄下线的软件，可以测试云环境的恢复能力，其技术思想在于避免失败的最好办法是经常失败，反映 Netflix 通过主动破坏自身环境来发现弱点的做法。

开发和运维不堪重负，这是他个人对这个绑卡功能的"难言的某种偏好"造成的拙劣设计，可以定为典型的过度设计案例。

"模式病人"的工作方法是，边翻模式书边说："现状应该首先使用 ×× 模式"，然后一心想着找个地方把这个模式用上，此时，使用目标不再是软件本身，而是出自于"掌握这项技能的私心，也许可能是某种炫耀感，或者为取胜话语权争夺战而已"。这样本末倒置的问题在其他工种中也广泛存在。例如，你招聘了某个人，真实意图是何？是确实某个岗位空缺所致，还是这个人才华横溢你就想招进来，因而设置或者挪用了某个岗位。

模式是非常优秀的工具，但和其他工具一样，很可能被滥用，迷恋模式造成超出实际所需的过于复杂的方案，是设计过度的主要原因。另外，架构隐喻并非可作为技术设计工作的主旋律，而且也不容易驾驭，使用不当即会造成稀奇古怪的理解，增加团队成员间的歧义，因此，到处使用架构隐喻，也是一种夸张的、不可取的工作行为，技术评审会议无疑是纠正此类工作最好的场合。

与前面强调务实、简单、开明的领导风格同理，要避免团队陷入设计过度的怪圈，模式是技术前辈们将设计方法进行抽象提炼，总结而成的模板和工具，便于后人复用，从而帮助我们简洁有效地进行技术设计工作，这才是正确的用法。必须保持对一切技术任务的洞察力，以提供切实有效的、服务于业务的方案，进行适度设计，获取平衡之道。

2.6　立起架构，递增部署

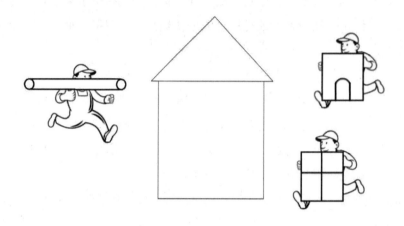

　　常用建筑设计来类比、对标软件设计工作，我也经常把软件平台整体工程比喻成建造摩天大厦，建筑的楼体架构必须拔地而起，并且从头到尾保持直立，外立面、水电等竣工前的所有工作，都安装在构架上，依次完成、依次验收。曾经看过一个词叫作"可行走骨架"，甚是喜欢，即对要交付系统进行最简单的实现，它贯穿头尾，将所有单元连接起来，从可以工作的最小系统开始训练全部路径。

　　不能指望各单元完成各自的工作后，最后能一下子成功拼装起来。产品功能分级迭代是以业务功能为视角的敏捷理念，"可行走骨架"方式则是软件工程技术角度的敏捷理念，能够创建更短的反馈路径、更快速的调整，对架构设计所做的设想可以较早地进行验证。平台所含系统数量越多、越复杂，这样的策略就越重要。

　　立起架构，意味着在平台建设中首先进行最小化实现，即早进行部署，确立架构。在数以千计的业务功能中，选择少数几个具有代表性的功能（如用户注册就是个不错的选择）首先进行功能实现、部署、跑通，这样能够第一时间打通资源、网络、中间件、应用、配置中心、专用设备及服务等多环节的运行结合；能够第一时间打通开发、测试、部署、维护的路径；能够第一时间打通从前端工程脚手架，到前后端通信，到后端访问缓存、数据库和使用管道……平台内分属于不同开发团队之间的技术衔接；能够第一时间验证各服务节点的服务注册与发现、通信机制有效性，甚至是负载均衡的可用性。

不仅如此，自动化打包、灰度发布、监控报警等平台能力，可以最小化实现为标的物，进行真实可用性的验证，很多运维板块的工作因此得以提前进行。测试团队还可以借此提前关注性能，虽然不能代替业务版本上线前的压力测试，对最小化实现进行压力测试和稳定性测试也是有效的，很多架构设计问题，链路通信、数据获取、请求路由等方面的问题，以及结构性的问题可以在这个阶段发现，这时的压力测试是积极而轻松的。

举一个我实际工作中遇到的真实案例，在某平台早期进行一次稳定性测试，运行10分钟后TPS逐渐下降到个位数，排查很久，发现是使用的第三方数据库连接池程序包所致，更换包后问题得以解决，在早期发现这样的问题无疑是幸运的，如果上线冲刺时，或与合作方联合验收时才发现，代价无疑是巨大的。虽然只是最小化实现，但麻雀虽小五脏俱全，作为测试的标的物，这是功能在真实运行环境的落地部署，代表技术全链条，是各技术单元的真正串接。测试标的物、价值和目标方面，与采购软件的POC测试（侧重于软件本身）不同，不可相提并论。

保持架构一直处于可用状态中，进行递增部署，利于建立整体朝着正确方向前进的信心，一系列串行工作因此变得更具弹性。并非所有产品都要等到十全十美才能发布，递增式部署，意味着在可以运行的架构基础上，增量式、有选择地进行培育，迭代式验证。

尽早进行最小化实现，不仅适用于平台的 0 ～ 1 建设期，对于投产后的任何中大型的任务也是完全适用的，可以作为普适的工作方式方法来看待。

2.7　打造数据堡垒

2.7.1　数据库的发展历程

回顾一下近年来数据库及应用在主流行业领域的发展，主要分为三个阶段：第一阶段，2000 年后的 10 余年，是大型商业数据库的天下，Oracle 以跨平台的优势逐渐占据比 SQL Server 大得多的份额，金融行业广泛使用 IBM DB2，超大型企业使用 Teradata 等产品建立自己的数据仓库，软件及专用硬件价格昂贵、技术封闭相互不兼容，是这段时间的特点；第二阶段，约 2006 年之后，MySQL 等开源数据库的突出特点，让很多企业降低了数据软件投入的成本，虽然单体性能不及大型商业数据库，但是开源属性催生了集群化部署，以及分库分表、读写分离技术的广泛应用，实现了投入成本与性能之间的真正平衡，使得开源数据库成为中小企业以及新生代企业的首选，传统重资产行业也在逐渐剥离对昂贵商业数据库的依赖。

前两个阶段，最核心的进步在于互联网思维和开源技术带来的数据库软件技术的飞跃，但是"数据存在的形态和主要的应用模式"这些最核心的要素并没有变，主流都是 SQL 标准和范式下二维表的结构化存储和输出形态。

第三阶段大概从 2012 年至今，以大数据产业驱动和分布式计算发展带来的 Hadoop 生态圈，其中的数据库技术栈是革命性的，包括 NoSQL、HDFS 存储、非结构化数据库（如 HBase 列式数据库）以及数据仓库（Hive）等，极大地推进了数据智能、数据服务、数据搜索、数据推荐等多种多样的数据类应用，是更深层次的飞跃。

从阶段发展来看，数据在系统平台中的地位有增无减，大范围的数据治理已经成为各大平台的标配，数据分级分类、数据质量、数据标准、数据字典等工作目标皆为让数据更加坚实、可靠。

数据库领域的技术一直在变革，但"内容为王"的属性和理念一直没变，打造坚实的数据库堡垒的系统建设思想，20 年来从未发生变化。初学时将软件理解为命令、函数、算法，确实对学习有帮助，但是尝试创建大规模系统（尤其是平台）时，这样的视角会形成致命障碍，此时，应该持续坚持数据的核心地位不动摇，以数据打造摩天大厦的地基。

2.7.2　数据模型不可变

数据模型是什么？本质上，包括对实体、关系和属性的定义，以及所使用的范式。不同的范式，在数据冗余与数据完整性上，给出不同的原则和约束。列式非结构化库本质是从存储技术方面改变了数据存储方式，近年来数据类服务在各行业应用的拓展风行天下，然而从数据模型设计角度看，几十年来并没有产生什么设计模式和新方法供用户活用，数据在各方面的可伸缩性、容错性，远远弱于应用程序，四代架构（理念、风格）无论是定义、还是演变，和数据侧关系并不太大。

支付系统投产后，不仅应用程序可以逐步重构，数据库实现技术也可能会发生重大升级，可以是在 x 轴扩展，在 y 轴拆分，或者是在 z 轴分片，但是大概率不会修改订单表、支付表以及两者的主外键关系。程序是碗，数据模型才是里面装的肉。在实施完成之后再修改数据模型，将付出昂贵的代价。

一个有趣的问题，如果给你一个完整的、完全陌生的系统，让你用最短的时间、最快的方式去自行掌握，掌握得越全面越好，你怎么选择？如果是我，会选择看这个系统的数据库文档，它代表着这个系统的最终实质，具有绝对的穿透性，所实现的业务需求和功能设计必然在这里落地，是对整个系统的全景透视，涉及的技术要素，以及系统的规模、复杂性，甚至是自检、监控能力，或多或少都要在这里体现。很多系统，应用程序中一半比例的代码量[①]是对数据的增删改查类操作，对于复杂需求而言，虽然这是一种（作为反面教材的）贫血模型的系统设计，但也恰恰说明了数据库的核心地位。

数据是个笨重的家伙，影响数据的问题往往解决起来非常麻烦，要改变代码和行为不是大问题，修改发布即可，将数据结构从老版本迁移到新版本，则需要付出巨大的努力。若发布失败回退，对于进行了大量数据结构和内容变更的上线投产工作，往往是无路可退的。

用户界面和应用逻辑会变化，业务会发展，人员会变动，但是数据会永远保留下来，不论二维结构化、还是列式非结构化数据，都改变不了数据的不可变特性。鉴于数据的这些特点，创建牢固的数据模型，要从第一天开始。

2.7.3 数据资产重于一切

内容为王的另一层含义是，数据库在企业安全角度被赋予最高使命，数据是系统中最高安全级别的，是企业中最值钱的资产。应用层出错往往可以暂时忍受，数据库出错或者被破坏是灾难性的，无法想象数据无法恢复的企业的最终命运，此类案例并不稀少，通过互联网搜索就可以找到。

应用可以再造，没有数据则一无所有，平台运维工作应在数据库和核心数据上多下功夫。加密和脱敏、冷/热备份是平台的基础必备能力，同时，定期攻防和切换演练、灾备中心建设、各类资质和评级，此类重要的运维工作，都应该以数据为首选主题。

数据安全法的出台，为各平台全流程数据管理提出了更高的要求。从实际案例的经验看，要意识到"内部风险可能远高于外部风险"，做好数据安全防范工作应该依此有所侧重。防范数据安全风险，进行数据接触的级别和使用流程管控，尤其是数据被批量操作的风险，进行定期的自检和审计评估，是软件平台建设维护工作的必修课。

---

① 曾经学习并使用过这样的一个系统工作量估算方法，对于有实体表的功能模块，按照业务处理逻辑：操作数据库 =1：1，作为核算工作量的比例关系。例如，对于 50 个功能点，其中 30 个有实体表，20 个没有实体表，则系统工作量为 80 个单位。即（业务处理逻辑）30 个单位 +（操作数据库）30 个单位 +（业务处理逻辑）20 个单位 =80 个单位，如果 1 个单位工作量为 1 天，则总工作量为 80 天。

2.8　有无兜底方式

开门见山先点题：兜底背后的思想机理，是对于底线的工作目标，可以放宽时间约束，以时间换空间，确保最终一定有办法予以达成。

2.8.1　学会使用补偿

补偿策略并非是典型、成熟的软件架构和设计模式，更像是系统设计工作中的一项专业技巧，不同场景中可使用完全不同的技术方式。

补偿设计的代表性应用领域是金融和支付行业的交易系统，补偿可以在分布式事务中进行，也可以完全是事后。事中来看，支付交易未收到确认结果，发出冲正交易进行补偿，具体可详见在4.8节"分布式之事务"中的TCC事务模式。那么，如果这些都不奏效呢？日间交易结果还是存在单边账，怎么办？这是补偿机制典型的事后进行场景，多参与方日终联合进行对账，将没有对平的账校对出来，差异账纳入下一账期，并触发人工处理。如此，为确保系统记录交易的最终正确性、唯一性，采取了多套机制策略。

由此可见，触发补偿，并非一定是你的系统有大Bug，补偿广泛用在多端系统之间、系统与依赖的三方服务之间，因无法确保对方的正确性，或者为应对网络故障等不可抗力因素，采取的异常补救方法。通过补偿来实现柔性目标，达到数据的最终一致性要求。

数据批处理任务是另外一个需要补偿的重灾区：

➢ 任何一步数据问题导致的任务异常停止，造成批处理中断时，需要记录全部错误信息以及批处理断点信息，确保通过人工修改后，能够在断点处续跑。对于无法续跑的任务，出现异常时应该回滚至任务开始。

➢ 无论如何，必须提供补偿办法，在不依赖工作流和任务调度系统的情况下，通过人工介入等方式能将问题数据处理掉，保证批处理最终一定能完成。当然，实际系统需要考虑得比这要复杂，如果T+1解决不完，这个任务不能过期，要继续在T+2成功完成，然后是继续追跑，直到追平日期。

➢ 企业数据批处理任务程序，建议尽量采用脚本程序，脚本代码直接代表执行语义，可视化、可解读性好，修改快，同时携带轻便，对宿主编译环境依赖程度低。

小结一下补偿的属性：补偿的对象和目标一般为数据，侧重于事后提供纠错能力；补偿强调人工，即最后可以用人来处理。软件行业对补偿没有明确定义，我个人给补偿做个定义，即补偿是以兜底为目标而设定的技术手段，提供补救能力，最大程度地降低业务风险敞口的策略和方式。

从产品、业务视角，在业务需求中，应该为系统定义核心、零错误容忍度的功能或服务要求，即是系统功能的底线保障。在各类技术设计工作中，具备主动的兜底意识、有效使用补偿策略，是高阶能力的体现。

2.8.2 其他兜底方式

兜底是很多技术工作的必要组成，兜底的方式多种多样，典型如版本上线工作，必然有上线的验证和失败回退方案。失败情况下进行回退，与上述所讲的超时发冲正（回滚）交易，有异曲同工之妙，但目标不在一个维度，冲正交易是为保持一致性，上线回退是为了生产不出故障。回退与补偿不是一回事，两者都是兜底的方式。

兜底的方式并不限于技术范畴，再举一个例子，如果一切的技术补偿手段，包括日终对账也不好使了，还是有差异怎么办？如果是对合作伙伴，当然是依照双方协议处理，即法律准则，但是，如果是对 C 端客户呢，有何办法？

这里再讲一个兜底的方式，那就是保险，方法可以是，梳理平台的各类技术风险，拨出保险金（从哪里来，不在本书中讲述），对风险投保，用于赔付。另外，平台为规避 C 端风险，另一个主要策略是制订完备的客户注册协议（或相关功能操作前的提示），明确提示相关要求，揭示风险并明确处置方式，这已经属于风险领域的话题了。

人脸识别认证技术无法 100% 保证其结果是正确的，手机 App 安全技术无法 100% 防止新型注入式攻击，对于技术上无法完全覆盖的事情，根据平台对风险和损失的认知、评估，建立有针对性的兜底机制是必要的。

综上小结：补偿、回退、协议、投保，这些方式都是不同工作场景和目标下兜底的手段，使用这么多办法，目标是覆盖平台风险。读者可能对回退极为熟悉，对投保也一听即懂，但是否有意把几者的关系梳理出来？这对于工作指导、决策判断、宣讲布道，都十分有益。

2.9　运行、维护保鲜

从技术发展角度审视运维工作：前三代架构时代，架构更多是开发部门的工作，进入云原生时代，CI/CD、DevOps 开发维护一体化、服务网格、容器等要求，已经让平台全局级架构重心向运维部门移动，顶级架构师必须熟知运维，尤其是日志中心、消息中心、灰度发布、熔断降级等能力建设，取决于对云原生能力的掌握程度和使用经验。开发与运维之间的边界越来越模糊。

从职责角度审视运维工作：软件平台由 0 至 1 开发建设完成后，进入运营期，运营期所有工作可以归为两类，一类为交付，即已有功能的迭代更新，以及增量（新增系统及功能）的开发建设；另一类为运维，即平台运行的日常维护、保障，包括主机、网络、资源、操作系统及中间件，以及应用系统及数据的运行监控、故障处理、安全管理等。从团队成员数量比例来看，研发人员与运维人员的比例，可以 4：1 或者 5：1 为参考。

除此之外，平台的多数技术资质（等级保护评定、ISO 安全体系认证）工作由运维部门主导开展。运维已然由传统的技术服务部门走向前台，逐渐向生产力部门转变。这里提供几点策略和工作参考，可以更好地为平台进行"体检"，给平台"保鲜"。

2.9.1　掌握运行水位线

进行平台水位线管理，主动掌握系统的运行压力线，知己知彼则百战不殆。一般有三类方法进行运行水位线评估：一是 TPS 的估算法，二是操作系统资源使用率估算法，三是历史值估算法。

1. 使用最大 TPS 的估算法

即使用"当前运行 TPS/ 最大 TPS 指标"来衡量运行水位线。关于最大 TPS 的计算方法，在 4.5 节"并发性能衡量"中有详细描述。当前运行 TPS，具体看水位线的口径，可以使用日最大值或者日平均，最大值可取日高峰的 15 分钟作为时间窗口。个人建议使用日最大值，意义更佳。

2. 使用操作系统资源使用率估算法

以应用系统操作系统的"CPU/ 内存 /TCP 连接数"的平均使用率作为水位线参考，这种方法主要弊端在于，以假设"应用程序压力下的健壮以及其他资源（如中间件、负载）不是瓶颈"为前提。

3. 使用历史值估算法

如使用"当前 TPS/ 记录的历史运行过的最大 TPS"来衡量运行水位线，这是最简单的办法，其弊端是历史运行过的最大值并不能代表最大 TPS 性能指标（因此该方法存在理论上的偏差，除非历史最大值时，平台已经满负荷），也不能克服之后时间迭代带来的影响。另外，历史值估算必然以对最大值进行过精确翔实的记录为基础，这对运维团队提出了一种工作要求，即养成对重要峰值运行数据的记录习惯。

每个平台情况不同，个人建议，可以从上述众多方法中选择适合的两种，使用两者进行测算后，将结果进行对比，以判断准确性，并进行适当修正。另外，水位线评估工作频率不要太低，1 年至少两次，否则就不及时了。要注意的是，我们难以对整个平台进行评估，水位线评估，合理的参考方法是，一个条线一个条线地进行。要有足够的耐心，对结果要有一定容忍性，例如，平台级 TPS 性能指标的获取是一个摸索过程，中间需要考虑很多影响，并需要一些经验值参与运算，这也是性能工作的本质特性。

最后，则是对水位线的管理，定义水位线阈值和超出阈值的运维动作，80% 是良好的经验阈值，含义是确保日常运行压力保持在 80% 之内，超出后，水平扩容是最常用的方式，根据具体情况，也可以做其他的判断和决策，例如 TPS 值很低，或者用户流量不大时资源使用率就会提高（导致水位线异常偏高），就极可能是某个应用的程序问题（如数据查询方法和 SQL 语句），或者是应用架构问题（如是否应该使用搜索库加快页面模糊查询）。

2.9.2　进行定期演练

作为平台级的运维机制，定期演练的工作机制大家不陌生，可以用于揭露"水面下的冰山"。主备中心级别的切换演练、物理机的宕机演练、核心数据库的停服演练、网络 DNS 解析服务商更换等，都是良好的演练主题，切记，"实际演练发现问题"比"一万次会议强调自查"更管用，这种良性的、自揭伤疤的方式，是应对技术人员"自查自提升"惰性的最佳手段。

演练工作投入人力多、时间长，与业务产出关系较远，雷声大雨点小成为常态，因此，演练工作真正的难题在于是否缩水，实际执行能够达到原规划的几成。下面的内容只是按照经验讲解 4 类演练内容，具体解决执行程度和效果的问题，显然不在本书范畴内。

1. 切换演练

切换演练的目标是验证平台的切换效率以及平稳性，是最常见的演练方式，相比于故障演练，其对平台正常运行影响的风险更小，切换的要素一般为"流量"，例如，主动将某些访问流量由 A 机房切换至 B 机房。

2. 故障演练

故障演练的目标是验证平台的高可用性，主要方式包括：某线路停电、物理机宕机，以此验证可用线路和机器是否自动接管，是否影响应用系统运行；关闭某个应用系统节点，验证负载能否自动将流量转到其他可用节点；关闭外联三方服务（例如短信平台）的某一个服务商，使其不可用，验证相关请求是否均发到可用的服务商。故障演练一箭双雕，可同时用于演练平台的应急事件处理流程，包括值班人员是否在岗、相关流程人员是否及时响应、是否按照事件等级进行合理的处置，验证处理流程的效用和合理性。从行业实际经验看，很多平台、系统群长期单中心运行，高可用盲区很多，关键服务故障的恢复时间为小时级。

3. 攻防演练

攻防演练的目标为验证平台各系统的安全性。为体现更好的实战性，攻击者多是黑客或者安全专家。方式多是钓鱼、主机夺权、打入应用系统、非法下载平台资源等。

4. 降级演练

降级演练的目标是演练大流量下平台的限流、熔断、挂维护机制是否正常运作，是否能够快速自愈恢复，实现对用户的最小化影响。

与水位线管理同理，一是要根据平台的具体情况，妥善选择演练方式，因投入人力和涉及资源多，并非越多越好，以免对正常的交付工作带来冲击；二是要设置好能够起到保鲜作用的定期演练频率，如果演练规模很大，建议故障演练和切换演练合并执行，能够做到一年一次，攻防演练频率也是一年一次为佳。各方面基础好的平台，例如自动化程度很高，甚至是具备混沌工程（即故障实验工程化）能力的平台，应该一年多次。

因此类工作系技术部门自我驱动发起，没有上游部门，也缺少其他监督和考核机制，因此如何"克服惰性和得过且过"问题是最大的挑战。从实践经验而言，不论什么演练，实际推动并完成都很艰难。但有一个乐观的预见是，如果第一次、第二次能做好这些事，后面会越做越顺利，也会越来越有成就。为平台保鲜，抓紧行动吧。

2.9.3　平台运维手册

运维、安全领域是传统的文档重灾区，就整个技术条线而言，各级制度、管理办法、操作流程，以及采购、资产管理等大量要求编制文档的工作，集中在运维部门。

大运维部的年代，平台日常维护工作的核心文档是应用运维手册，每个应用系统都有对应的主、备岗运维人员，一个应用系统移交运维时，开发人员必须编写、提交一套符合模板的翔实运维手册，包括资源说明，安装说明，以及操作系统环境、应用进程启停、端口管理、配置文件、数据库、文件存储等各方面的日常维护操作命令，以及健康检查方式，常用问题列表和排障方式（例如如何查看日志），甚至是日常数据下载和统计。

快速迭代、微服务不仅带来了架构和开发理念的升级，团队组织结构也进入新的发展模式，特点是工作纵向发展、规模向拆分和小型化演进，互联网风格的平台尤其如此。为每一个应用系统分配对口运维人员，提供"专属服务"的模式一去不复返。开发团队是最了解应用系统的角色，直接纵向打通，负责开发、部署，以及一般性的维护工作。运维团队的重点职责已经从了解和掌握每一个应用系统的方方面面中解脱出来，更加面向全平台，包括提供资源管理、云原生能力，以及开发运维（如版本发布）一体化、自动化能力建设，以此做好模子，每个应用系统按照统一的模子部署和运行。

运维手册也因此得以精简，不可能面面俱到，囊括每一个应用系统。平台使用的技术栈、工具、外部服务过于庞大，而且其中有些相对是易变的，分门别类编写对各个软件和工具本身的操作使用并不现实。那么如何去编制一个平台级运维手册呢？手册内容的切入点是什么呢？

这里给出一个指导答案，可以召开头脑风暴会议，将所有平台运维层面的"软元素"，即任何人工、工具方式管理的平台对象，尽可能全部找出来。为方便地作为实际参考，对要素举例，可包括：操作系统镜像、DNS 设置、各类（如域名）证书、网络（如线路带宽）要素、时钟、VPN（如 SSL/TSL 版本）设置、数据备份（时间窗口、模式）、CDN 设置、IP 白名单、虚拟机操作系统（如连接数）参数、负载均衡配置、中间件（线程池、启动内存）的参数、数据库（用户及密钥、连接数）要素、应用程序端口、链路超时时间等。以所有元素为切入点，编制一份面向"要素管理"的平台运维手册，详细编写各类要素的所在位置、大小设置、有效期、查询和修改的权限及命令。

运维手册要定位在熟知所有要素，需要时立刻能找到。如果读者对此认同，那么运维手册只需要重点编写这个工作层面，不能涵盖所有，不要将日常使用的运维手册与故障排查、应急响应流程等内容混在一起。

故障排查可能更适合放入运维知识库中，以问题及处理方式列表体现更佳，运维手册是故障排查工作依赖的关联材料，无法在运维手册中预见出所有的故障场景。对于应急响应流程，则需要单独编制管理办法。另外，硬件资产作为相对独立的管理面，一般有单独文档，也有独立的保密性要求，不可在运维手册里面体现。

最后，给出运维手册的两个原则。

1. 鲜活性

软元素是运维工作的一级管理对象，必须进行彻底而准确的管理，就此管理级别来说，运维手册必然是平台的底线级文档，重视程度高，应设有定期维护和更新机制，以确保其鲜活性。

2. 傻瓜性

这样方式的运维手册，没有长篇技术知识，也不阐述软件本身内容，全是运行环境做了哪些配置这样的干货，以及必要的操作命令，内容相对简洁可读，门槛低，作为运维一线的现场值班人员即可掌握。

如此编制的手册，可以满足以上 2 个原则。不同规模的企业情况差异很大，选择软要素为切面编制平台运维手册，不是一个绝对答案，更多的目的在于，从上面指导中得到有用的借鉴。

关于技术文档的更多话题观点，在 5.7 节"坚守文档底线"中会讲解员工文档能力退化的现实，以及精简文档的趋势。

2.10　技术白皮书

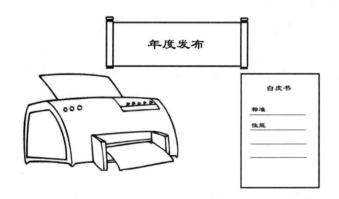

　　提到白皮书，更多想到的是产品白皮书，产品白皮书是企业对市场发布高等级产品的常规产物，放在企业官网上，让客户对产品的功能、特性、使用体验等方面有第一手的认知，产品白皮书也是为产品打标签、提升公司市场价值的杰作。技术团队对白皮书认知度不高，即使有，有些平台的做法也是将其交给产品方和市场部，挑选他们认为需要的内容，塞到产品白皮书里面。

　　对于技术白皮书的理解，行业技术工作者认为更适用于底层技术应用，例如，针对一种通信协议、一种存储技术的白皮书，更看重于技术原理和规范，内容深入且翔实，是完完全全的专业技术文件。而对于区块链这种大咖级别主题的技术白皮书，则更体现为一种行标，甚至是国际标准形式。如果提到应用类系统平台的白皮书，更通俗的理解是平台对外发布的标准服务、接入和集成方式，供任意开发者在授权方式下，以边界严格但实现形式开放的方式，进行二次开发或者客户端接入，这类白皮书其实就是面向开发者的、高规格的技术手册。

　　就所建设维护的软件平台，建议技术负责人能够组织、联合各个技术团队，每年定义一个年度级别的大版本，编制发布一次面向公司的技术白皮书。主要内容可以包括：

> 各类内部标准规范文件，包括UIUE设计规范、代码仓库规范、数据库开发规范、接口开发规范，以及平台级相关工作流程和操作规范等，悉数列示文件名称和版本。

> 对平台级能力进行高度抽象表达；列示集成的外部第三方服务；分别在前端、后端、大数据等技术领域，体现技术栈切面的开发语言、开发框架、特性、私服及三方程序包信息（来源、名称、版本）。

> 技术白皮书最重要的部分，郑重表述平台的容量、TPS/QPS（并发性能）、SLA（平台可用率）指标、RT（服务响应时间）指标，这些指标需要明确变化曲线，即线性工作区在哪里，最大值在哪里，性能拐点在哪里，如果可以，将当前运行的实际值一并写入白皮书。

> 服务连续性指标（例如达到7×24小时）；以及保障方面的标准，例如故障处理时间标准（几级故障，多长时间响应，多长时间处理解决）。

> 交付及质量方面的统计数据，年度发布版本数（及对应的需求数量），以及效能度量值（如需求当量和平均交付周期）等。

> 列示平台获得的资质、评级等荣誉方面的信息，包括软著、技术发明专利的明细单；CMMI、ISO方面取得的资质；等级保护测评等。

> 如有其他显著特征，应该纳入进来，例如，平台在兼容性等方面，支持多少种手机型号，覆盖各类主流厂商手机的iOS、Android操作系统版本，以及各类浏览器的型号；平台经过什么样的三方权威检测，与市场同类服务的评比结果是什么样的。

编制年度级的平台层面的技术白皮书，将其做成一个精美的作品，可以召集公司级的汇报，作为验收成果性档案，为平台打一个明确的技术标签。可以将这样的汇报以一种发布的形式进行，具备足够的仪式感。可惜的是，目前很少有技术负责人有这样的主动意识和行动。

在实际工作价值方面，每年发布时，应该与去年的白皮书进行对比、检视，可谓是一次阅兵。对于IT队伍，这样的工作一般都具有积极的结果。最后，在心理层面，是技术部门的一种宣言，也是团队对自我工作成绩的精神褒奖。

要把积极主动出一份技术白皮书，当作一种"超越性"的工作来看待。

2.11　再来几条技术锦囊

　　本章已经使用了 10 节讲解技术工作中的精华观点和指导建议，如果再详细搜集全部的工作经验，或许还有很多，但是我没有足够的耐心将它们梳理成文写出来，无法不一而足地分享。对于一本没有代码的技术书，担心文字量过大也会有失可读性，因此本节再做几条简短的补充，将相对独立的几个话题放入一节能够有效地控制篇幅，如读后有大快朵颐之感，那就最好不过了。

2.11.1　别把快速当成敏捷

　　很多公司的领导对下属技术工作的认可，表扬之词不离敏捷二字，其实核心原因不外乎是开发速度快、支撑交付表现良好。很多人经常使用敏捷一词，但对其理解一直停留在快速这个层面，缺少对其真正含义的剖析，容易造成整个技术工作的虚假繁荣之象。

敏捷与快速，两者看似有共同的表现，但技术精髓、驱动力和最终命运却完全不同。

> 敏捷的核心在于通过高频校准和拥抱变化来达成正确目标，是快速+有序的双能结合体，有序二字是敏捷的技术精髓，更多体现在DevOps，其速度是由"自动化替代、可重复部署、技术弹性、直接反馈路径"，以及致力于"软件定义一切"等能力的再造与提升来支撑，实现变更与运行的无缝衔接，并且注重长期可维系性。

> 单纯的速度，更多意味着加班和冲刺，并没有专注于如何在过程中修正航向，这样的速度，由各种激励和执行力的要求来拉动，短期效力的属性更重，缺少能够持续加速的空间。现实企业的工作中，我们看到的很多并非真正地在力行敏捷，而是一味地在追求速度，并称其为面向结果导向，这恰恰是造成"架构腐化[①]、技术债务[②]堆积、缓慢混乱[③]"等灰犀牛问题的根本原因，必然成为长期发展的瓶颈。

快速与敏捷之间的差距是十万八千里，技术负责人必须首先站出来，提出主张，以弥补这样的鸿沟。

2.11.2 用多少时间做架构

设计架构、开发测试、返工修改，是构成技术任务工期的三个主要组成部分，一方面用适当时间做设计能够降低返工修改的风险，另一方面设计时间过长会增长交付的周期，这又是一个平衡折中的话题，软件平台规模和需求各不相同，但每个平台都有一个设计的最佳平衡点。

按照我学习过的一些行业资料，结合自己的主观经验，对此的建议为：创建10个以上中等规模应用系统所构成的系统群，可以将1/3的时间花在架构设计上。但是中等规模又该如何定义呢，约百万行代码。那么问题又来了，前后端语言代码行数差

---

① 架构腐化，指因架构逐渐混乱，不再简洁清晰和有效，导致系统建设演变为功能代码堆砌的失控结果。

② 关于技术债务，在5.3.2节"偿还技术债务"中有相关阐述。

③ 关于缓慢混乱，在5.9.2节"洞察缓慢混乱"中有相关阐述。

异性很大，而且只凭工程规模也不能代表系统复杂度，因此，这是一个极其依赖个人智慧和经验的问题域，充分体现了 1.4 节中所讲的软件架构的职业特性。还好，平台规模越大，前期做架构设计的获益越大，反之则获益越小，这个规律是客观不变的。

架构设计还可以有一个维度的定义，那就是降低软件开发和返工风险的活动，也就是说，如果没有风险也就不需要做架构设计。那么，我们可以使用风险导向来决定做多少架构工作，风险是风向标，提醒未来什么会构成实际障碍，预测并记录下所有的风险，包括发生的条件和后果，并列出优先级，根据评估和取舍，然后用架构设计工作去降低风险。

如果架构设计不能为技术工作提供高价值的、降低风险的方案，我们就可以将更多的时间和精力用在其他地方，需要注意的是，此时架构设计并未消失，我们实际是从主动设计转化为被动设计，监控任务进展和系统运行表现，在必要时采取纠正措施。要认识到，主动与被动，这两种设计工作的驱动方式是来回切换的。

2.11.3   关注模型与代码融合

领域模型是 DDD 的核心，架构师在设计模型中包含的想法如果无法在代码中体现，模型与代码相脱钩，那么如性能、可用、扩展等各类非功能性设计的思考与推演，也将无用武之地。因此，务必要关注将领域模型融入代码，减小代码与模型之间的偏差。

- ➤ 代码包的组织方式，不论是分层组织还是分功能模块组织，与设计的模块结构相匹配，能够突显架构，应该将此作为标准的开发规范。代码包与架构元素的对应，不要出现术语失配，如果使用工厂和单例设计模式，那么应该使用工厂和单例来为代码包命名。
- ➤ 落实架构元素间使用关系的清晰和准确，需要关注代码模块结构中的访问限制，或者是将模块作为库分发，如果这些都无法做到，那么可以考虑使用工具来监控这些使用关系的问题。
- ➤ 做好契约式设计，在代码中设置使用条件，并在运行中进行检查，如果违反契约，应该抛出错误并终止运行，包括对象、服务、线程、进程，各种颗粒度都可以采用。

> ➤ 将代码模块升级为组件，通过微服务架构进行组件级的调用管理，通过容器进行组件级的进程封装和轻量级分发，是对模型落地进行管控的良好方式。

除了这些技术方式外，还可以依靠传统的代码评审会，来进行模型与代码融合的检查。

2.11.4　避免成为僵尸系统

半死不活的老旧（或者是遗留）系统让人不敢靠近，其特点有二：一是使用陈旧过时的技术构建，而且常常是文档不足，没人了解它的前生今世，甚至难以说清楚其确切的功能范围；二是应用系统使用的中间件、依赖的第三方程序包，可能已经落后了好几个版本，关键级别漏洞成堆，不敢去做打补丁和版本升级类的操作[①]。

如果僵尸二字有失优雅，我们可以称之为"无法变更的系统"。此类系统不仅是安全隐患，也常占用着大于自身所需的服务器资源配置，是造成设备和资源浪费问题的重灾区。如果是外部采购的，可能还会受到供应商挟持，技术上高度对外依赖已经令人头疼不已，更何况还需要很多的资金投入。"代码恐惧症"让很多技术部门求助于采购大型框架，而这种情况反过来又让持续维护和版本升级工作变得困难，再诱发出一种"变更恐惧症"。

虽然这很少被列为一个指标，但是平台的系统维护工作，必然包括处理变更和报废。如果不想步此类系统的后尘，那么每年都需要按照行业信息库，对所有系统的软件包进行版本升级检查，做相应的变更，消除关键级别的漏洞，千万不要积压。对于无法变更的遗留系统，必须考虑尽快制订替代方案，做下线或者报废处理计划，并考虑资源回收再利用。

2.11.5　向结构性失衡宣战

在"读取了大脑存储"之后，对本小节所述话题，我决定使用"结构性失衡"一词。结构性失衡多用于经济领域，指需求与供给之间的不平衡，或者是经济活动内部

[①]　大版本更新可能不兼容正在运行的程序，导致系统不可用，尤其是对于多年未做过升级的系统。

构成的不合理，对标到软件平台领域，可同理理解。"结构性"三个字，意味着问题可能是较为重大的、波及全局的。中大型软件平台工作中，结构性失衡现象有哪些，又有何解决方案呢？对于此问题当然无客观答案可言，本节谈一下个人拙见，并分享应对之策。

1. 工作任务量与有效承接能力之间的失衡

各个程序版本按流程在队列中排队，等待测试和上线安排，项目管理工具上还堆着待技术排期的业务需求，这是我们所熟知的 IT 部门工作场景，周而复始。"我所有时间都被排满了""平台的需求数量，每年都在增加"，任何这类说明工作量饱和的话语，大概率会赢得领导欢心。对于 IT 技术部门工作而言，任务过多既是令人头疼的问题，恰恰也是员工在企业中生存的依仗，"工作不忙，可能意味着危机"，这个道理不言而喻。

待完成任务经常大于能够完成的任务，大家对这种结构性失衡问题习以为常，将"任务多、干不完"视为共识的生存环境，这其实是一个认知误区，这样的局面岂能打造平台核心竞争力。技术负责人的视野和格局应当更为高远，着眼于工作局面的良性化发展。

写文章的最高境界，不在于无一分可增，而在于无一分可减，此言是对于"做好减法的价值"的良好比喻，可借鉴此良言，拟定应对工作任务失衡问题之策。例如，可以对所有的版本需求做一次半年度（或年度）的回顾评价，在成百上千个需求中不难发现："向少数用户提供服务、功能重要性一般、使用频率低"，以及"缺少连续性、有上文无下文""上线后又出现多次修改 ①"类的业务需求占比不小。

对于百人及以上规模的产研团队，可以尝试设定一个"需求总量减少 10%"的指标，即在所有需求中，对于价值较低的 10% 直接予以搁置，时间不限（半年甚至是一年之久也可），一直等到真正有空闲技术资源时再做。尝试的结果或许是，平台的业务发展并未受到实质影响，同时排队的任务减少了，实际上整体技术产出效率大幅提升，如果公司十分关注产研团队如何"降本增效"，这或许是答案之一。这个例子背后的道理在于：对于工作任务排队、积压问题，尝试"不去做一些工作，比努力做更多工作"要好得多。这是一个奇妙的悖论，此观点当然非我所创，我至少在 2 本书中见过类似

---

① 并非正常的功能迭代、演进，指的是同一个功能因较小的反复修改或完善，多次占用技术资源的情况。

观点，因其深入我心引起共鸣，所以一直以来印象深刻。

对于管理岗位的工作来说亦是如此，管理者可以选择一段时间作为尝试，找出10%的低价值（尤其是事务性的）工作直接丢弃掉不做，或者选择放手给其他人去做，如果从长远看平台各方面工作并未受影响，那么可以说明，我们常常处于"被吞噬在工作风暴中，看似繁忙但实际低效且无法自拔"的状态中。作为结果，从此以后可以将这些工作从日程表中拿掉。

2. 系统数量与技术人力配置之间的失衡

2.5.2节"谨防过度设计"中提到过"进程鸡窝"一词，即是对系统数量过多状况的一种暗讽。人员与系统数量两者在供需关系上，系统是需求，人员是供给，很多平台存在需求远大于供给的问题，但在实际工作中，各级团队能够为此积极献策之言论，可谓少之又少，其实写出一个这样的方法并无神奇之处，可能比写某个设计模式简单很多，例如，将平台各个业务板块中，功能各不相同的所有内管类系统[1]做一次全局盘整，可能不难发现，虽然有些系统的功能性是存在的[2]，但是实际使用的人数很少、使用频率也较低，很多时间段处在"近乎于空转"的运行状态，将这些系统从技术角度进行技术整合，将多个系统合并为一个系统，降低平台复杂度，无疑能够有效减少技术人力的占用，并节约大量的服务器资源。这个话题，完全可以延伸作为"微服务架构思想与实践结合"的一个例子，微服务是"解耦与自治"理念的有效结合，从技术视角来看，对于低流量压力、低使用率的内管类系统，即使其功能较多，解耦（作为单独的系统服务来运行）的必要性也很小。

一个×人的后端开发团队，负责开发及维护的系统数量，应该是多少为佳？如果×小于10，我认为系统数量是人数的1.2～1.5倍为好，如果×大于10，我认为可以是人数的1.5倍以上，但是这个问题与平台（系统功能量、迭代速度、承载访问量等）多方面的实际情况关系很大，因此以此方式来探究"系统数量多少是合适的"，

---

① 指平台中承载运营维护类功能的内部管理类系统，下文同理。

② 正因为如此，业务需求提出方常会明确要求为此建设一个新系统。如果技术部门对此没有决策权、只能"听之任之"，则为"进程鸡窝"现象埋下了伏笔，这是此类结构性失衡问题的根本原因之一。以亲身经历来说，这样的情况屡见不鲜，这里，我想为这种情况定义一种反模式：命名为"越界型需求"或者是"话语权需求"，用于指代"需求方不仅提出业务需求，而且要求某种特定的系统实现形态"，进而造成错误的建设方式。

更多是凭借经验判断，自然得不到标准答案。那么我们换一个思考角度，可以设定一个"将系统数量降低10%"的命题，使用上段所述方法来完成这个命题，或许并没有想象中那么难。相比于在"下游"增强承接能力（如努力提升研发效率）的方式，减少系统数量来平衡供需关系，这种在"上游"处限流的方式，明显更为直接有效。

3. 投入与产出之间的失衡

中大型软件平台体积极其庞大，庞大一词在某种程度上意味着其中"掺杂的水分"较多，那么定期启动各类有针对性的专项行动，通常有价值不菲的收获，达到节约工作成本之效。例如，对所有硬件类资源的真实利用率进行盘整，对外采的技术组件及服务（以及开源方式引入的第三方框架）的使用有效性进行评估，对所有应用系统间调用关系复杂度[①]进行分析，只要认真仔细地做，这些工作大概率会发现一定的可"简化、压缩"的空间。

各类技术开发、部署及维护工作中，"烟囱式建设[②]""雷声大雨点小[③]""大炮打蚊子[④]"这类现象在很多平台中均有不同程度的存在，造成投入与产出失衡，技术负责人应当敢于揭示此类现象，拿出有效解决方案，在破局型工作上彰显出巨大的价值，体现对平台的责任担当。需要注意的是，勿要对这些问题现象过于愤世嫉俗，与经济同理，软件平台的发展也是螺旋式的上升过程，过程中存在一些问题是必然的。

结构性失衡与管理层工作导向和风险偏好、部门及权责设置、产品与研发间关系、采购与实施间关系等多方面情况有关，另外，不难想象解决失衡问题的方案可行性难度之大[⑤]，在现实中综合来看，多数技术部门确实乏力于改变现状，只能约定俗成地、遵循现状去执行工作。因此，本节所建议的应对方案，未必能够在工作实战中达成，

---

① 随着分布式应用节点数量增加，引入的通信开销随之以倍数级增加。因此，在缺少把握的情况下，应适当进行粗颗粒度设计，谨慎控制（单体或微服务等各类形态的）应用系统数量。

② 指垂直体系结构下的系统孤岛现象，即某些系统不能与其他系统进行有效协调地工作，也指多个系统之间缺少统一规划，各自独立实现，技术复用程度低。

③ 指声势浩大而实际行动乏术，例如，启动了很多技术任务，但团队当前实力和可用资源均无法与之匹配，草率应付了一段时间之后，多数任务没有真正的（或只是表面有）成果产出，结果是不了了之。

④ 指（小题大做、大材小用等）使用不当问题而造成浪费的现象，例如，为实现某项能力，引入规模过大的技术框架，但最终只用到其中的一小部分功能而已，即实际有效利用率很低。

⑤ 例如，是否有合适的时间窗口、会带来多少工作量，对于跨业务条线的系统整合，技术工作量之外还要考虑到一定的跨部门沟通成本。

但只要作为思维认知提升和工作方法借鉴之用，勇于向结构性失衡问题宣战，在实践中尝试突破，即可助你脱颖而出。

上升到论道层面来看，本节内容的启示还在于：多数中高级技术人员工作中的关注重点，一成不变地停留在优化流程、深研技术、苦学架构这些"十分吃力"的层面，工作问题的根本原因多是常识性的，其道理并不深奥，如果能够跳出自己的小圈子，多以旁观者角色去审视工作局面，以更开放视角去洞察影响技术工作的多种因素以及相互间关系，眼前则会是另一番景象，可为工作带来事半功倍之效。

本节所述方法，实质是在技术工作中运用减法思维，对失衡问题进行调节，达到动态平衡的状态，这正是大道至简技术哲学观在现实中的体现。减法思维具有普适性的价值，在技术设计时，我们常说"好的设计是简单的设计"，其道理在于：把方案做得更加精致、简约，设计者才会更加直面真正的问题，只有不依靠功能堆砌、表面装饰来交差时，设计工作才会聚焦于真正的本质部分。

各类工作过程，不论是知识的积累还是内容的生成，加法法则毋庸置疑占据着主导地位。当人们从事创造性工作时，通常会忽视（或未意识到）减法的重要性。减法并非（反对技术发展的）悲观论，也不是（减少作为的）某种闲适之道，"清除、减少、削弱"只是表象，减法更深层次的内涵是"一种主动的设计行为"，例如，将实心饼中心部分抠掉（意指做减法），饼不仅熟得更快，而且更容易入味儿，这正是甜甜圈的来源；将实心儿鞋底的中心部分抠掉（意指做减法），造就了气垫鞋的诞生，不仅提升弹性，而且更加美观。

最后，再从信息筛选和思想升华的过程来认识减法的价值。由数据到信息，由信息到知识，由知识到智慧，每晋一级都是一次去伪存真的过滤过程。回想多年前带领×平台建设的经历，笔者至今仍记忆犹新的感触是，工作时忙碌不堪，虽然完成了大量的实际工作，但是真正打破困局、前瞻规划、引导超越的工作思路和举措，多是在下班后的休息时间里独立思考产生的。要获得真知灼见，首先要清理头脑中塞满的内容，定期沉淀、过滤、提炼，这恰好体现了减法法则的运用。不陷入在大量信息中，剔除某些表面东西，在思考中形成想法并找到答案，在这一过程中，少的意义会凸显出来。人们能够从瑜伽、冥想（放空）锻炼中获益，即验证了此道理，这些例子充分诠释了"少即是多"的魅力所在。

第 3 章
平台视角，顶层设计

软件平台设计包含众多因素，除了行业常用的架构主题外，还应该寻找合适的颗粒度，从全局的视角，进一步发掘问题域，以此为牛刀去考虑最终从哪些切面来表达平台，量体裁衣，识别出适用于平台且贴合工作实情的架构主题。

在对业务需求的分析基础上，必须立体展开，为平台尽量多地打标签，对这些标签的定义和对问题的解答，正是平台架构设计的驱动力。技术架构工作的输出物，通俗的理解是："从多个切面、视角、维度，对软件平台及所实施系统的丰富表达"。各个切面能表达出来，整个平台的架构设计也就出来了。

本章选取软件平台技术规划和架构设计中的 9 个切面的设计要点和表达方式进行讲解。每个切面都如同钻石切面一样华丽，转动钻石，每个切面依次发出属于这个视角的光亮和美感，所有切面包围下，钻石无比清晰、透彻、高贵。

识别并维护各个切面间的关联性，确保组合起来能表示平台的完整语义，是平台视角架构表达的精华能力。对此章内容的理解，可将平台解码成一套立体模型、装入大脑中，所谓"驾驭"平台才能真正变为现实。

本章的 9 个主题在中大型分布式应用平台中具有较高的通用性。就具体应该设置多少个主题而言，不同平台差异较大，一定要因地制宜，根据重要性和全局性等多方面因素决定。例如，对于平台所有内管类系统，在技术角度如何实现单点登录和统一身份认证，可以单独作为一个关键主题域来进行设计；如果平台使用了区块链技术作为核心能力支撑，实现重要业务，那当然也应为其立一个架构主题。

需要注意的是，本章描述对标于平台级（高阶）技术架构，就内容颗粒度而言粗于系统技术架构。因此，并没有将系统级设计中最重要的接口设计、数据库表设计等内容放入本章，此类应属于系统级别的概要、详细设计范畴，系统架构师熟悉的 E-R 图和 UML 软件建模工具也未出现在本章。

架构设计表达，不仅门槛较高，更贵在有始有终，每半年至一年为周期，进行一次更新为佳，维持平台架构输出物长期处于鲜活状态，让其保持螺旋式上升的姿态，是技术负责人的职责所在。

3.1 分层总体架构

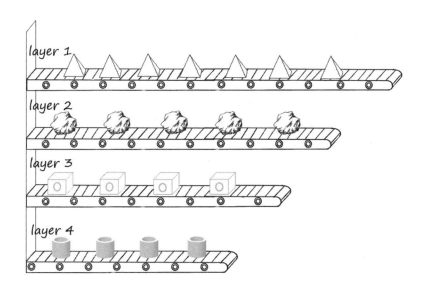

很多的专业书籍，将分层架构归类为一种主流的架构风格。最早来源于浏览器出现后，国外架构工作者使用该模式表达 BS 架构的单体系统。

分层架构是一种最通用的、在行业使用最为广泛的架构模式，尽管微服务思想和分布式架构已经普及，相比于国外使用较多的六边形架构范式 [6]，国内还是最热衷于使用分层架构，其特点是：简单易懂，容易绘制，能最大限度地同时表达出用户层、业务功能、技术组件、底层数据、操作系统及基础平台环境等多项内容。面向领导、商业方、合作伙伴等各类不同沟通对象，考虑立项、汇报、基本陈述、培训等各类工作场景，唯有此架构表达范式最具通识性。

所有架构主题中，分层架构是颗粒度最大的，也是应该最先做的。主体内容使用水平分层（每层毋庸置疑都是水平长方形），上层依赖于下层对其提供支撑，从上至下，形成典型的划分方式。本书 7.1 节"分层架构示意图"，提供几张设计图及文字解析，供读者直观参考。

1. 用户层

用户层需要涵盖所有的客户端类型，C 端使用的移动 App、生态小程序、PC 端浏览器、B/G 端的接入系统等，都应在此层表示。

2. 网关层

网关层也可定义为接入层，主要表达产品输出的形态，此层描述网关系统、前置系统，以及 API、H5、文件传递等各种接入方式；需要描述用户层接入的网络链路，包括互联网、专线等。建议在链路上部署重要的网络服务，如流量清洗、流量监控、流量牵引，也应在此处进行描述和体现。

需要阐述网关层的定位和功能职责，如服务发布、接入者身份认证、密钥分发、协议转换、交易聚合、请求路由分发、流量控制等。

3. 应用层

应用层也就是常说的应用系统层，或者称之为业务逻辑层。描述平台要实现的若干个系统（或者模块），可以按照 DDD 分类方式，分为核心域、支撑域、通用域三类。定义出类别，可以用于进一步表达针对不同类的优先级定义，以及不同的实现方式。应用层是总体框架中最重要的一层，是其下面各层的产物，对其上的用户层提供业务服务，在此表达整个平台最终做出什么产品和业务服务。

4. 技术能力层

技术能力层又称为共享的（或公共的）技术组件层。这是逻辑角度的技术架构核心，在这一层需要体现平台的技术组件，可以包括消息通道、内容管理、日志服务、搜索服务、脱敏加密、任务流、规则引擎、BI 报表、服务维护、指标计算等通用基础技术的封装和输出，以及如文本解析、电子合同、图像识别、语音处理、实时视频等平台业务所需的特定组件服务。

每个能力的输出方式一般包括两种，如脱敏加密可能是一个直接加载引用的程序库，例如 jar 包；如搜索服务、消息通道等能力，一般是提供 Http 接口供目标系统调用。

如果说应用层是分层架构中的最重要的角色，那么组件能力层则是架构师工作的最重要的领域，作为全平台的技术共享中心，是所有技术组件、业务组件的制造车间。

5. 外联服务层

外联服务层包括技术类和业务类两类外联服务。

一是描述平台访问的技术类三方服务，包括 CDN、滑块、地图定位、邮箱、短信类服务，这里容易漏项，需要细心全部整理出来。

二是描述平台对外访问的业务合作伙伴端提供的服务，例如支付服务即属于此类。需要将分层总体框架升级为生态全景，如果有这个好想法，那么将你的合作方在两侧列示，建立外联层到合作方的连接线，例如平台支付服务连接到银联、网联或者 ×× 银行，这样平台的全部业务合作伙伴会一览无余。

6. 中间件层

描述平台运行所依赖的各类技术中间件，包括使用的应用容器及环境，MQ 管道、主要的通信协议、缓存、负载均衡、应用配置和服务注册、大数据处理软件等，以及用于存储的 OLTP 和 OLAP 各类数据库软件和文件存储软件。

因为数据的核心地位，很多分层框架会为数据库划分出单独的一层，即数据持久化层，来重点表达数据和文件存储。

7. 平台能力层

如果使用 ×× 技术的云平台，应该在这里表述，并在这里提供原生能力，例如内部网络划分、资源管理及容器、服务编排、灰度发布、服务降级能力。

8. 其他板块

在左右尽量增加几个竖直长方形，将运维、测试和管理板块的信息一并装入，使得总体架构更加全面。包括使用的代码仓库、构建和发布工具、代码检查工具、文档知识库、项目管理工具、测试工具。

每一层具有明确的职责分工，各层间的关系在于"单向的向下依赖性"，每一层依赖其下面的层（多数情况下仅依赖紧邻的下一层）。分层架构本质是一种风格、表达方式，分层并不意味着对称、固化，分层架构图的全部版面都由设计者来决定，在这个风格内一定要突显主题和特征，例如平台特点是中台理念时，应用层则应做更充分的展开，如果要重点强调平台技术栈或技术能力优越，那么要在技术能力层、中间件层和平台能力层进行充分的发挥，如果使用云平台，要适当扩展最下层，增强云原生赋能的内容。

不仅在技术设计领域使用广泛，分层结构也频繁用于其他各类型方案，产品功能框架、咨询方案、实施方案、转型方案、运营方案等无一例外，各相关工种人员均需熟练掌握这项最通用的逻辑表达方式。打好这样的技能基础，勤于练习，才能顺利进行沟通、汇报类工作。

3.2 交互关系设计

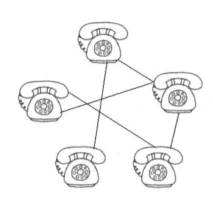

交互关系设计，按照颗粒度和目的不同，可以分为"交互流程设计"和"系统逻辑关系设计"两类。交互关系设计侧重于反映相干系的各个角色、各端之间的业务功能联系，技术关系并非其要点。

交互关系设计是本章 9 个架构中最不需要对其本身进行技术讲解的，看架构输出图即很容易理解其含义，本书 7.3 节"交互流程设计示意图"、7.4 节"系统逻辑关系示意图"提供几张设计图及文字解析，供读者直观参考。

3.2.1 交互流程设计

本节介绍"泳道图"和"立体图"两种表达方式。

交互流程是用户用例（Use Case）的向后穿透，我们在 UML 中学习的用户用例的表达方式，实战中的使用范围并不如想象的广泛。作为替代，在实践中使用泳道图方式更为有效，不仅包括用例信息，同时能够表达全流程的交互关系和流程。使用泳道图作为工具的门槛不高，具备极好的可识读性，一般技术人员均能掌握，是软件工程中最经典的图形表达工具之一。

　　一个泳道交互流程往往对应为一个用户用例，交互流程更多见于某个系统的概要设计和详细设计中。平台顶层架构规划的颗粒度更粗、抽象程度更高，不需要描述全部交互流程，对于应用层核心域中最重要的业务系统，从中挑选出最重要的、参与角色最全面的少数几个业务服务表述交互即可[①]，最好是直接挂钩平台重要运营指标的服务。对这样的流程进行重点设计，让评审者、使用者看懂并认可，标志着这个架构切面设计质量过关。

> 交互流程的最佳实践，一定是以用户访问开始，以服务完成终止。每一个泳道是一个参与方，参与方的定义根据实际需求而定，一般可以是参与完成本流程的各类实体角色（用户端、平台本身、各合作伙伴端、各三方服务端），也可以是提供服务的各个系统（A系统、B系统、C系统等）。

> 交互流程图，本质设计的是业务处理流程，包括各个环节点（流程处理点），以及处理点之间的时序交互关系。每一个交互关系，理论上都有可能存在正常（成功）、多种类异常（未成功）响应，各种返回都绘制在一个图上并不可取。

　　一般来说，与合作伙伴、第三方服务的交互重要性最高，原因有二：首先，属于跨平台级交互，显然需要更强的识别性，更应该关注其交互特征；其次，平台内系统间的交互可控性更好，出现问题相对容易修改，调用合作伙伴、第三方服务的设计风险明显更大。因此，对此类交互建议详细表达各类可能的交互结果，以及对后续流程的影响。

> 一个交互流程图所包括的交互环节的数量，应该适中，20~30个是个讨人喜欢的数量，个人不建议超过40个。还有一个感官方式，可否用3/4屏的版幅，清晰地描绘出来？如果占用1屏甚至更多，则应该简化。

　　对过于繁冗的交互流程图简化，方式当然是多个细小的合并为一个略大的流程处理点，从总体角度把握，保持流程可快速识读记忆和可评审性。所谓简化，只是平台级设计的颗粒度考虑，并非意味着细小点所含的信息被丢弃，在系统级详细设计中，必然会详细展开描述各个细节。

---

① 用例十分重要，但即使将所有的用例全部画出来，也不足以推演平台的行为，无法清楚展示技术设计。平台层架构工作，如果将较多的精力置于此，投入产出比很低。

除了使用泳道图外，还可以使用称之为立体图的交互流程表达方式，使用更丰富的要素图标，以及立体的绘制方式，将并行泳道的平面视角，转换为位置不固定、大小和角色各异的立体视角，其图形含义更加丰富，自由布局，没有约定俗成的模式。

3.2.2 系统逻辑关系设计

系统逻辑关系作为另外一种交互关系表达方式，描述平台内各个应用系统之间的（业务接口）服务调用关系，对技术类（例如加密机）系统和共享技术能力（如短信通道）的调用，不必纳入其中，否则有画蛇添足、喧宾夺主之嫌。

因系统间服务接口众多，没有制式可参考，一般为自由发挥的立体图，绘制门槛比较高，而且建设期关系变化较快，在平台层全局详细维护所有系统间逻辑关系实属不易，建议在能力、资源允许的情况下设计和维护一份。还有一种办法是将颗粒度由应用系统提高到板块，维护板块间存在的接口调用关系，板块的划分，基本可以与业务（产品）条线相对应，即将同一个业务条线下的应用系统归为一个板块[1]。

---

① 本书下文中"板块"一词使用频率较高，根据上下文语境很容易知道其中多数即是此处含义，也即以"板块"二字作为简称，来指代"一个业务条线所包括的所有应用系统"。

3.3　数据架构设计

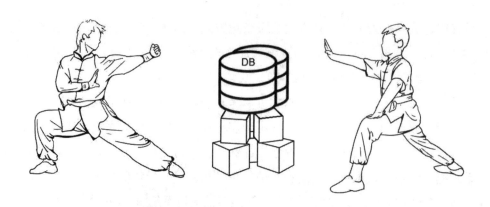

　　软件平台架构切面中，数据切面必不可缺，如果跳过全局规划，只是由各团队按照条线产品业务需求，进行各自系统级的数据设计（E-R 关系、数据表）工作，最后带来的损失是不可补救的。2.7.2 节中已经讲过，数据库及数据是个"笨重"的家伙，对于数据设计工作而言，一定要认识到，难以通过增加适配层、代理、防腐层等应用程序设计模式，来解决"数据模型及关系重组带来的上层应用修改"问题，因数据库未良好规划所导致的被迫数据再迁移，会显著增加业务开展和工作延期风险。

　　分层架构中可见，数据层是平台应用部分的地基，有效的数据架构设计可以对整个团队赋予真正的信心。关于组成平台数据架构的数据单元的颗粒度设置，对于超过几十套应用系统的中大型平台，单元可以是一个逻辑数据库，也可以是一个数据主题。

　　数据架构设计是所有设计中最跨界的，包含了若干个相互垂直、几乎不相干的设计领域，业务类与技术类大概各占半壁江山。

　　平台顶层的数据架构首先关注划分区域，以数据区域勾画出整体结构性，划分区域所体现的分而治之的思想，是多数架构主题设计的第一原则。数据架构是一个庞大的设计体系，包括业务面、技术面和管理面，每个方面都是高度立体化的，具体分为逻辑视角和物理视角，不难理解，逻辑视角面向业务主题，物理视角面向技术和实现，物理视角是对逻辑设计的技术实现。本书 7.6 节"数据架构设计示意图"提供几张业务角度的设计图，供读者直观参考。

3.3.1 业务视角设计

1. 划分各个数据大区

完整平台的数据区域可以包括：联机业务处理和交易类数据区（如客户、商户、订单、支付）、业务支撑与管理类数据区（如计费、风控、客服）、批处理及统计类数据区（如账务、账单、批量查询与下载、报表）、数据服务类数据区（如数据推荐）、数据管理类数据区（如数据治理），以及涉及的其他资源数据区（如某行业数据，某公开的服务数据）。分析业务需求，能够进行清晰分区，进而识别出各个区内所含的数据主题，并且一一进行罗列，应该说平台顶层的数据架构即有了成功的开始。

2. 描述数据主题间的逻辑关系

基于业务视角，描述各个数据主题在平台各个系统区域之间的逻辑关系，以及流转处理方式；注意数据流与业务流之间的关系和差异，帮助开发人员从最核心的两个线索认识系统，对于涉及资金的业务，还应考虑数据流与资金流的关系。

3. 进行 ETL 功能设计

对交易类的数据和用于分析、统计类的数据，进行分区治理规划，使用不同类型的数据库，两区间设计详细有效的数据抽取、传输、转换过程，对数据批处理的步骤、任务时效、补偿策略等做好技术规定。

4. 分层规划数据仓库

分层规划数据仓库主要指数据仓库分层设计，一般包括操作数据存储（Operational Data Store，ODS）层、数据仓库（Data Warehouse，DW）层、数据集市（Data Mart，DM）层。数据仓库和 ETL（Extract Transform Load）两者之间需要做衔接与融合。

5. 体现数据管理

数据管理包括数据可视化运营、数据共享、数据权限管理，体现数据分级分类管理内容。对数据分级、数据量、使用频率这些维度进行综合分析，建立阶梯式存储策略。

6. 体现数据治理

低阶的数据治理包括元数据管理、数据标准、数据质量、数据资产管理，高阶的数据治理应该包括数据标签、数据图谱、血缘关系，甚至是数据沙箱等内容。按实质性质说，数据治理是平台中的一个主题，不是数据架构中的一部分，但是可以借助在数据架构设计规划工作，给数据治理开辟一块战场，这两块关系比较大，可以尽量关联考虑。

3.3.2 技术视角设计

1. 数据库的技术实现

平台所用数据库软件产品及核心设计，结构化数据库 Oracle、MySQL，非结构化库 HBase，以及数据仓库 Hive 和 HDFS 等计划承载数据的软件，均要在此一网打尽。对于搜索引擎使用的搜索库，作为比较单独的一种定位和使用方式，应该独立进行设计与阐述。

不同于 3.4 节的"工程技术架构"，这里的数据库技术重点并非是技术栈和组件选型，而是对使用该技术进行的后续开发进行指导性设计。

做结构化、非结构化数据的技术区分，作为重要的技术设计话题，关于集群机制，以及分区存储、分库分表、读写分离的设计，以及数据仓库中的分层设计，应该在此被高度关注。

例如分库分表，平台层应该给出总体规则的设计定义，水平分还是垂直分，以及使用什么要素分——数据的入库时间，还是代表数据来源的某个编号（机构号、渠道号等），或是使用主键取模运算结果，这个环节十分重要，必须设计充分、严谨、准确。

进行数据库实例的设计规划，按照"一个应用系统对应分配一个数据库实例"的设计方式，理论上是正确的，但现实中并非如此，数据表很少的系统和内管类系统，对于这两类，我更倾向的模式是多个系统共用一个数据库实例。

2. 展开更丰富的设计切面

例如，某个统计主题数据的生成过程，是每日全量还是增量的处理方式？多长时间将其转移到历史（History）表？业务数据表之间，使用"雪花型"关联吗？如果可以各个应用系统自行决定，平台层不需设计，但关键在于，要知道存在这样的设计话题，不要让其成为"漏勺"和"盲区"。

3. 粗颗粒度的数据规范

粗颗粒度的数据规范描述核心数据的定义规范，标准化数据表达，以及重要的数据字典等，注意聚焦在平台视角，不要一头扎入系统级，此并非所谓的数据库开发规范，而定位在使用的参考标准和规范来源层面，例如，行政区划数据，使用民政部还是人社部的行政区划标准；对一些专业数据，使用什么国标，或者什么样的行标。

4. 进行数据运维设计

最后别忘记数据运维设计，多机房之间的数据通道、同步机制要求，数据库的联机、脱机、转储和备份机制，数据恢复机制，以及数据恢复点指标。

上述之外，良好的数据架构，应该关注抽象提升，除有效、易维护等常用设计原则外，可以使用行业数据中台理念，拔高到提炼数据资产的价值表现，更是数据架构工作的亮点。平台架构工作中，应该有专业的数据架构师的角色，如果认为这样的配置过于豪华，则最少要配置技术 DBA。

最后做一下补充，对于数据密集型系统，除了本节已讲的内容之外，此处我们以（最具代表性的）机器学习系统为例，再给出两点建议：第一，其数据架构复杂度更高，设计方式和步骤也具有领域独特性，要与机器学习流水线（包括数据摄取、数据准备、模型训练、模型部署以及监控评估）相契合，以此为线索展开；第二，其数据架构涵盖的内容更广泛，样本库、特征池等方面的设计，不仅超出一般类业务系统范畴，而且领域专业性更强，需另行学习。

3.4　工程技术架构

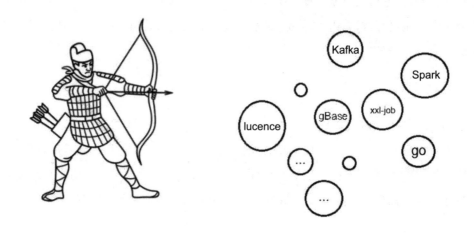

　　进行技术栈选型，是架构师们最为熟知的领域，多数架构师是从该领域摸爬滚打多年后走上设计岗位的，工程技术架构的核心在于设定各大领域所使用的开发框架和各类技术栈，以及所用技术与工程（或者应用系统）的结合。

　　本节选取最典型的几个领域，包括前端领域、后端领域、大数据领域，分别作为主题单独进行设计。

　　可以将平台顶层视角的工程技术架构，当作全体技术栈大阅兵。每个领域的设计内容，专业化较强，具体落地有很多工作要做，因此需要下放到各条线团队层面去展开。

1. 后端技术

　　不同业务线使用的主语言应该一致，如作为主流的 Java 语言，重点是要表示各个板块使用的开发框架，如果使用 SpringCloud 全家桶套件，一定要把平台具体使用的技术栈清晰地设计表达出来，网关、服务注册、负载、配置所用的技术栈，Eureka、Nacos、Consul、Ribbon、Feign、Hystrix、Gateway……要使用哪些，使用哪个版本，要翔实地一一描述。

最好能够将技术组件的技术栈信息在此进行统一设定和描述，例如，使用 JasperReport 做简单统计报表，使用 Drools 做引擎，使用 OpenFalcon、N9E 做预警指标，使用 xxl-job、Elastic-job 或者 Quartz 做分布式任务调度，使用 Activity 或者 Flowable 做工作流，使用 ELK 做日志集中，都应该体现。不仅开源 + 自研，即使使用合作伙伴或三方机构的，也应该能列尽列。与系统视角不同，平台视角重于体现全局、全景。

对于开源组件与开发框架的选择，一般来说对比原则包括：功能成熟完备性、与平台工程的结合性、文档易用性、维护成本、社区活跃度和更新频率、GitHub 星级。具体决策视风险偏好而定，还取决于统一管理一致性与风格迥异活跃性两者之间的权衡把握，这和企业性质、业务性质均有关，金融核心系统会关注所选技术的成熟性（如最低化的 Bug 率，以及运行稳定性等方面），对于互联网应用领域，则更青睐于快速发展的开源技术（体现主流发展趋势，拥有活跃的社区）。

那么分属于不同业务条线的后端开发线，组件与开发框架是否需要一致化呢？

对于规划为全局共享类的，不能由各线自行选型，即使如 xxl-job 与 Elastic-job 可能难分伯仲，也一定要找到办法明确选择一个，甚至采用大家投票的方式决定也可。对于各条线范围内使用的，如果说平台层视角没有明显的比较结果，可以把权力下放到团队由其自行选择，例如 A 团队使用 Dubbo，而 B 团队全面采用了 SpringCloud，很难研判哪个团队用哪个开发框架做会更好，每个开发框架都类似部门内的技术社区，技术工作或许可以更有活力。我个人建议，能自治的情况下，可以选择自治。

最后，对圈定使用的后端技术栈，明确使用的版本号，规范化（依赖的）第三方包的引入，对 Maven 进行统一管理，确保各条线使用一致的第三方程序包的版本。如果不在平台层规划中做这么细，那么切记作为单独的规范设计，越早越好。对此，下面大数据、前端也都同理。

2. 大数据技术

大数据也属于后端领域，因技术栈不同，因此单独列出来更为清晰。

多数情况下，毋庸置疑 Hadoop 生态圈技术栈是这个版块的主旋律，Flume 数据采集、Flink 实时数据处理、Sqoop 数据抽取、Kafka 实时传输、Spark（MapReduce）数据计算，以及 HBase 列式数据库、Hive 数据仓库和 HDFS 文件存储等。

数据传输和 ETL 的实现技术是数据工程中的重点：对于数据传输，可以使用 DataX 进行异构数据源之间的高效数据同步，具备比较全面的插件体系，支持各类主流的数据库产品；对于相对简单的 ETL，可以考虑使用定时任务和工作流组件作为框架，自开发脚本程序进行数据处理，框架与脚本程序相结合实现 ETL 功能；对于体积庞大、管理复杂的 ETL，则需要使用 Kettle 等强大的 ETL 工具，通过其提供的图形化界面，以无代码的拖曳方式构建各类数据处理管道。

3. 大前端技术

因为涉及的要素更多，比后端、大数据类更难以表示，平台技术负责人通常并非前端出身，落地前端架构难度对其来说更大，应该囊括场景及应用侧的多客户端及实现技术（Webview 调用技术及 PostMessage 通信、JSBridge 桥接等回调技术），工具包和通用工具类技术，以及脚手架等。例如，ES6/Type Script 开发语言、基于 Node.js 的工程开发方式；基于 Webpack、Gulp 的生产 Bundle 构建；基于 Vue 的框架开发、基于 Spa 的单页面模式应用，基于 ElementUI&Vant&Vux 的第三方组件，基于 Rem&Vw 并行移动端适配；基于 Lerna 的脚手架工程；Nexus 私服；基于 Rollup 的通用工具类及组件库，Uni-app 跨平台混合开发等特性，需要尽量集中、简明、妥善地表达。

除了上面提到的之外，关注颗粒度更大的架构层面，可以考虑在水平、垂直两个方向，对前端工程进行整体设计：垂直方向，使用 Mock Server 进行前后端并行开发，使用 BFF 作为前端、后端之间的中间层；水平方向，使用微前端架构将单体前端工程拆分为多个小型前端应用，可以独立开发、独立部署。对此，本书提出范畴，但不做什么实践建议，根据前端团队的实际情况确定为好。

4. 其他技术

将用到的其他领域的技术也一并囊括进来，例如，通过机器学习语言做智能服务，或者使用脚本程序进行数据建模，那么或许 Python 应该纳入进来进行描述；如果使用 Lua 脚本来做网关限流，也不要遗漏。

这些应该是技术负责人的拿手菜，虽然对每个领域的技术栈，画一张漂亮的、含义丰富的技术全景图可能很难，但却是最佳实践。平台各技术栈不能悬空，一定要附着在应用系统工程上去绘制、表达，技术栈和实际的系统工作之间的结合关系可以一目了然。

3.5 流量分布设计

流量分布是最能体现美学的平台架构主题，在双中心（一般指主备机房）甚至多中心平台上更为重要，流量之于平台，等同于脉络之于人体，清晰掌握平台的流量分布，等同于医生听心号脉，是各类平台运维工作的重要基础。

此流量并非日常所理解的用户请求的业务流量，而是业务请求所产生的"技术流量"，即各系统节点间的调用量。或者用一个更恰当的词，可以叫作链路流量。

流量设计与应用系统交互关系设计相关，调用关系增多，必然引来链路流量增加；流量设计也与网关设计相关，拿一次令牌也是一次系统间调用，从网关拿到令牌的生命周期，是一次请求，还是一次会话？如果一次会话中多次请求获得令牌，或许可以增强安全性，但势必显著增加对网关的调用次数，对链路流量影响很大；流量设计与系统拆分也相关，10 个服务的应用系统，拆分为两个系统（每个系统提供 5 个服务），如果这两个系统之间存在调用，则会增加链路流量。因此就顺序而言，不能严格说哪个设计在先、哪个在后，也难以定义应该使用哪个来约束哪个，实际情况中，多数平台都是以系统功能和接口设计为重，鲜有对链路流量合理性的评估、权衡，建议能适当增加这方面的考虑，综合平衡，对其他相关设计进行修正、优化。

将流量设计放到本章，作为平台架构主题之一，主要在于：流量设计需要在平台层统一关注，其优劣性直接决定部署架构的总体表现，流量失衡可能导致"服务拥塞、超时"类故障。流量设计复杂度高，需要完成各个应用系统的接口设计后，才能掌握最终详细完整的调用量，因此并非在平台顶层设计阶段可以一蹴而就，流量更多是反映运行状态，只能根据实际运行情况不断修改完善。

链路量的计算方式如下。

1. 水平方向来看

可以分成两段，第一段是平台入口到应用网关之间，第二段是从应用网关进入应用系统区内。到应用系统之后，是否再向下展开到共享服务和中间件层？一般情况下不需要，如遇问题，根据具体场景再去判断。

2. 垂直方向来看

选择合适的颗粒度，将全平台业务板块、功能纵向拆开，单位时间内，某个（或某些）页面、某个（或某些）API 的访问量多大。对于每个纵向单位，以业务访问量开始，对完成这个业务请求所访问到的所有应用节点逐级展开，计算其向下过程中的每一次跨节点调用。

链路轨迹上的流量单位不是带宽，而是调用次数，例如，某个业务请求，先是 A-B，然后由 B 分别到 C 和 D，A-B 调用量的值是 100 次，向下流动后，B-C 有 100 次，B-D 也有 100 次。可以明显看到，每笔请求经过应用系统的处理，后面分解到各个系统的流量之和，可能已经远超 100 次了，正因为如此，对流量的评估、权衡，才如此有意义。

平台所有节点的操作系统资源大体相当，流量设计的原则和目标是，尽量平衡各个节点承载的流量，以实现均衡、对称的部署。需要根据链路流量来制订和调整平台的部署方案，流量小处必然部署的资源、节点数少，反之则大。对于大流量处的部署方式可以包括：对于应用系统本身，增加水平部署的节点数量，或者适当进行微服务化拆分，将大流量服务拆小；对于应用系统的负载均衡，则只能适当新增，例如将一个负载均衡系统管理 8 个应用系统节点，变更为两个管 8 个，对高流量负载系统进行分流；对大流量的共享类中间件，需要使用集群技术来克服，例如 Redis 缓存服务，集群模式的吞吐量潜力比哨兵模式更大。

　　除此之外，还需要关注平台内不同区域的网间流量，也就是调用次数与带宽之间的关系，在光纤和万兆交换机所辖区域内，当然不太可能会出现带宽问题，但是千兆级别则是另外一回事了。我遇到过的实际情况是，主备数据库部署在一个局域网的不同网络区域，备用库挂在千兆交换机下，即两者之间最大可用带宽为1Gb/s，主库向备库做批量数据传输时，带宽被打满，影响应用系统访问数据库，服务响应时长明显增加。对此问题的解决策略：一是调整数据传输任务，限制其占用的带宽；二是进行部署位置的调整，将备用库挂在万兆交换机下，对此方式需要注意服务器本身的网卡，如果是千兆网卡，那么调整部署位置显然是无效的。

　　流量设计的输出物，使用拓扑图最合适不过。可以通过实时监控技术，获得运行时的实际链路流量大小，与链路调用关系相结合，联合起来展示，以便能够立体化看到流量流动的轨迹。如果有大型监控屏幕，可将拓扑图投影上去，这样即达到了流量监控的目的，在做主备切换等演练工作时，用处更加明显。

3.6 应用部署设计

部署架构侧重于从逻辑角度描述各级系统的落地模式，即应用系统与平台运行环境的结合，用于应用运维人员和运维相关工作场景使用。应用部署架构不是真正的物理架构，服务器与虚拟机、网络设备等详细的物理信息，对于研发团队而言是保密的，由运维专人管理，一定是多套密密麻麻制式明细单（表格）的详细材料，不需要直接体现到应用部署设计输出物中。本书 7.5 节"应用系统部署示意图"提供设计图及文字解析，供读者直观参考。

部署设计的核心原则是分区治理、分而治之。必须保持清晰的脉络，在以下各方面分别进行。

3.6.1 板块划分

在顶层结构上，以板块为单位做基础布局，为每个板块分配对应的部署区域，进行分区部署。在各个网络（域名）访问流量入口设置全局负载均衡节点，按照业务量比例进行路由和分流，分别下行到各个板块的应用服务网关。

分区治理、分而治之是在设计层面防止一处故障引发雪崩[①]的主要手段，是一种部署角度的故障隔离机制，可以认为一个板块是一个泳道，尽量遵守以下几个原则。

> ➢ 板块之间的资源相互隔离，尽量不共享。各自使用服务器和数据库实例，各自使用不同的消息队列主题（MQ topic）区，各自规划使用不同的缓存（如Redis）分区。

> ➢ 板块之间尽量不要进行同步调用。同步调用会阻塞占用服务器端口，也就是应用系统的连接数。部署设计和流量设计、通信设计之间的关联性很大，需要纳入一起考虑，板块内系统间通信无疑首选HTTP、Socket、RPC等联机通信机制，板块之间通信则可以使用消息队列机制，"高内聚、低耦合"的设计原则，在这里需要淋漓尽致地进行体现。

3.6.2　各类网关

平台部署中的网关概念是广义的网关，除了处于板块外边界位置的应用服务网关（指对外提供各项服务接口的 API 网关、页面网关）之外，还包括技术型网关，对其难有标准答案，根据个人建议，给出如下几类定义，读者可根据定位进行参考选择。

> ➢ 跨网网关，具备双地址，用于跨不同内部网络的系统调用。解决地址识别问题，同时避免频繁大量地进行防火墙访问策略配置。

> ➢ 代理网关，汇集若干系统的请求，在此形成扎口，统一进行路由、转发，并记录监控日志。用于调用管理、流量控制、问题排查、超时监控等。

> ➢ 类似跳板机作用的网关，起隔离作用，防止直接登录生产系统进行某些操作。

技术型网关是平台共用的，不归属于任何板块分区。这些网关并不具备业务功能，是在部署角度而设置的控制要塞，重要性极高，可以用汽车的示廓灯来做比喻，是平台部署的骨架，标志着运维管理的关注热点。

需要注意的是，技术型网关虽不属于任何板块，但并不影响其在板块内部的系统

[①]　雪崩，指因某处局部故障，导致流量请求挤压、踩踏、传导，引发平台整体崩溃，下文同。

间调用。例如板块内 A 调用 B，跨网络了，那么应使用跨网网关。正是因为存在跨网的因素，分布式应用平台中推荐 Restful API 作为系统间通信协议，使用 Nginx 即可实现跨网网关，部署也极为便利。

3.6.3 板块内应用系统

板块内应用系统部署是部署工作的主要工作量所在。

➤ 为系统群中每个系统（包括应用服务网关系统）定义部署名称（或者代号）。

➤ 分配应用系统资源。一个应用系统节点的（CPU、内存、存储）资源使用量一般可以有3、4档，例如4C8G、6C12G、8C16G，分布式微服务框架下，不需要分太多档。以分档基础为参考，根据各应用系统的流量分布情况，详细计算每个应用系统应水平部署的节点数量。

➤ 根据应用系统节点数量，计算为应用系统配置的负载均衡的节点数量。

➤ 确定应用系统到平台配置中心的调用路线。

3.6.4 中间件及公共资源

➤ 按照各个应用系统的使用需求，设置缓存、管道、文件存储的分区，设置数据库实例和分库分表等数据库中间件的资源分配。

➤ 确定调用中间件的接入点，确定应用系统到各个接入点的调用路径，例如，直接调用还是通过网关桥接。

➤ 确定访问控制、白名单、LDAP、时钟、内部DNS等基础服务的部署规划和设置。确定应用系统访问基础服务的调用路径。

➤ 识别服务于各板块的公共资源，一般来说，流控、熔断、降级、灰度、备份、容灾、高可用、日志集中均属于此类，部署任何系统都应自动挂载、具备。也就是说，需要知晓部署系统所需的技术支撑所在，对于使用云技术的平台，其中很多需要通过使用云原生能力来提供。

3.7 系统通信设计

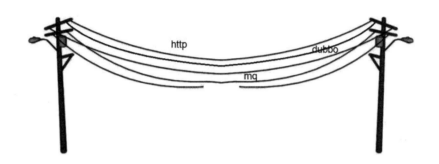

通信设计，具体指平台各个应用系统进程之间使用的通信网络、通信方式及所用协议。首先说明两个特点：其一，本章选择讲解的 9 个架构主题中，系统通信和工程技术是纯粹技术类型的，几乎不包含任何业务和功能方面的信息。其二，各个架构主题中，系统通信是与网络领域关联性最大的，软件架构一定是以软件为核心进行的，本节所谓的"网络"，定位于应用系统通信所使用的网络信道、地址和网络服务，并不包括网络工程（如物理网络、交换机路由器网络设备配置、防火墙策略等）方面的内容。

3.7.1 通信网络及服务

1. 网络及信道

对于网间的系统通信，描述相干系统所在的网络区域名称，例如，从分工角度描述的业务网络、办公网络；描述系统通信所使用的网络连接方式，例如，从属性角度描述的互联网、内部网、专线等；描述网络链路的带宽信息；描述如 VPN、拨号器等重要的网络网关节点。对于同一网络内的通信，重点描述信道信息，如 SSL/TSL 及版本信息。

2. 网络地址及服务

描述网络区域的（一般为虚拟局域网）IP 地址区间划分。描述重要的 DNS 信息，包括平台各个互联网（或者其他形式的外网）入口的 DNS 域名；描述内部重要地址和 DNS 域名信息，包括 NAT 映射的地址信息，以及多节点（或者集群部署）的数据库、缓存、消息通道等中间件（对应用系统提供的）接入服务的域名信息；描述与应用系统关系密切的网络控制节点，如被允许访问应用的 IP 地址白名单服务。

3.7.2　系统间通信技术（IPC）

在进行粗颗粒度的平台层设计前，先从细颗粒视角来讲解系统间的通信技术。这是一个计算机语言编程的问题域，不同语言提供不同的实现方式，IPC 必然成为与开发语言密不可分的话题，UNIX C 语言提供了几种方式，包括共享内存、信号量、消息队列、信号、管道、命名管道、网络套接字。在面向对象跨平台的 Java 语言中，IPC 方式则体现为 Restful API、RPC、Socket、Web Service、MQ 消息中间件、网络文件传输、文件和数据共享，以及语言所特有的 RMI、JMS 通信程序包。

两种语言 IPC 通信技术背后的机制共性，可归纳为三类：一是使用网络通信协议进行直接传输式通信；二是使用各种形式的传输通道（管道、消息队列、消息中间件，或者文件传输协议）作为媒介实现间接传输式通信；三是有别于传输式，通过在多方之间共享资源（具体可以是一块都能访问的地址空间、一个公共的文件或者数据），也是一种间接通信。

比较两者，可以看到明显的进步：UNIX C 作为始祖，精于操作系统内的 IPC，而 Java 语言在跨操作系统平台、跨主机的网络通信能力方面，明显更胜一筹。Dubbo、SpringCloud 等分布式开发框架，基于对高级语言能力的封装，进一步让开发者脱离底层操作系统，使用框架提供的程序包，即可直接开发应用系统间的通信程序。

下面对应上述三类机制，给出一套应用系统间通信设计的参考。

1. 使用网络协议进行实时通信

同一业务板块内的应用系统之间，多数情况下首选实时通信技术。

（1）Restful API 调用。

使用 HTTP 作为通信传输协议，使用 JSON 作为消息格式，多数情况下可以直接集成第三方的程序包（如 Apache 的 httpclient、OKHttp）来实现通信功能，或者使用 SpringCloud 框架 RestTemplate。对于（跨网络的）客户端到服务器的资源请求、跨机构的系统间业务通信、异构系统之间的通信，使用 Restful 风格的 HTTP 通信几乎成为行业的事实标准，作为首选方式，是平台通信设计中的必选项。

4.7 节"分布式之无状态"中会讲到，Restful API 已经成为无状态通信的代名词。

（2）WebSocket。

WebSocket 工作于七层网络协议中的应用层，需要浏览器和服务器通过握手建立连接，而 HTTP 是浏览器向服务器发起的连接。WebSocket 是一种在单个 TCP 连接上进行的全双工通信的协议，使得客户端和服务器之间的数据交换变得更加简单，允许服务端主动向客户端推送数据，前后端通信场景中 WebSocket 必然作为重要选项。

（3）Socket 通信。

Socket 通信模型为：创建 Server Socket 和 Socket，打开连接到 Socket 的输入 / 输出流，按照协议对 Socket 进行读 / 写操作，完成通信后关闭输入 / 输出流和 Socket。

Socket 使用 TCP/UDP 网络协议，UNIX C 也好[①]，Java 也好，都有套接字的基础库程序包。在以"地址、端口和报文"为约定的通信场景下，Socket 仍旧是热门，与加密机、短信平台等特定的第三方服务通信，按照服务端的接口要求，如果 Socket 是必需的，由不得开发者做其他选择。

（4）RPC 通信。

RPC 通信工作于网络七层协议中的传输层，底层使用 Socket 接口，对其抽象、封装之后，对于程序开发者而言，与 Socket 是完全不同的通信模式，RPC 让用户调用远程方法像调用本地方法一样无差别，RPC 会给接口生成一个代理类，由代理类来触发远程调用，程序开发者对远程接口是无感知的。

最著名的分布式通信框架 Dubbo，是 RPC 通信的典型代表，底层是 TCP 协议，

---

① 最为行业所熟知的是 BSD Socket 标准。

与 Restful API 相并列，也是平台内各个系统通信的最常用选项，如果不使用 Dubbo，那么 gRPC、Netty、Thrift 都是成熟可选的 RPC 通信开发框架。是否使用 RPC，建议根据团队实际情况谨慎选择：板块内系统间的微服务调用，进行一体化服务自治，可以使用 Dubbo 框架实现通信；对于板块间的通信，在 Restful API 和 MQ 够用的情况下，个人不建议使用 RPC，耦合度相对高，通用性不如 HTTP。

需要注意的是，gRPC、Thrift 并非天然的分布式服务治理框架，需要配合 ZooKeeper 等组件进一步开发，以实现对分布式应用的全面支撑。

（5）Web Service 通信。

Web Service 通信是一种基于 HTTP 协议的 RPC，核心是 SOAP 协议，通过 XML 实现消息描述，然后再通过 HTTP 实现消息传输。实现起来相对笨重，作为跨网络的系统间通信，耦合性较高，而且 XML 适用性也明显不及 JSON，就这几点而言，已经被 Restful API 甩开了几条街，新建系统中已经鲜有使用。

（6）WebRtc 通信。

WebRtc 通信是 Rtc 通信的 Web 版，即网页即时通信，支持实时语音对话或视频对话，WebRtc 主要使用 UDP 传输层协议。WebRtc 的 API 比较成熟，是视频会议、语音通话，以及多媒体等功能类的首选。人脸认证活体采集功能，就活体视频的通信效率而言，使用 WebRtc 远高于采集到本地形成文件后再上传的方式，更能减少对带宽的冲击。

（7）MQTT 通信。

MQTT 通信是消息队列遥测传输，工作于网络七层协议中的应用层，定位在物联网场景开发。

（8）VRRP 协议。

即虚拟路由冗余协议，是一种主备模式的协议。这是一个可能会在平台通信机制梳理中被忘掉的一个，在云资源上建设的微服务应用平台使用不多，如果在平台中做对系统的心跳检查方式的监控，VRRP 是不错的选项。

（9）语言提供的特定通信程序包。

典型如 Java 语言的 RMI（远程方法调用）、JMS（Java 消息服务），其底层本质也是使用网络通信协议。分布式开发框架能够完成的情况下，尽量减少使用这种与具体语言紧耦合的方案。

2. 使用消息中间件（或文件传输协议）进行异步通信

（1）消息中间件。

在解耦、回调等应用目标场景中，异步通信是不二之选。板块间的业务关系，经常会呈现出通知的关系形态，同时，作为大流量下的消峰方案，平台中必然要全面设计消息通道，针对这些刚性需求，设计人员一般使用 MQ 管道技术来提供优良的解决方案，Kafka、RabbitMQ 等开源中间件产品是不错的选择。不夸张地说，应该设计实现全平台的消息中心、消息总线，将各类消息按照重要性进行分层、分类，约定不同层级消息的技术设计要求，包括落地不可丢失，支持分布一致性（主要指重发），支持幂等机制。

（2）文件传输通信。

不仅（如 FastDfs）快速文件系统 API 要在文件通信中重点考虑，即使如 Vsftp 此类传统的文件通信方式，也还有用武之地，向航空公司提交积分兑换里程请求，即是发送由服务端指定规则的文件。第三方支付清结算批处理中，多方间传递对账文件，也多使用文件传输的通信机制。

（3）其他协议通信。

例如使用 SMTP 协议的邮件通信。

3. 使用共享数据进行间接通信

共享数据形态可以是共享缓存、共享数据库表，或是日志文件，是一种相对笨重的通信机制，数据写入后还需要根据场景，考虑是否对接受者发送通知（或者广播）。很多技术人员认为共享没有重点体现通信协议，不需纳入通信设计，严格来说，如果可以使用其在系统间相互交换信息，则不应该排除在通信设计之外。

首选需要考虑使用著名的分布式缓存中间件，这属于平台必选项，如 Redis，将多个应用系统所需的热数据、会话数据，以 key-value 数据结构形态放在缓存中共享使用。Redis 也放入通信设计范畴考虑，貌似有点意外，但是究其本质，与 UNIX C 语言的 shm 共享内存通信是相同的机制。能将分布式缓存也纳入通信架构，确实进一步完整反映了多个系统进程间传递值得关注的数据信息，这正是费力以通信作为架构主题进行设计的意义之一。

共享数据库的通信方式也可以考虑，多个系统通过读取共享的数据库数据来交换信息。微服务理念下，明确不赞成使用直接开放底层资源的架构。对于总部与子公司这种多层级机构间的某些特定的功能场景，如日终批量下发数据，适合使用此方式，但需做数据库账号权限控制，被共享者应该被设置为只读权限。

共享数据通信的另一领域是使用文本日志进行信息传递，平台常使用该方式作为OLTP 和 OLAP 两类系统之间的连接纽带。交互方式为：发送方写文本，接受方通过I/O 流方式读取。因此，其不同于文件传输通信之处在于：被通信的对象不是日志文件，而是日志文件中的文本内容。

平台所有的系统都在通过某种方式与外界通信，那么进行通信技术设计的边界在哪里？判断的原则建议为"是否需要关注其实现"。例如平台中有 Kafka 与 Flink 的对接，如果我们只是定位于配置和使用，不需要自定义实现通信的（消息、报文或者流等各形态）信息内容，不需要自开发实现通信程序，那么可以不纳入；另外，关注跨系统间通信，应用程序使用 JDBC 连接自己的数据库，不纳入。

为上述各类通信协议定义通信内容标准，例如对于 HTTP 通信，Restful 风格下的post、get 等各类操作的开发规范；对于 MQ 中间件，则需要定义 Topic 命名规范，以及 Message 对象的组成结构（如果有平台级消息中心，放在消息中心去设计即可）；对于（Dubbo 等）微服务通信，需要定义服务注册和服务获取的技术规范；对于文件通信，需要定义文件规范，例如数据项之间以竖线作为分隔符；对于如音视频流传输更专业（涉及压缩、解码等）的领域，除规范外，建议具体实施时提供演示程序供各线业务开发团队参考。

这些属于开发规范内容，如果不能在平台层全部设计完成，技术负责人需要明白，不论选择在什么时机、使用什么方式来进行，都应该提升到平台层进行全局统一管理，提供公共维护机制，各团队共享使用。

3.7.3　端口及响应码

1. 通信端口

将所有应用系统通信使用的操作系统端口进行统一梳理，尤其是非协议默认的端口。

2. 全局响应码

通信设计和接口设计定位明显不同，接口设计与各个应用系统的具体业务相关，多数情况下在各个业务系统详细设计阶段进行，平台层设计一般不细致到接口层级。但是，这只是先后关系的因素，并不代表接口设计中没有需要全局统一规划的。

如果不为接口单独定义一套开发规范，可以在平台通信设计中增加一块儿内容，在全局角度设计并定义接口的响应码规范。

统一接口的响应码的重要性在于：降低排查问题的难度，并且能够极大提升运维自动化监控的效率。响应码规则并不存在太大的技术难度，例如设计"00"表示接口调用成功、"01"表示超时、"02"代表没有权限、"03"表示输入参数错误……"99"表示系统未知错。

除此类之外，务必需要注意的是，限速、超时等表示平台启动主动防御机制情况下的返回码，应该在此统一做全局设定，如果防御系统为外购，返回码规则与此不同，则需要应用系统进行码转换，确保在业务接口层面对外输出的响应码是符合平台规范的。

统一接口的响应码十分关键，一旦系统上线后调整响应码难度很大，接口的变更必然面临多方改造，不论放在哪里进行，越早越好。

通信领域是最体现计算机操作系统技术的架构主题，内存、数据库、文件系统、网络协议……所有技术齐上场，需要深厚的学科底蕴。只掌握并长期使用一种面向对象的高级语言，实际上会降低对通信架构主题的敏感度，很多使用高级语言分布式开发框架（如 SpringCloud）建设的平台，已不再单独对通信这个切面进行梳理、设计。

分布式开发框架提供的通信机制，只是平台全部通信机制中的一部分。掌握 UNIX 操作系统、UNIX C 语言的 IPC 编程，会对通信的认知更加立体、透彻。了解 IPC 的前世今生，从多个角度对机制理论对比思考，视野会更加广阔，利于对平台应该包含的各种通信类型和协议进行全面的设计表达。

现在没有太多人真地认可"十年学习编程"这种观点，但是，我也极不赞同诸如"7 天学会 Java"的说法。并非质疑一周时间到底能学多少，更没有资格去评论 Java 语言，只是担心这种说法带来的思想暗示。下棋、绘画、网球要达到专家水平都要花费数年时间，没有任何的捷径，而对于学习计算机编程，为何要如此着急。

3.8 应用安全架构

3.8.1 企业安全框架

随着个人信息安全保护法、数据安全法的出台，对各行业软件平台的安全要求已经上升到了新的阶段，安全公司的春天真地来了，这个赛道已经具备独特优势。话题回到平台侧安全，完整的企业级安全体系框架包括安全治理、安全管理、安全技术，以及安全审计。

➤ 安全治理

安全治理主要指安全组织和考核评价体系，以及安全培训、安全保险、合规安全管理。

➤ 安全管理

安全管理主要指安全制度体系、员工安全意识和能力建设、系统全周期（从需求分析到上线、运维的全部流程）安全管理、数据使用（申请、存储、传输介质、销毁等）安全管理，以及安全事件管理。

> 安全技术

安全技术主要包括应用安全、网络安全、主机安全、数据安全，以及办公安全和运营安全等内容，其中每一个内容又包含若干安全点。安全技术是整个安全板块中涉及技术和工作环节最多、最重的部分。

> 安全审计

安全审计主要包括安全监管、合规审计、风险评估、运维审计等内容。

安全体系立体而错综复杂，且安全无止境。有个认知十分重要，即从威胁企业安全的问题现象和实现企业安全的措施手段来看，这个领域管理占70%，技术占30%。因此，不要以过度专注安全技术的视角来审视全局安全工作。本书毕竟是面向软件平台技术领域，不对企业安全做过多展开，本节主要专注于平台应用架构设计最需要掌握的应用安全技术主题。

3.8.2 应用安全三面观

各种应用安全保障技术措施的运作机制和工作开展策略，可以归为以下三种类型，这并非行业权威观点或是某种共识。但是，面对平台立体交叉的众多措施，如果能为自己找一个视角进行梳理归类，对于体系建设发展是必要的。平台每个领域主题都应该有一个共识的心智模型，对于安全技术的讨论，我们既不能每次仅就一个措施讨论，又不能所有措施盘根错节堆在一起进行漫无头绪的切磋，因此，从平台顶层一万米的高度，到地平面之间，中间确实需要这样一些层次化、多维度的分解方式。

1. 实时防护，规则相对固化

不论是程序加固、接入身份认证，还是数据传输与存储加密，多数应用安全技术和措施都可归属于此类。

不仅限于应用系统自身，使用 WAF、DDoS 等面向保护应用系统的网络安全措施，以及防页面篡改服务，只要是实时对入侵和破坏行为进行防御的技术措施，都可以归于此类。从部署和实现的角度来看，防护技术体现了安全处置与业务运行的同步性，其特点是直接运行内置的、相对固化的安全规则，不依赖相对独立的数据流分析过程。

2. 监测识别，重于模型与策略能力

先说两个典型代表：一是态势感知，做一份流量镜像，监测其安全性；二是风控预警，将业务请求输入风控模型进行分析处理，达到安全阈值设置时进行预警，触发处置策略。

特点在于，旁路系统的运行形态，并非完全诉诸于直接进行实时防御，还能够以观测和分析的方式来发现问题，并提交处置。虽然有些处置动作是自动触发的，具有准实时的时效性，但是本质而言还是先发现、后处置，因此具有一定的异步性。其长期运作模式的核心在于，风险模型、规则库、知识库的不断积累与更新。

3. 主动攻击，检测技术与评估

如果说前两类安全措施是站在"盾"的视角，那么最后一个方式则是着眼于"矛"的作用，即安排漏洞扫描、定期检查、攻防演练等工作，并建立相应的（如黑客攻击）安全技术专业能力和工具。在自身技术能力难以覆盖的情况下，需要通过外聘安全专家、外采安全服务，或者连接行业知识库等各类方法，以主动的方式，定期对平台进行攻击、检查或者探测，从而发现安全问题。

防护技术很难走在攻击技术的前面，平台也不可能实现所有的防护技术。那么，通过主动检测型工作，对各类问题及影响程度进行分级分类和技术评估，确定哪些要采用防护技术，哪些通过其他手段进行处置或缓释，是应用安全立体化管控的最佳实践建议，有利于掌握工作主动权和进行前瞻性布局。

3.8.3　移动应用安全设计

回到架构主题设计话题上来，以客户端类型为视角而言，一般可以分为"移动应用安全"和"PC 应用安全"两类，在客户端风险点方面，两者的差别很大。应用安全领域中，不论前端、中台、后台还是内管系统，任何板块的安全专业技术及攻防实战，内容量都极为庞大，完全可以单独再出一本书，本节将以移动安全为例简述平台顶层应用安全架构，从一笔交易请求的生命周期视角，由外至内、由前到后地依次进

行应用安全开发设计，希望为大家提供一个此板块设计规划的参考方法。本书7.2节"应用安全示意图"提供设计图及文字解析，供读者直观参考。

1. 客户端安全

建议可以按照功能视角、非功能视角分别梳理。前者包括：密码键盘、重要功能防截屏、防小程序中分享转发、敏感信息脱敏显示、换设备重新认证、（使用滑块）防 Flush 攻击、活体识别的肢体动作和炫彩防伪造；后者包括：App 和 SDK 加固（防止 Hook、禁止调试）、对本地和浏览器缓存内容加密、前端页面跨域访问白名单控制、（防 Root 权限、防硬件劫持和定制 Rom 等）运行环境监测、防浏览器重放等安全能力设计。这些都属于客户端技术安全范畴。

2. 接入安全

接入安全包括客户端、合作机构系统、渠道系统等各类接入的安全应用，首先必须清晰设计接入端身份（身份 ID 等要素）的生成和分配方式，以及使用身份要素进行交易请求的加密算法（对称／非对称、国际算法／国密算法、密钥的发布、交换方式）、签名串、会话令牌，以及其他一些交易凭证等内容，都应悉数纳入接入安全管理中。

对接入交互流程做谨慎设计，包括通过与后端交互生成会话、会话令牌的销毁等。对 API 模式、页面（前后端传输）模式等每一类接入方式，分门别类地详细描述。

加密算法国产化 [1] 是必然趋势，因此必须全面支持 SM2、SM3、SM4 三类常用国密算法。

IP 地址管理是常见的网络安全管控措施，在平台的接入安全领域，对于 toB（面向企业端） [2] 发布的 API 类调用，一定要使用接入地址白名单管控。

3. 中台系统安全

中台系统安全可以分为应用网关和（中台）业务系统两部分设计：应用网关中设

---

[1] 国产化是一个应予以高度重视的大话题，作为发展趋势，在未来定会深入影响和改变操作系统、数据库及中间件的技术选型。务必关注国家信创产业的发展动态，了解入围信创的软件产品情况，例如在数据库方面，重点包括 OcenBase、达梦、GBase 等。

[2] 面向个人端，下文简称 toC；面向政府端，下文简称 toG。

计包括各类接入身份的验证、输入报文的完整性验证等，以及通信协议的转换和单点登录等内容；业务系统的设计包括对输入报文中特殊要素（如用户密码）的运算校验、会话超时或异常情况下的重新身份认证机制。

应用安全很多内容体现于业务风控领域，和平台实际业务及流程有关：对于个人信贷业务，短时间大量贷款申请来自一个 IP 地址可以视为不安全；对于一个业务流程，用户正常使用情况下，必须按照顺序执行才能完成，监控页面、接口调用过程及会话信息，如果出现顺序不正确，例如出现一笔"空气请求"（没有上一步调用的情况下，出现了下一步调用），则可视为不安全。

当然不止于业务风险，对于爬虫行为，首先考虑通过配置 WAF 进行防护，如果还需要交叉加强，则可以在风控系统中进行爬虫行为识别，建立一个单位时间敏感接口调用次数的模型，监控明显超出正常业务调用数量的行为[①]，及时予以关闭。至于具体技术实现方式，可以是搜集接口调用时打印的文本日志，或者是每次调用时向风控系统提供的计数器接口做一次打点儿计数，可以通过多种方式来实现。

回到分层架构话题，在应用系统层中，应该为平台设计独立泳道的风控系统及服务，在组建层与技术能力层，应该相应地规划（服务于风控的）技术引擎，可考虑使用 Drools 开源组件为基础来实现，那么在工程技术架构中，应该予以体现具体的实现技术。这个例子很好地展示了一个要素，或可称为问题域，贯穿于多个架构主题之间，体现各个架构切面的相互关联性及联合完整性。

4. 存储与打印安全

存储与打印安全包括数据库数据、系统日志、文件对象存储等几类安全领域的"标的物"，为各个业务线分别规定系统数据中的敏感信息（如证件号码、电话号码）的存储与加密方式、日志打印中敏感信息的脱敏显示方式、文件对象的混淆和签名方式。

5. 加密、密管平台

平台必须进行基于加密机的"加密、密管平台"的设计，作为平台共享的加密服务提供者，从各级密钥（主密钥、传输密钥、工作密钥的生成、分发等）管理、各个

---

① 需要注意，此处重点讲述安全设计思路，而非完整的防范爬虫技术。爬虫攻击有快爬与慢爬之分，调用频率并不能作为识别慢爬行为的充要条件，因此，实际工作中运用的技术策略，要复杂得多。

业务系统如何使用密钥（加密机密钥存储方式、密钥分区和密钥索引）的角度，进行体系化、专业化的设计，并应出具相关规范标准文档。

安全领域很多工作类似于猫捉老鼠的游戏，相比于中后台，客户端的黑客攻击技术更是层出不穷，呈现式、注入式攻击的案例不绝于耳，老鼠永远不会灭绝，安全也就越做越大，形成了越来越立体化的交叉能力体系。例如，恶意下载平台资源，可能通过破解客户端程序来操作，也可能是拿到接口和他人身份信息直接发起，那么客户端加固保护单一手段是不够的，身份认证此时也无法起到防护作用，只能继续立体化增强防护措施，对恶意行为的特征建立风控模型是一个办法，如果还是被突破了，则可考虑对资源进行高强度加密，即使被拿走了也解不开，用不了，以作为最后一道技术防线。

上述内容，笔者通过分享已有经验的方式，直接给出了一些安全设计的参考知识。在实际工作中，复杂系统的应用安全架构设计远非"照搬某些知识经验"即可胜任，还要在方法论上进一步求解。有别于其他质量属性，安全具有独特的关系特征，这就是"攻击与防御"的关系，可以此建立设计视角，形成更加严谨、完备的方法。可以先列出攻击项，梳理风险点，然后再有针对性地设计防御措施。那么具体怎么做呢？笔者建议可以参考行业已有的安全风险建模框架，例如STRIDE模型，包括欺骗、篡改、抵赖、信息泄露、服务拒绝、权限提升这六大风险类型，可以其内容为指引，对系统的组件、对外提供的服务进行风险识别。

在通用、常规的设计内容基础上，通过攻防关系和风险识别对安全设计进行补充、强化，进一步体现所设计平台的领域（及场景）特征和设计要点，这正是践行风险驱动设计的思想。风险驱动设计，适合在局部的、特定的领域（或专题）设计中发挥效力，如果将其作为主导设计方式，引领中大型平台的主体设计过程，则属于"小马拉大车"，会有力不从心之感。没有一劳永逸的设计，学习各类设计方法的目的，正是要取其精华、形成互补，在需要的情况下，能够将多种方式有效结合，为己所用。

最后要强调的是，提升质量属性，大多情况下会增加成本，安全更是如此。所谓"安全投入是个无底洞"正是此意，笔者十分认同此说法。技术负责人时常要面对"在安全风险、安全投入两者之间如何权衡"的决策挑战。

3.9 日志体系设计

日志是系统运行过程中变化的一种抽象，其内容为指定对象的操作结果按时间的有序结合。日志之于系统，可比喻为地下管道之于城市，地下管道表面上看来并不代表城市的建设水平，但是暴雨会说明一切。不经体系规划、规范设计的日志，会严重阻碍业务排查、运营统计、运维监控类工作的开展，最后一定会倒逼去下大力气解决。可观测性是软件平台中重要的质量属性，可观测性中的很多监控指标，都是以日志信息作为数据源来实现的。

日志承载着所有文本类数据，具有极高的可靠性，写日志失败的风险，几乎低于所有其他类型的系统操作。作为平台运转的基石，从全局视角建立日志中心，是中大型分布式应用平台的必然趋势。

3.9.1 日志分层分类

设计日志中心，重点进行平台层面的日志分层分类。

1. 业务日志

业务日志是用于（如计费）业务处理和"业务指标、运营统计、数据分析"计算的原始文本数据，此类属于"纯粹"业务目的日志，重要程度与业务数据库表中的数据重要程度相当。根据读写频率特点不同，前端（如页面 PV[①]、UV[②]）系统、后端系统产生的日志的采集方式可能有所不同，应分别设计。

既然业务日志如此重要，为何不直接将其写数据库？也就是说，哪些使用业务埋点日志，哪些用业务数据库，如何区分？这里给出四个判断方法：第一，具有一次性，使用完后其本身价值即基本失去，例如用于计算"某个服务月调用量"的明细日志，生成调用量结果后，可以不再长期保留；第二，简单一条即代表一个完整的语义、完整的动作，不需要关联记录其他内容；第三，产生的频率极高、数量极大，包括前端页面在内的任何部署节点都能输出；第四，一次写入，永远不再修改，只能读取。与这几个参考点的特征相匹配的，使用廉价的日志文本，形式灵活、技术门槛低，存储空间占用比使用数据库成本[③]优势更大，关键在于不需要争抢宝贵的数据库计算资源。

2. 监控日志

监控日志是系统的心跳和事件的记录仪，是监听和检查系统的信息窗口。

监控日志可以二级划分为应用监控日志和链路监控。应用监控日志是记录从技术角度反映应用系统及业务运行状况的信息，承载运行状况信息的最重要的字段，无疑是进行系统服务接口请求后，得到的交易结果报文中的响应码（或称为状态码）；链路监控日志是记录主要出/入的服务接口的耗时时长，并且需要打印一个日志 ID，系统间串联调用时，这个 ID 向被调用系统进行传递，以此类推，实现对一个业务请求整条调用

---

① PV 即 PageView，页面访问量，用户每次对网站的访问均被记录，用户对同一页面的多次访问的访问量累计。

② UV 即 UniqueVisitor，独立访问用户数，访问网站的一台计算机客户端为一个访客。

③ 经过磁盘 RAID、数据库层高可用多级/多份存储热备、数据库软件自身占用，以及表空间划分及存取处理等多个环节，多级折算后可见，服务器物理磁盘空间转化成为最终可用的数据存储空间，过程中的衰减极大。

链的记录和每一段的耗时计算，运维团队用来进行性能监控、排查及平台保障。

3. 系统日志

系统日志的粒度最细，内容最详细，可以打印接口内的逻辑、业务、异常、其他要素信息，例如输入参数和输出参数。此类日志用于日常的程序调试、观察，以及出现问题后排查响应。注意控制好打印级别，对生产系统的 I/O 和留存空间的资源占用应该尽量少，生产环境应只打印高级别日志。

4. 控制台日志

在 Java 运行容器中，控制台日志默认使用 Catalina.out 文件，建议只保留进程启停类信息，以及 JVM 级异常，其他内容能不打印则不打印。

为所有类型的日志约定日志规范，包括各个日志项的命名、文件格式（如JSON）、目录和文件名，以及脱敏规则等要求。日志规范详细到每个日志项名称级别，包括日志 ID、日志 Topic、产生时间、操作内容说明、日志来源、日志版本号等。不同类型日志的字段项一定是不同的，对于系统日志，需要打印日志所在的类、重要的输入输出参数值，以及捕获的异常信息。

这么细的颗粒度，是否和平台顶层设计颗粒度相背呢？其实不然，注意这些日志项是全局的，即全平台所有系统都使用。例如，对于日志 ID 项，全平台都使用 LogID这个统一的名称，不能各个条线五花八门地乱用。

3.9.2　聚合与使用

日志是记录各系统节点运行的事件流，日志集中即是对事件流的汇总。大型平台需要设计独立的日志中心，进行各个系统节点的日志的分别采集、集中归集、脱敏等操作及后续的按需加工使用。

1. 日志聚合

对于系统日志、控制台日志，建立日志中心的最大目的就是将日志聚合后，集中在一个窗口进行查看，可解决频繁登录各个系统节点控制台窗口的安全风险和操作复杂问题。

设计日志采集和投递至日志中心存储的整个过程，该能力由选用的框架组件提供，如果使用 ELK，则由分布于各个节点上的 Logstash 来收集，并对其进行分析过滤后发送给日志中心的 Elasticsearch 进行存储，Elasticsearch 将数据以分片形式进行压缩，存储到指定的分区。

对于监控日志、业务日志，日志聚合可能是使用 Hadoop 大数据套件的能力，例如使用部署于各个节点的 Flume 代理进行数据采集，以便于对接后续的解析和处理套件，以及向后传输。

2. 日志使用

对于系统日志、控制台日志，在 Kibana 的 Web 界面中查询使用，用于问题查找、帮助程序调试，即已实现其价值。Web 化的日志操作和使用界面，包括关键字、模糊、上下文、范围、SQL 聚合等各类查询方式，并需要考虑支持仪表盘和告警功能。日志既然是一种数据，则必须在使用中考虑到对访问控制和审计功能的支持。

监控日志和业务日志则复杂得多：对于实时处理场景，业务日志经过 Flume 采集后的流向，应该是传递给如 Kafka 这样的通道，后续交给如 Flink 流式计算工具进行运算；对于非实时处理场景，更多是落地到 HDFS 上作为 ODS 数据，然后由 Spark 等处理框架对其进行分析处理。

监控日志和业务日志经过处理后的结果，最终变成数据形态存储到各个目标数据库中，为 BI、报表、查询统计服务，或者监控报警系统所用。

3. 日志文件时效管理

制订不同类型日志的转储、删除时效等方面的策略。

4. 日志打印程序

最后是实现日志打印程序组件包，供各个业务线复用，（如日志时间、所在类名等）很多可以自动赋值的日志字段不再需要开发人员编写代码，此时，尽量统一的技术栈会带来收益（尤其是后端），不需要做太多种语言多套程序组件包，对前端日志而言，可由后端提供统一的日志采集接口，由该服务接口负责统一打印。

第 4 章
核心能力，全景覆盖

软件平台的规划设计，按照最大颗粒度区分，可以分为两大领域：一是关于应用系统本身的，更体现开发侧；二是属于平台的全局机制和公共技术，作为各应用系统运行的核心能力支撑，侧重于运行侧。

第 3 章的内容重于前者，交互、数据、通信、开发技术、流量和部署及应用安全，定位于实现分类领域、各个业务板块（系统、子系统或微服务）量身定制的设计内容。本章内容则基于平台运行保障的视角，包括高可用和高性能、容灾方案、监控报警能力、平台能力衡量，以及分布式应用的三大核心设计[①]。

应该注意层次问题，例如熔断机制，SpringCloud 等分布式开发框架自身具备该能力，但分属不同产品线的不同板块不可能使用同一套 Spring 工程。因此，或者平台层独立实现（例如使用 sentinel），或者通过编排利用各板块内的熔断，不论如何方式，软件平台层一定要考虑整体的熔断机制设计问题。再如网关，Gateway/Zuul 网关并不能代替作为平台级网关，平台网关颗粒度更大，必须对所有（可能是异构技术实现的）业务线系统的 API 进行统一梳理（去重、合并）、访问控制、订阅发布，并对所有 API 的访问请求进行路由，实现流量分发。

因此，进行核心能力设计，要意识到区分平台顶层与板块层（系统层）的界限。

平台公共技术能力所含范畴太大了，本章聚焦在应用设计与部署层面，篇幅有限无法覆盖到更底层的运行侧。容器、服务网格、DevOps、Serverless 等（云原生驱动的）技术领域技术发展迅速，有兴趣的读者需要另外学习。精力有限的情况下，技术负责人难以全面深入各领域技术，更多是知其核心理念、应用价值、技术成熟性、可循迹案例，能够衡量投入产出，判断"平台发展"和"技术趋势"之间的阶段性关系，做出有利的决策。

[①] 我喜欢称其为"分布式三杰"，或者是"三驾马车"，以示统称，该称谓纯粹来自个人感觉，并非有何依据。需要说一下三驾马车这个词，除了大家知道的"投资、消费、出口"这个定义外，三驾马车还有一个定义是：效力于国际米兰的德国队员马特乌斯、布雷默、克林斯曼三人组，帮助德国成功夺得了 1990 年世界杯足球赛冠军。

4.1 高可用体系设计

技术面试时，关于性能和可用性的技术问题一般占比不小。高性能、高可用的话题范围太大了，就详细的能力建设及所使用的技术而言，以之为专题专门写一本书也不为过，本书中还是回到"道"的层面上，用尽量简单的内容，从平台顶层视角进行整体讲解，帮助读者进行全局设计规划工作。

不敢说本书内容包含相关领域全部的实现方法，但是有一个观点需要明确，本书是以"足够用"为目标，优先着眼于"能够覆盖主流，并与实践相结合，足以为我所用"，如此就已经达到了这几节的写作目的。

4.1.1 范畴及相互关系

还是先从概念认知开始，平台高可用的实际工作要求即是能够正常使用、无故障，保障高可用是立体化的。就高可用的范畴而言，按照措施分类，可从四个角度归纳。

（1）全链条冗余机制。

全链条冗余机制指有多路可选，一路有故障时，进行及时自动切换或者故障隔离，不影响整体服务。

（2）防御和降级能力。

防御和降级能力对平台进行适当保护，能够将很多场景问题控制在有限的范围内，不至于成为故障。

（3）应用发布保障。

应用发布保障从平台层能力角度，通过灰度发布机制避免应用自身问题造成的平台故障。

（4）应用高性能设计。

指能够应对大的压力，在高压下仍能保持正常的响应时间，意味着有能力防止出现拥堵点而导致某服务不可用，甚至是发生雪崩。

高性能领域的措施，更关注于应用开发技术，内容较多且相对独立，因此在 4.2 节"应用高性能设计"中单独讲解。

很多专业书籍将高可用与高性能作为平等的两项，一是可用，二是好用。本书将高性能作为高可用保障措施之一进行归纳，原因在于高性能与高可用的深度关联性。如果某应用性能不佳，那么一定存在高可用风险。一般以并发数、响应时长作为性能的考量指标，以响应时长为例，不论是时长过长已影响可用性，还是时长不够短仍需要进行优化，我认为，优化响应时长而运用的技术措施，同时也是为短期或者长期的高可用目标服务的。高可用即包含了"高质量使用"的含义，脱离高可用而单独谈高性能的意义有限，此作为个人观点，供读者理解和思考。

另外，需要注意其他章节的内容，也是高可用利器，不再赘述，例如，3.6 节"应用部署设计"中讲到的板块分区部署资源隔离，在顶层部署设计环节即避免和预防故障蔓延，当然也属于保障可用率的措施。

因此，可以说高可用目标和所辖范畴更大，高性能、可扩展等技术措施都可以指向高可用目标，围绕和服务于高可用。

还要强调的是，冗余、防御与高性能，三个领域的各项技术措施是相互作用和影响的，中间有一定的交叉覆盖区域，负载均衡、多节点部署、微服务注册发现，不仅是冗余，同时也分别代表着"部署视角"和"开发框架视角"的高性能。同理，弹性伸缩能力，不仅用于主动防御场景，同样也是部署视角的高性能能力。

对这些理论概念之间的相通关系应立体化理解，切不可陷入绝对。

4.1.2　冗余机制的设计

首先讲一下冗余和 4.1.3 节"防御降级设计"一节所讲的防御之间的关系，两者作为同级的、平行的量纲，放在独立的一节分别来讲，原因在于，两者在核心理念上有实质的可区分性：冗余是有 A 和 B 两个选择，A 不好用了就切换到 B，反之亦然，（在不考虑 A、B 切换中间的那段时间的情况下）平台承载的业务及客户侧体验并没有受任何影响，或者说影响可以忽略不计；而防御是只有一个 A，A 不好用了就让它变成 A-，以 A- 的形态来支撑业务，使用 A- 的这段时间，部分流量无法得到处理或被拒绝，平台提供的服务是打了折扣的。

冗余设计主要包括两方面视角，分别是部署视角的冗余和应用视角的冗余。

1. 多节点负载探活

最为熟知的高可用技术部署方案是"负载均衡 + 应用系统的多节点水平部署"，负载均衡具备节点探活能力，将接收的业务请求按照负载规则（包括随机与加权随机、轮询与加权轮询、可实现源地址保持的哈希与一致性哈希，以及最小连接数、最小响应时间等几种算法）发送到"活的"应用系统节点。一个高可用平台，基础的网络链路、负载、应用系统，（加密等）专用服务、存储等从头到尾，每个运行单元都应是冗余的，任何关键设施的单点部署都是"阿克琉斯之踵"。

2. 故障隔离机制

故障隔离机制是对简单的、水平冗余的多节点探活机制的封装、升级模式，将有前后调用关系的一组应用节点组成一个单元格，对一个应用的探活变为对以单元格为单位的探活，对不可用单元格进行封闭，不再派发流量。例如，A、B、C 三个应用系统级联调用，A 部署 6 个节点，B 部署 12 个节点，C 部署 6 个节点，可以以 2 个 A+4 个 B+2 个 C 为一个单位，定义 3 个单元格，负载高可用，由节点升级为单元格。

节点探活与隔离机制两种方式是一致的方法论，核心差别在于：前者是纯技术性的，是对应用节点级的；后者则赋能了管理与主动控制能力，不仅对于故障处理，对如灰度发布、运维演练类的工作场景，无法逐层逐个维护每个负载配置，通过单元格可以实现应用节点组与业务服务的绑定，实现链路级的高可用管理。

3. 主备节点实时切换

没有条件做多节点负载探活的情况下，可以利用由 Keepalived 实现的 Web 服务高可用方案来避免单点故障。一个 Web 服务至少会有两台服务器运行 Keepalived，一台为主服务器（Master），一台为备份服务器（Backup），但是对外表现为一个虚拟 IP。这是更为古老的冗余部署机制，但仍然有效。

Keepalived 所使用的 VRRP 协议，其目的就是为了解决静态路由的单点故障问题。

4. 应用服务双路

应用服务视角的冗余需要通过自行开发来实现，核心思想很简单，以短信通道为例，选择两家服务商，应用系统实现双接入，不能只选择一个通道，吊在一棵树上。

应用双路是广泛使用的设计方式，更为常见的是资源连接，例如在双活中心下，应用系统连接 Redis 的配置串、连接 MySQL 的 JDBC 配置串，配置的是主地址和备用（StandBy）地址，由应用系统负责探活，实现对资源访问的高可用。

再举一个例子，如果平台的硬件加密服务不具备足够的可靠性，应该实现一套软加密做备份，应用程序在调用硬加密失败的情况下，自动切换到软加密，此类措施其实也可视为降级策略。我们不能把高可用都推到服务本身，建设加密机集群和密管平台，需要大量的成本投入和时间消耗，在力所能及且不违反原则的情况下，应用侧应该多为平台分忧，缓解各端的压力。

5. 微服务的注册、发现机制

应用系统的设计开发环节，使用微服务分布式开发框架（或者使用如 ZooKeeper 等框架）提供的服务注册、服务发现机制，实现多节点之间的微服务调用治理，将不可用节点踢出列表，确保服务间调用时选择可用节点。

微服务的注册、发现机制提供的对多个节点服务的可用性管理，不仅是冗余，同样是一种支持高性能的机制，与多节点负载探活的不同在于，微服务侧重于开发框架自身提供的负载和调度能力。

6. 建设容灾中心

容灾中心是最大颗粒度的冗余方案，也可以称其为最极端情况下的运行保障兜底机制，用于应对地震、城市电力故障等其他方案无法覆盖的灾难级情况，容灾可以分为双活、主备等多种模式，将在 4.6 节"容灾模式设计"进行详细讲述。

冗余是部署视角的高可用措施，保障任何环节都有可用节点，但是需要知道，部署措施并不能解决（应用和数据侧）逻辑方面问题的产生。冗余是纵向增加链路，逻辑功能则是全局性的。例如，应用系统功能有问题，那么所有应用节点的此功能都不可用，更严重的情况是数据库，一个表被锁不可用，只要是使用这个表的应用系统功能都会出故障，部署多少个数据库节点都是无效的。

有一个重要指标对于冗余机制至关重要，即切换速度，也叫作热切换速度，负载对应用系统节点要高频率探活，确保掌握的情况是最新的，不会造成流量派发给"死节点"。例如，对短信通道而言，需要自行进行实时检测，这个检测不仅是报警输出，一条通道不可用时，必须自动触发将其踢出，全部流量都发到可用通道上去。

真正的热切换应该以秒为单位。速度不及时的高可用切换，只能算做具备"冷备"能力。容灾中心级别的切换，即使双活模式，能够全部接管流量，也只是理论上的秒级，实际情况中一般远达不到这个速度，中间会有明显的停服（或者说是故障）时间。因此严格来说，容灾高可用，只能算是一种特殊的高可用概念，真正因灾难而被迫进行中心级切换的情况，发生概率极低，从这个角度看，特殊对待也说得通。

4.1.3　防御降级设计

防御体系用于平台性能或者某链路出现卡点，无法满足全部的外部流量请求时进行的自我保护方式，手段包括限流、熔断、挂维护、超时关闭等策略。防御可以让平台能够避免雪崩，即时自愈，损失最小化，这是主动防御的重要价值所在，除此之外，需要注意的是，触发了这些自我保护，意味着要主动拒绝（或者无法响应）部分客户的业务请求，但是此类拒绝是可以用主动方式计划在内的，在多数场景下可以不归结为平台故障。

例如，可以对各客户端发布：某服务的运行峰值为 1000 次 HTTP 请求 / 秒，并按照该值进行限速，超速时服务响应码是 ××，客户端接到该响应码，应该如何给客户进行提示和业务补偿。实际业务中，1000 次以上的请求虽然被拒绝，公司会严厉要求平台去提高峰值，但是在故障责任角度会赦免你，因为这是这个服务的计划内"标准"。

1. 限速机制

上面的例子已经形象说明了限速的含义，即在流量入口处控制客户端请求接入的速度，对超出速度的拒绝服务，对其返回"超速"错误码。限速机制要实现对单一渠道的限速，不能让各个合作伙伴共享一个加总的速度值。限速值的设计，必须满足所有业务需求，可以是高于需求的 30% ～ 50%，确保不能被任何正常情况所触发，否则还是会被认定为故障，如果不能满足，则必须提升平台性能。限速机制，真正防御的是未知的客户端营销活动（例如远超日常并承受能力的秒杀），或者合作方客户端的问题导致的类似异常攻击的情景。

还可以使用后端限速方式，在应用后端设定处理业务的线程数上限，以控制其运行于自己允许的并发能力范围内。此方式适用于针对不同应用系统的个性化、精细化控制，根据应用系统的程序结构，如果是以线程池的方式处理业务逻辑，那么这种方式是可取的。

2. 熔断机制

在各服务流量入口处，抽取一定比例的请求作为样本，计算开始接受到返回结果为止的时间，如果其中有一定百分比（如 50%）的响应时间大于设定的平台服务响应时限（互联网平台一般为 8 ～ 10s），则说明该服务不可用，立即拒绝服务（一般持续周期为 30s），周期结束后自动打开，如此反复按照周期为单位不断进行。

3. 服务维护

平台高压力下，关闭低优先级（非核心、可被降级）的服务，实现机制一般为挂维护方式，被挂维护的入口链接等于临时被屏蔽下线，或者客户单击时通过弹窗提示系统繁忙或维护中（应该有维护时间说明）。这种方式是一种垂直的服务维护机制。

还可以提供水平的服务维护机制，一个服务的后台应用有 10 个水平部署的节点，平台高压力下，可以设置让两个节点不响应业务，向前端页面或者 API 网关返回系统繁忙或维护中的响应码，对客户端来说，（假设 10 个节点的流量是平均分配的）20%的流量会被降级。如果负载均衡能够编程处理，可以在负载均衡上直接嵌入脚本（例如 Nginx + Lua 的组合），好处是不需要更换后台应用即可实现水平维护。

简单总结下，垂直维护是关掉所选的服务，水平维护是关掉所选比例的流量。当然可以有最佳的服务方案，那就是垂直＋水平的服务维护模式，以便可以实现关闭哪些服务的多少流量这样精细化的维护能力。

理论上讲，做得越多平台能力越强，但要注意的是，防御程序本身是否会有 Bug 或其他问题，以及综合维护的成本如何。根据经验看，在够用的情况下，稳定可靠、维护成本低即可，不需要太多，架构学上的"简单原则"适用于此。

4. 超时关闭

一个请求的完整处理，一般包括多个系统之间的级联调用，也即日志体系设计中所讲的链路概念，链路中包括内部各个系统之间、系统对数据库或外部第三方系统的调用，每个系统均应设置调用的超时时间（一般为 3s），超时则断掉连接，从而尽量保护系统端口不被大量的 TCP/IP 死链接压死，让系统能自愈。

讲到超时必然要提一下，不要忘记重试（Retry）机制。重试与超时貌似思想相背，有趣的是，两者联合使用可形成互补：超时关闭释放连接、保护平台的同时，记得使用重试功能，尽量挽回对客户请求的影响，第一个 3s 不成功，可以进行第二个、第三个 3s 的尝试。

5. 功能降级

一份业务需求中有功能性需求，也可包含非功能需求。一个系统功能，除了业务功能，也包含非业务类功能，其实可以称为辅助性功能，例如，为安全提供的密码键盘和登录滑块。即使是业务类功能，也有保障级别的高低之分，如广告应该属低级别，可想而知，客户进入页面看不到广告，应该不会投诉。

低级别功能和辅助类功能，很多由独立部署的系统或者调用第三方系统接口实现，故障率不比核心功能低，对此可以考虑使用预设的"挡板"来进行降级，用于临时救急，不可因此类功能不可用将整体功能阻塞，引起客户投诉。例如，广告服务加载失败，可以用一个固定的静态页面替代；页面加载滑块服务失败，可以使用备用的数字图片替换，临时充当验证码①。具体哪些功能可以这样降级，平台应该对此类功能逐一梳理、制定规则。

6. 弹性伸缩

弹性伸缩包括弹性扩展和弹性收缩。弹性扩展，也就是流量压力大、服务响应时间变长时，自动化水平扩容，而弹性收缩指流量下降时能够自动减少节点数量，回收多余资源，节约平台占用的服务器总体成本。平台需要保证每套系统的最低可用节点数，因此，某节点故障导致可用节点降低时，也会触发弹性扩容。因此，从上述两个触发条件考虑，将弹性伸缩归类为主动防御措施。

可以思考一下，水平扩容是否掩盖了一些问题？如果应用的性能糟糕，那么扩容是通过部署更多的节点来自动抵消这个问题，因此，可以将弹性扩容在此方面的特征视为反模式，应该对原因加以排查、检视。这再次体现本节前面所言的观点，即对这些概念关系需要立体化理解，多数概念的存在都具有相对性，可以有很多视角的解读，相比之下，好像只有矛盾的存在是绝对的。

总体而言，自动防御的思想精髓是"缓释"：即在入口处遮挡，同时在内部通过释放连接或者扩容等方式来恢复。防御体系是达成平台高可用目标的必修课，如果建设期无法达成，必须要在维护管理期，根据实际运行情况实施此项功能。

之所以列出这么多种防御手段，因其之间并非包含关系，平台稳定运维依赖于各种手段的网状交织式运作形成的综合防护能力，在有资源和能力的情况下，尽量做到位，不能顾此失彼。

4.1.4　发布保障

应用系统程序提交发布时，程序本身的正确性（无 Bug），以及稳定性、容错力等方面的情况已定，此时还有什么办法规避应用本身的问题或者发布操作失误导致的生产故障呢？

---

① 此系技术角度的举例说明，具体工作中，不同类型平台、不同团队对此的敏感度和要求差异较大，如果想要使用，应该告知产品和运营知晓，无太大异议后再行事为上策。

1. 使用工具进行自动化部署

由测试环节到生产环境发布，一切可以自动完成的均通过工具实现，不要人工介入，这是 DevOps 的基本原则，12 要素在这方面给出了大量的具体可行建议，例如程序与配置分离、严格分离构建和运行等。

自动化部署能力包括：自动构建发布程序包并进行传输分配，使用 Jenkins 工具，编写脚本即可实现；生产程序工具化部署，对于多节点发布，登录节点终端的部署方式，不仅效率低下而且安全隔离度低，必须使用版本发布工具，上线人员通过集中在一体化页面内的操作，即可完成全部节点的程序发布。

使用工具的好处除了提高效率，避免人工操作失误之外，还可以记录（一次上线失败情况下的）多次上线的过程，为质量管理提供技术抓手。自动化部署用途很多，不能一一穷尽，举一反三，读者能借此明白它的重要性就好。

2. 分步分批与灰度发布

应用程序部署并不等同于发布，部署指技术上线，发布是真正的业务上线，也就是放开流量。部署和发布，在操作上可能是连续一体的，但是存在巨大的含义差别，这里也是真正发布前的最后一道保障屏障。

核心思想是分步分批进行，先部署一部分节点（如 10 个节点选择 2 个），进行发布，也就是说承接流量，生产验证无误后，再部署发布其他节点。对于本例，如果部署的应用系统有问题，只影响 20% 的流量。但是，这只是较低级的分批策略，对于平台机制能力而言，必须提供灰度发布机制。

灰度发布首先要圈定灰度单元格，冗余机制中的故障隔离已经讲过单元格的含义。灰度发布的核心，是对单元格所管理节点进行部署发布，我们称之为灰度生产环境，在流量入口处对流量来源进行逻辑区分（如使用请求头中的某个标识字段），将指定的流量引到灰度环境，以此进行生产验证，验证通过后，再部署发布全部节点。

单元格的好处在于，可以从逻辑角度去控制发布策略，是真正意义上的分步分批发布，尤其适用于较大的新功能上线的工作场景。例如，选择某个渠道，沟通好新功能上线事宜，使用该渠道的流量进行灰度发布。这种情况下，可实现主动地选择和控制，指定适合的渠道进行功能验证，在有"事先计划和相关约定"的加持下，即使验证出现问题，能够控制在有效范围内，大概率不会被定级为故障。而上面低级的分批策略，只是控制数量，但是 20% 流量涉及全部渠道的客户，所有客户端都会受到影响，代价明显更为惨重。

3. 让程序预热实现平滑上线

Java 程序打包形成的 Class 文件是字节码，由字节码变为机器码，需要 JVM 的 JIT 编译器完成编译，该过程非常占用操作系统资源，因此，虚拟机运行 Class 文件时采用"解释执行"和"编译执行"两种方式，为了降低编译负荷，JVM 对非热点 Class 采用解释执行策略，对于高频调用的 Class 才会触发编译动作，由 JIT 将其编译为机器码。

以 JVM 的运行方式来审视程序上线，可以发现问题：对上线节点放开流量时，如果处在业务高峰期，大量的访问请求进入新运行的程序，会导致同一时刻触发大量 Class 文件的 JIT 编译，CPU 的占用率瞬时飙升，短则几秒钟、长则几分钟，期间节点容易处于卡死状态。

综上所述，发布应用时需要给节点一个预热过程，使其能够较为平顺地完成编译工作，方法可以是对于关键应用程序的上线工作，选择低流量时间段（一般是夜里），或者通过负载均衡来控制对新上线节点的流量分发，以阶梯状逐步增加，以便该节点有一个充分的预热过程。

4. 以回退措施作为保障线

上线回退是重要的兜底方式，用于防范（上线失败造成）故障情况的发生。回退首要是做到将程序包及配置恢复到某可用版本，至于数据表变更的回退（方式为整表备份 + 恢复重建），有很多实际问题要考虑，例如，重建表时可能停服，要考虑对业务连续性要求的影响；如果对表使用了数据库特性（或分区分表技术），要分析是否影响重建；备份到回退期间的进表数据如何处理，也是需重点关注的问题。因此最佳方式是，数据表变更尽量与程序兼容，失败时只回退应用，不回退数据表。

还有两类问题不容忽视：一是虽然具有回退机制，但是并未真正做到位，实际操作时间很长；二是如果某系统回退，其他系统是否需要级联回退，没有对此做好分析和准备。这些问题导致的结果是，上线失败时技术人员的首选项是在线解决问题（而非回退），此时系统处于"带病运行"状态，如果情况严重即属于故障。

4.2　应用高性能设计

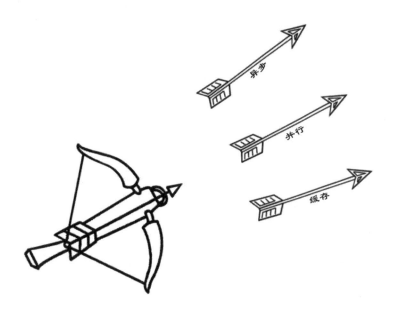

　　对于高性能设计，重点从应用开发的视角来考虑。异步、缓存、并行，是实现高性能体系的 3 个核心理念机制：异步的效用可以从两方面看，一是让主功能不阻塞，尽快完成不受拖累，二是将串行转化为并行的处理方式；缓存直接增加存取速度；并行则是充分利用计算资源，同样的时间做更多的事情，重点指资源池、多线程、连接池、（分布式）多节点同时计算等技术运用，因此，这与异步所体现的并行的侧重点有所不同。不论是代码开发技术、数据处理、架构设计，还是引入更多性能利器，各种机制与技术措施大多是围绕这三大理念展开的。

　　梳理高性能能力，分别从前端、交互传输、中台应用系统、技术组件、数据与存储、架构设计等几方面来看，我们能找到哪些性能要素或者性能要点。这里仍然关注平台的性能，而非聚焦某一个"应用系统进程内部"的性能技术。

4.2.1　前端开发领域

对于前后端分离的结构，前端独立部署，在平台中形成较大的占比，性能问题和前端关系愈发紧密。

> 控制前端各类资源的体积，对图片、音视频、静态JavaScript脚本文件的压缩将极大提高用户浏览器的加载速度，对前端与其他系统间传输请求中的大参数的压缩，将极大提高传输效率，提升性能。

> 关于静态资源存放，CDN已经成为分布式应用平台的技术必选项，将客户拉取静态资源产生的流量和带宽，由平台转移到成本更低廉、速度更快的CDN上，其理论本质是变相的带宽扩容。

> 以异步通信技术为主要技术手段，进而实现懒加载、预加载等页面分步加载方式。

> 异步机制使用范围十分广泛，可以将前端埋点采集改为异步方式，不阻塞页面加载。目前行业出现的付费埋点服务，更是将单笔埋点变为本地采集、批量上传的方式。

> 部署页面级缓存，对于未过时的内容不需要每次计算，大幅减少加载网页的资源消耗量，一般情况下，可以在反向代理服务器上直接实现。

> 通过设置HTTP报文头，可以重点关注Cache-Control、Last-Modified，以确保HTTP请求（尤其是其中的AJAX调用）能有效使用浏览器缓存，以减少网络上的数据传输。

> 有效利用客户端浏览器缓存减少重新计算，例如将进入页面和页面内的操作视为一次会话，会话内使用同样的密钥，第一次得到的密钥密文放入浏览器缓存，会话内从缓存中取，不需要每次操作重新计算。

> 应该关注加密解密程序对处理性能的消耗，可以采用"最小必须化原则"，即满足安全要求的情况下，选择复杂度低的加密解密算法和签名算法；非对称加密对性能的损耗比对称加密大很多，只能用其加密（对称加密的密钥，或者身份信息等）要素类短内容，对于（输入参数、输出参数等）报文体内容一定要使用对称加密；使用尽量短的密钥长度，1024位的密钥，比4096位消耗的CPU要低一些，对于前端高频处理，性能差异是真实存在的。

> 前端程序语言级的高性能，这是编程人员更应关注的，不能在本书覆盖了，8.1节"技术评审检查点"中前端领域内容中，可窥知一二。

4.2.2 后端开发领域

"后端"二字，算是一句行话，指的是中台应用系统，是分层架构中的中间层，起承上启下的作用，作为业务逻辑核心，应用层系统性能是性能领域的主战场。

1. 异步机制

架构级异步是中台应用层使用最广泛的性能利器，将联机请求转为消息通道，不仅是"消峰、抗涌流"应用场景的终极技术方案，也可以作为大多数场景的性能优化思想，一般使用管道（MQ中间件）实现。另外，有一些跨系统查询数据状态的应用场景，可以通过批处理方式，事先将所需的状态信息同步至本地，避免事中的系统间同步（查询）请求，类似这样的技巧方法，也是异步机制思想的体现。

代码级异步，在代码级别同样需要考虑使用异步机制，例如使用async-httpclient组件进行响应式编程，实现异步回调。

2. 串行转并行

可以更形象地把串行转并行称作"预处理"机制，是另外一种常用性能利器，对包含五步（1-2-3-4-5）的串行功能流程进行分析，操作前面的步骤的同时，尽量去并行进行后面的步骤。例如，对于一个办理证件的业务，第一步提交个人信息验证，此时应用程序可以去数据库里查询个人照片，放入Redis缓存里，为生成证件的步骤预先准备好数据，一旦流程进行到这一步，速度将大大提高。

3. 使用资源池

资源池背后的核心机制是对于核心资源的预留，需要时获取，避免重新建立的性能消耗，JDBC数据库连接池是经典案例。计算资源增强与技术框架发展一直处于快速上升通道，不同的功能实现技术发展很快，但是背后的机制理念是相对稳定的。

进程启动时，会划出一定的操作系统资源供自己专用；微服务治理中，注册中心预先登记好所有可用服务的地址。系统开发时，对有性能损耗的资源，"事先准备好"的思维方式，可以广泛应用。

4. 多线程应用

另外一类经典的性能优化方法是多线程技术，多数后端开发人员对多线程十分了解，但是应该增强实际使用能力，对于一个功能流程的技术实现，应该分析其服务级别，识别出主流程和附属功能，为提高性能，在完成主流程后即将结果反馈给客户，使用另外一个线程池去处理附属功能。如何归类呢，多线程首先是一种异步，但同时也是代码级的并行计算，启动多个工作线程（常称其为 Worker）同时分担工作任务，从这个角度，可以看到异步和并行计算之间的关联性。

例如，某个报名业务的处理，报名后的后台日志打印、报名表存档、对其他系统的通知等操作，均为此类，从性能视角、用户体验视角来看，完成报名流程不需要等待这些，更不能因为这些操作堵塞造成用户迟迟无法看到报名成功的页面。主线程返回，启用其他线程做附属功能，是极佳的选择，如果附属功能没有成功，可以使用补偿方式去处理，无论如何，将其与主流程解耦，会提高平台的性能，客户访问量越大提升效果越明显。

需要注意，在多个线程间调度和协调的过程中有一定的开销，包括上下文切换、内存同步等方面，为增强性能而引入的线程池，并行带来的提升必须超过维护线程池的开销。

5. 热数据缓存

最后再介绍一个属于中台应用的性能优化方式——热数据缓存，以某网页的销售量排行榜为例，所有物品销售量时刻都在变化，没有办法事先准备数据，此类高频"热"数据，热力虽高，但其业务属性相对低（也就是持久化存储的必要性低），应考虑使用轻便的 key-value 型缓存库，也就是"不能让此类业务的客户查询请求，直接穿透到数据库中去查询"，从而实现极高的查询性能。有销量变化时，需要主动更新缓存，根据情况可以考虑非实时更新，无论如何，要保护数据库不受此类业务的冲击。

如何设定热数据？需要根据业务性质和场景来判断，这里给出的建议是，多数系统功能都具有二八分布特性，电子商务网站中，浏览、推荐功能的使用频率，远远高于库存功能。

6. 程序语言级的高性能

语言级高性能是编程人员更应关注的，在 Java 语言中，设计模式是必学科目。我们继续细化颗粒度，除了上面提到的多线程、异步编程之外，选择使用好容器是性能高价值区，另外，对于锁的使用、内存、非阻塞 I/O，这些技术都是开发必备。

不能将高性能理解成是在无 Bug 基础上的再提高，程序 Bug 与高性能之间是互通互为转化的，对锁的使用即是如此，程序中必须确保对锁的释放，因为 Java 应用程序自身无法从死锁中恢复过来，JVM 在这方面并没有数据库那样强大。死锁影响很少能立即呈现出来，也并非一定发生，只是有可能，其规律在于：锁问题出现时，常常是在高负载情况下。这样讲的目的是，满足不了高性能，从某种角度上看，程序就可以算是有 Bug。

高级语言将算法组装进开发包内，那么，更多的使用高性能框架必然是首选，Executor 框架对于 Web 服务器、Future 框架对于页面渲染器，是否有用武之地？答案为"是"。

需要广泛关注一切，注意观察进程运行的特征，对于 JVM 垃圾回收（Garbage Collection，下文简称 GC）占用大量系统资源这类现象，都是意味着程序性能不佳。此类话题实在太广泛了，代码检查中，我们发现过"在 for 循环中执行 SQL 语句""Connection 释放不及时"这样的问题，这属于更细颗粒度的代码编写层面了，只能求助于阅读编程语言类书籍来提高，另外，8.1 节"技术评审检查点"中后端领域一节中有一些项可以参考。

上述几类对应用系统的性能优化方式，多是体现其场景视角、方法视角。除上述 6 方面外，还可以自己再寻找和总结出几种，这些武器是非常有用的。

4.2.3 数据与数据库

数据与数据库操作，是平台高性能技术领域中必须拿下的主战场。

➢ 面对海量数据，分区、分库分表、读写分离是必备装备。

➢ 对于开发人员来说，建立优良的索引，写高效的SQL语句是必需的要求。

➢ 从数据设计角度一定要避免联机大查询的出现，不能指望数据库性能足够高，来满足超级大表的关联查询，这是基本的设计错误。

> ➤ 从对DB2、Oracle等大型商业数据库的使用经验中不难发现，合理设计和使用数据库软件提供的表重组、表压缩，以及对数据库实例的内存和I/O等运行参数进行优化配置，均会极大地提高数据的存取效率，这是DBA工作的主战场，必须纳入平台高性能工作安排中。

我曾经在实际工作中对DB2的一个大表进行压缩，该表的大多数列都是字符（Char）和字符串（String）类型，比较适合DB2的字典压缩算法发挥功效，执行结果是，占用表空间变为压缩前的25%，实测查询速度则是压缩前的4倍。每次性能优化工作的收获都是惊人的，常常出乎意料。

数据库软件经不断优化和版本升级，多数参数的默认值即已具备较好的适用性，通常情况下可以先用再调，DBA的门槛得到了一定程度的降低，但是对于实例最大连接数、日志文件及Buffer大小这类关键参数，必须保持高敏感度，有自己的设置策略。

> ➤ 从逻辑角度控制数据量，是另外一个必要选项，为数据表设计实现配套的历史表，将久远数据通过批处理转移至历史表，以提高数据表查询效率。

> ➤ 不能只依赖技术，从功能角度进行限制也是必选项，对于联机数据查询，限制时间范围大家应该不陌生，各大银行网银的账户明细查询均使用了此策略，可以借鉴。

没有通吃天下的技术，技术上难以满足时，就要在源头做文章，不想下游被淹，则需要在上游筑好堤坝。

4.2.4　非数据类对象

> ➤ 优化（图片、文本、音视频、二进制等各类）文件对象的存储、获取，首要关注点在应用程序下方的文件系统层来保障高性能，即采用大容量分布式存储系统。FastDFS是一个开源的轻量级分布式文件系统，可以作为选项，如果平台运行于云环境，那么使用云产品提供的分布式对象存储产品更佳，云原生能力可直接体现。

> ➤ 在技术功能的实现层面，也有很多方法，例如，借鉴图书馆书籍的管理方式，文件存储后一定要形成文件索引/目录表，查询文件时先去目录表中查询，获取文件的具体位置，而不是在文件库里去遍历。另外，存储时使用长度过长且

包含大量中文的文件名称，不是好的选择，可以在文件索引/目录表中，维护一个名称和实际存储文件名的映射。

➤ 对于大容量的对象文件，如果存储造成I/O瓶颈、存储空间不足等问题，可以考虑使用算法对其进行压缩，需要注意读取频率，高频使用时压缩/解压算法会消耗较大的计算资源。如果平台业务需要存取海量文件类对象，则可以考虑单独分配资源，建立独立的缓存服务。

4.2.5　设计与选型

➤ 关注业务建模，以及设计模式的有效利用，尽量使用简单原则进行设计工作。

➤ 重点关注为业务线提供可复用组件的能力，搜索功能是一个好的案例，在架构设计层面，可将其定位成一个单独的技术组件/服务，分配独立的资源，进行单独的功能实现，例如，可以使用Lucence工具包构建平台的搜索引擎。对于此类，尽量不要塞在某个业务系统里面去做，性能常常捉襟见肘。

➤ 建设各类技术服务组件时，选择高性能框架是重中之重，例如，日终任务批处理，作为相对独立的后台板块，必须选择支持分布式调度框架，以实现多任务在多节点并行。

➤ 使用更多的领域性能利器，例如，在统计类、数据服务类应用板块，面对海量数据分析，应该考虑使用并行计算的SQL引擎，对Hive数据仓库的查询进行加速，开源的Presto是个不错的选项。另外，分布式数据计算任务，必须广泛地考虑使用MapReduce。不仅架构师，对工作于大数据处理领域中的高级开发人员来说，引入开源工具，提升效率，是必须掌握的技能。

➤ 应用系统（或微服务节点）之间的通信协议，TCP层协议比HTTP协议通信效率高，纯粹从技术角度，选用Dubbo作为跨系统的调用无疑更佳，但从开发及通信管理的视角，HTTP更为主流，只能在性能和其他因素之间做平衡，不能过于绝对。

➤ 架构层面关注性能，还有一类常见场景，是系统的颗粒度设计和部署设计，对整个平台而言，"（水平）横面宽、纵深浅"是良好的部署形态，一定要遵循。一个业务的请求从入口进来后，最好尽快到底，尽量减少中间级联访问的层数，如果存在级联，建议最大不超过4个系统（即层数为4），如果存在大量的第三方服务依赖，那么能自行控制的级联层数只能更少，也就是说，此时需要考虑适当增大系统划分的颗粒度，不要过度追求微服务。尽量避免系统级联，有助于提升功能的性能，同时降低雪崩的风险。微服务不是软件"银弹"，要说银弹，只有一个，那就是智慧。

关于最后一点，说几句论道的话，以此结束高性能设计话题，给出一个心理参考标准，参照我们最喜欢的房屋户型，东西房间距离大（也就是面宽大），窗户多，南北通透。良好的平台部署设计图绘制出来后，水平：竖直等于 16：9（黄金比例）为佳，如果是个瘦长烟囱比例，那这个平台可能毁了。

高性能涉及面太广泛了，AI、区块链等众多领域中均有大量的性能优化技术，本书岂能穷尽。鉴于篇幅的考虑，只得列示这些写作时想到的，对于普适性的分布式应用平台，做了如上 5 个分类，以此给读者提供一种全局观参考。

减少 HTTP 请求头中 HTTP_REFERER 属性所携带的内容，有效降低对带宽的占用，去掉非必要的埋点信息字段，减小前后端之间的传输压力，这都是笔者工作中性能优化的实战经历。很多情况下并不涉及难懂的原理，也不需要使用超常的技术，即可以解决日常大部分的平台性能问题。性能管理是平台运维体系的重要组成部分，为防止"小虫蛀大船"的事故发生，一旦运行水位线上升较快或有其他不良迹象，应立即（例如使用火焰图分析进程运行，通过网络抓包分析 HTTP 请求报文，查看日志信息分析节点工作状况等方式）诊断原因，有的放矢地组织讨论，安排启动专项优化工作，这就是技术管理的精华所在。希望读者对技术管理有更形象化的理解，切不可一听"管理"二字，就认为是以"流程审批、信息传达、任务分派、进度督促、绩效打分"这些工作为主。

4.3　监控报警体系

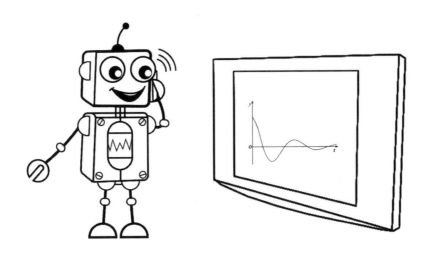

监控体系的概念毋庸置疑，平台监控能力建设属于"貌似简单、门槛较低，但是想要做好则上限极高"的那类任务，根本原因在于里面除技术外，存在长期的摸索过程、指标取舍和调试过程，需要在所有方面对系统十分了解，否则误报警、漏报警会不时发生。

1. 主动轮询模式的监控

主动轮询模式的监控实际属于外挂型探活检测，外挂可以是测试团队做的发包器，在真实客户的网络环境下模拟客户请求，来探测平台重点接口和页面的可用性，探测要素主要包括是否获得正确的响应结果（响应码）及响应时长（RT）两个值，对超过阈值的接口（例如响应时长设置为3s）进行报警。定位为可用性预警，此模式更适合用于监控平台依赖的外部服务和第三方接口，最简单、有效。

如有预算，可以采购第三方拨测服务，从全国各个大区发起探测，效果更加真实，探测结果还可以用于比较"不同源地址、不同地区的网络速度"带来的可用性差别。

2. 自动监控之业务监控

一般模式为对实时采集的业务监控日志的处理，通过预警指标系统进行报警，例如，每条监控日志记录一次支付业务的系统处理的成功结果，采集处理后计算区间时间单位内（如 1min）的数量，指标为（分钟之间环比）成功数突增、突降率，例如设定为突降率达到 50%（阈值为 50%）则报警，具体阈值要靠长时间的摸索调试，可以分时间段（白天、夜间）分别定义阈值，单一指标难以判断时应使用几个指标作为一个合成的监控指标。为了减少平台的数据压力，相关的过程数据可以用完即弃。

3. 自动监控之链路监控

一般有日志采集和进程探针两种模式：日志采集模式采集链路监控日志，针对其中日志 ID 的接口耗时时长，从技术角度对系统间调用链路进行分段监控，根据设定的链路时长指标阈值进行报警；进程探针指在系统中埋拦截器，通过拦截器程序获取被观测点的时长等重要监控数据，对于 Java 语言开发的应用系统，通常使用字节码技术实现代理，作为启动参数注入进程中，此属于 AOP 架构模式的典型应用，开源的 SkyWalking 监控系统即是代表，优点是不依赖落地日志及多级处理过程，缺点是全链路串接性和与业务的对应性，以及可回溯性、诊断要素的全面性，不如日志采集模式。

4. 应用系统健康监控

健康监控模式包括两类：一是为每个应用系统均实现自检接口，类似于施工管道上的检修口一样，用于健康检查和排障，运维平台通过定期调用健康自检接口，监控服务的健康性；二是在部分场景下，可以通过 VRRP 协议进行应用系统的心跳监听（Keepalived 即如此），监控应用系统的运行状态，对于失联系统进行实时报警。

5. 前端页面监控

在前端页面中加载监控脚本，记录页面加载和操作请求的响应速度，以及 AJAX 型请求和 JavaScript 脚本加载的时效和错误率，从而监控"页面加载时间、白屏率和白屏时间"等重要的用户端体验指标。因此，前端页面监控与其他几类监控的不同在于，其工作目标侧重点不是监控平台故障，而是对慢页面、慢操作体验进行提升。

页面监控的重要性在于，能够将客户端（手机、PC 浏览器）上的运行情况纳入监控，这是其他任何方式所不具备的，平台一切正常的情况下，并不代表用户手机的访问可以很顺利。后端服务运行一切正常的情况下，如果客户投诉页面卡顿、加载慢，只有求助于前端监控来进行诊断排查。

与前面所述拨测有一个共同优点，其可以从地区分布的角度看服务质量，能够反映出不同地区到平台的网络耗时差异。需要注意的是，对于大流量平台，只能根据请求量抽取一定的比例进行，降低"监控程序采集的数据量太大，而给平台带来的"额外压力。

6. 资源使用情况监控

这是最基础、最核心的监控方式，对于服务器、虚拟机、容器，监控项包括 CPU 和内存使用率、I/O 吞吐量、带宽使用量、TCP 连接数等，可使用 Prometheus 软件实现监控；对应用系统，可以自行生成进程快照，记录线程数、文件句柄数等，以便进行自定义监控；对数据库，则需要重点关注"慢 SQL 数量"这种特有的监控项。关于报警策略，对于难以设置固定阈值的监控项，可采用观测增长率的方式，例如与上期同一时间进行对比，增幅达到 50%，即触发报警。对于缓慢耗尽资源类的问题（如内存泄漏），这种监控方式可以在系统不可用之前预警，是防止故障爆发的最后一道防线。

作为监控结果的输出，报警能力的设计切面包括：报警指标的计算，需要支持的报警通道及输出方式，以及报警信息内容的规范定义。主流的报警输出方式，除了传统的短信、邮件、自动拨号电话，应该能够支持微信或钉钉等 App 客户端，以携带更多的预警信息。

需要对报警指标定义级别，不同级别使用不同的输出方式，例如，误报概率高的可以使用免费的输出方式，自动拨号电话用于高级别报警，如果需要同时自动告知合作方或者第三方运维人员，那么生成携带曲线的图形输出到多方共享的微信群 / 钉钉群，是一个非常好的方法。

上述对于监控体系设计的描述，再次提醒：领导软件平台的建设工作，重中之重是要知道所缺的能力，以及建设各项能力的方法和背后的模式，并从最基本的分类和功能切面开始扎扎实实做起，技术只是后续落地的实现方式，前面要有火车头来带。

4.4 可用率和容量衡量

平台能力需要通过数字指标来量化评定，重要的平台能力衡量指标包括可用率、并发响应能力值，以及平台在数据、线路等方面的最大容量测算，4.4 节与 4.5 节均讲述此方面内容。

4.4.1 服务可用率衡量

平台运行中最重要的高可用指标，即服务可用率，很多平台简称为 SLA[1]。

一套[2] 应用系统的 SLA 如果是 99.9%，那么两套级联系统组成的单元的 SLA 是 99.8%（99.9%×99.9%），三套级联系统的 SLA 则是 99.7%（99.9%×99.9%×99.9%），这再次印证了前面关于高性能部署提到的"纵深要浅、级联要少"的原则。

---

[1] SLA（Service Level Agreement），服务等级协议是在一定开销下，为保障服务的性能和可用性，服务提供商与用户间定义的一种双方认可的协定。

[2] "套"指进行了冗余部署，例如一个应用系统，部署时水平部署了 4 个节点，那么这 4 个节点成为一套应用系统。

继续使用上面的 SLA 计算案例，再来看平台的横面，如果整个平台部署了 4 个不同的业务服务，每套服务（由三套 SLA 为 99.9% 的应用系统级联而成的单元来提供）的 SLA 为 99.7%，那么平台的 SLA 是多少？这要看 SLA 指标的口径，如果任何一个服务不可用，就记为平台不可用，那么平台的 SLA 为 98.8%（4 个 99.7% 相乘），如图 4-1 所示，这样指标就相当差了。如果这 4 个服务对应 4 条业务条线，4 者之间是业务无关的，没有什么特殊严格的口径要求，那么可以使用服务的 SLA 为 99.7% 作为平台的 SLA。

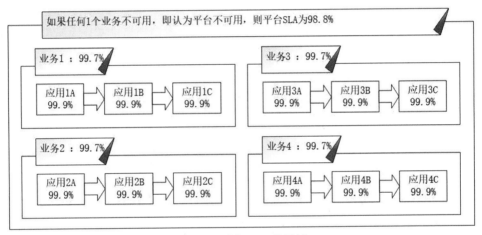

图 4-1　平台 SLA 的计算

上面的计算过程需要首先知道应用系统的 SLA。在云技术大规模使用之前，我们直接在服务器上安装宿主操作系统，安装应用，然后作为主备机，得到一套独立的应用系统，根据服务器（和操作系统）的可用率 A、应用的可用率 B，计算出应用系统的 SLA（A×B）。

使用了云技术之后，是水平分层的建设模式，情况倒转了回来，用户先拿到一套一体化的云环境，在云环境之上安装一套一套应用。这种情况下，先得到整个云资源（由云供应商提供）整体的 SLA，所有的应用系统都使用这个底座，每个系统的服务器可用率都是一样的。

新旧时代相比，SLA 是如何提升的呢，第一，云资源服务器可用率高于自管理服务器可用率，也就是说 A 提升了；第二，云原生能力和微服务软件能力（参见 4.1 节"高可用体系设计"）带来了应用层面的高可用提升，也就是说 B 提升了。

回到平台工作视角，简言之，在保障 A 的基础上尽量提高 B，使得实际运行的 SLA 结果值，不低于平台 SLA 的指标要求。

希望这一节能帮助读者把 SLA 看得更清楚透彻，理解这些之后，很大程度上跨过了（管理这块工作的）知识门槛。

4.4.2 平台容量衡量

容量的概念相对没有那么高深、复杂，可以从用户、数据、线路多方面来立体化评估平台容量。并发性能指标更面向技术视角，而容量指标更多是服务于业务运营角度的估算，但两者之间存在一定的勾稽关系。

实际工作中进行多种口径的测算后，对多种结果应该进行互相勾兑、比较，可能存在不合理或者解释不通的数据出现，适度进行修正。每个口径的测量需要大量的数据依据（例如记录用户访问的埋点日志），分析业务特征和环境影响，这些都需要足够的专业经验，本节不能一一穷尽，更多是从全局讲清楚方法和关系，以及实战中的注意事项。

平台技术负责人应该有这样的意识：性能和容量评估是"神圣的领域"，每次测量总会挖出一些水面下的冰山，解决性能和容量测试中发现的问题，不仅是对平台的拔高，更是对团队能力极大的提升。

1. 用户容量

行业里对注册用户数、在线用户数、并发用户数三者之间数量关系的认知是：

在线用户数 = 注册用户数 ×（5% ～ 20%）

并发用户数 = 在线用户数 ×（5% ～ 20%）

具体和业务特性、用户活跃度有极大的关系，高频业务、低频业务、开展不善的僵尸业务，三者可能差距几十倍。就经验而言，我认为 5% 作为下限，这个值有点太高了，尤其是对在线用户数的计算，因此，我建议两个公式都使用 2% 来进行阐述：平台有 1 亿用户，在线用户则为 200 万（1 亿 ×2%），并发用户数为 4 万（200 万 ×2%）。

2. 数据容量

之前做过一套 toB 形态的 SaaS 产品，当时内部提出了该产品发布后"可以服务多少个租户"的问题。依据数据量来做这类问题的估算，是个不错的办法。

以一个 OA 产品为例，产品有多少张表，员工表、权限表及字典表行数太少，可以忽略不计，计算主要业务表的一行数据量是多少 KB，根据 OA 业务特点可以估算一个多大规模的租户 × 年有多少流程审批记录，进而计算审批表大小，各个业务表以此类推，即可计算一个租户的数据量。

一个租户的数据量如果是 100GB，而可以分配的数据存储表空间可用资源一共为 10TB，那么最大租户量就是 100 个（10TB/100GB）。当然了，时间因素很重要，数据保留多久，多长时间后转存到二级存储，因此，应该给出的是综合性的设计考量，多长时间内支持多少租户，如果不清理数据，那么继续支持，要增加多少空间。

主要误差在于数据表一行的字节量和可用资源之间的换算，考虑到数据库存储时的物理空间率利用问题，应该对租户的数据量进行一定比例的倍数放大，个人建议值为 1.3 ～ 1.5 倍。

3. 线路容量

线路容量，顾名思义是线路带宽能同时运输多少个业务请求。线路容量分为外部和内部，外部指互联网带宽，内部指局域网内部带宽。

内部带宽并非来自于对应用系统的设计评估，应用访问数据库等平台所有节点的通信环节都使用内部带宽，这块由路由器、交换机和线路而定，由网络实施者来决定网络部署，够用还是不够用，直接以实际使用统计结果。内部带宽一般都是千兆或万兆，这里主要讲外部带宽。

计算线路容量，需要注意的是 b（bit）与 B（byte）中间的换算关系，1B=8b。另外，运营商提供的带宽值，如果说 800Mb/s，一般指上行、下行各是 800Mb/s，要清楚知道所采购的带宽的具体口径，不要出现低级错误。

对于某项业务，一笔业务请求报文的数据量大小是可以计算的，报文头＋报文体，报文体中有（如照片、指纹、凭证单据）对象的业务，报文数据量自然比较大。

如果业务请求报文为 20KB，而平台的带宽（方向为由客户端到平台）为 800Mb/s 时，

线路容量 =800Mb/s/8/20KB=100MB/s /20KB=5000/s，也就是说平台互联网线路上每秒最多承受 5000 笔这样的请求。带宽不能用满，一般来说，使用 90% 作为极值即可，也就是 4500。

上面以 20KB 为例，实际工作中，应该按照各类业务请求的实际数量比例来估算，不同大小的请求，按照数量占比加权平均，作为平台的请求报文大小值。

TPS 有业务板块级和全平台级两层含义，线路容量则没有，互联网带宽是各个业务都在用的，这个结果就是全平台的。

掌握数据、线路的最大容量，不仅可用于平台的规划设计，还是更加全面掌握运行水位线的基础。2.9.1 节讲到的水位线估算，更关注（并发请求承载量、操作系统 CPU 和内存使用状况等）动态运行指标。除此之外，各级存储、网络带宽等重要资源的实际使用占比情况，也是应当掌握的水位线。掌握这些水位线的另外一项重要价值在于，这是资源（采购）投入预算等众多前瞻性工作的客观依据。

对平台复杂性要有足够的敬畏心，一个新上线业务或一次大版本变更都可能导致带宽使用量飙涨，日益增加的日志打印量可能会导致 ELK 不堪重负，这样的例子不胜枚举。容量设计和水位线估算的重要性不言而喻，做的好，驾驭平台会变得游刃有余，反之则捉襟见肘。但需要强调的是，不同平台对此的关注方式差异很大，有些团队多是依靠经验和感觉来判断结果。对此类工作，"主观判断、口口相传"的方式，虽经常可以得到正确结论，但难以一直稳定发挥，也难以复制和分享。

笔者绝不否认个体经验在任何领域的重要性，"我觉得""应该是""好像吧""大概能"……也并非是贬义词，很多难以数字化、精确化衡量的问题，恰恰需要凭借经验和感觉进行决策。但是，中大型软件平台的性能、容量领域，是凸显自动化管理、智能分析、数字化运维能力的战场，应当投入精力去做翔实的设计和数字测算，以数据说话，建立定期的评估、修正、更新机制，并使用拓扑大屏、指标仪表盘、BI 报表进行可视化呈现。说到底，这其实就是平台型工作的专业素养。

4.5 并发性能衡量

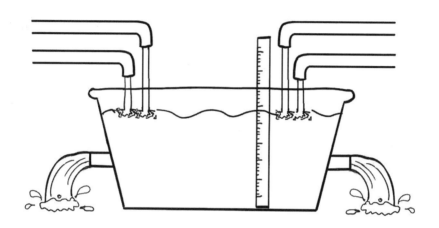

非模糊语言问题再次出现，不同企业不同团队使用太多的性能指标来衡量系统性能，包括 TPS、QPS、每秒请求数、每秒业务数……我多次遇到的场景是，渠道合作方要做大型营销活动，作为资源需求，合作方提出一个性能指标，需要平台运维团队响应，双方就性能指标的含义理解不一，围绕这个话题进行大量沟通，可惜最后结果是，双方团队中的大多数人，就对方所说的性能指标含义，仍旧是"傻傻分不清"。

4.5.1 QPS和TPS

重要的是，先把概念和理论梳理清楚，业界衡量性能的两个指标是 QPS 和 TPS。

➢ QPS（Queries Per Second），意思是每秒查询率，指某应用服务每秒能够响应的查询次数，用于衡量特定的查询服务器在规定时间内所处理流量的多少，主要针对专门用于查询的服务器的性能指标。

➢ TPS（Transactions Per Second），意思是每秒事务数。一个事务是指客户端向服务器发送请求后服务器做出反应的过程，具体的事务，可以是一个请求或是多个请求，并没有严格固定的定义。

TPS 和 QPS 是客户端、服务端都可以通用的指标，但是在两者的定义中可以看到，TPS 更适合描述客户端视角的指标，QPS 更适合描述服务端视角的指标。对于任何一个指标而言，从客户端和从服务端得到的性能结果是不同的，例如，在实际工作中，对于服务接口，很多提供方给出的 QPS 性能指标，即在标明己方作为服务端角色承诺提供的性能，因为实际的响应时长取决于"调用方程序以及双方通信的网络延时"等其他因素，所以给出的 QPS 指标值并非是指客户端实际得到的性能。

除了视角侧重点不同，两者之间的差别还在于：一般情况下，TPS 的颗粒度比 QPS 更大，用户访问了某个页面，是 1 个 TPS，这个页面可能有 8 个部分需要查询后台服务接口、加载后台返回的数据，即发生了 8 个 QPS。压力测试团队使用 LoadRunner、JMeter 等发包器模拟业务场景测得的性能指标，一般多指 TPS 指标。

TPS、QPS 自身也有颗粒度之分：对于 TPS，例如一个报名业务，进入报名页面→进行身份认证→提交报名申请→进行支付→查看报名结果，这是 1 个大颗粒度的 TPS，对应着 5 个小颗粒度的 TPS；对于 QPS 也是如此，如果请求 x 应用接口，x 应用又调用了 y、z 两个应用的接口，那么这是 1 个大颗粒度的 QPS，也可以说是 3 个小颗粒度的 QPS。由此可见，颗粒度的差别只是"相对而言的"，如果甲团队提供一个 Http 协议的 API 接口给乙团队的系统使用（即调用 Http 请求），对 API 接口而言，TPS 无大小颗粒度之分，对于 QPS，乙团队当然不关心这个 API 接口背后还有哪些系统调用关系，此 QPS 就是 API 接口最终对外提供的性能，即所谓的大颗粒度 QPS，此时的 TPS 与 QPS 两者可以说具有一样的实际含义、一样的颗粒度，即一个 API 接口的 TPS=QPS。

举个例子说明更复杂的关系：客户单击订单，是 1 个 TPS，背后可能包括扣账户余额、减少库存、通知发货 3 个操作，即 3 个更小的 TPS。如果扣账户余额，向 A 应用接口请求 1 次、B 应用接口请求 2 次，减少库存，向 A 应用接口请求 2 次、B 应用接口请求 3 次，通知发货，向 A 应用接口请求 3 次、B 应用接口请求 4 次，那么发生这 1 个 TPS，对应的 QPS 是 15，其中 A 应用接口的 QPS 是 6（1+2+3），B 应用接口的 QPS 是 9（2+3+4）。此时，账户余额、减少库存、通知发货，既可以称其为"小颗粒度 TPS"，也可以是"大颗粒度 QPS"。

具体工作中，我不建议多个团队之间（尤其是跨公司）直接使用某个指标进行沟通的原因，正是考虑到以上这些相对性。

再来看两者与（每秒）并发数和 RT（响应时间）的关系，都是等于并发数/RT。

TPS=（测量这个 TPS 的）并发数/（测量这个 TPS 的）RT

QPS=（测量这个 QPS 的）并发数/（测量这个 QPS 的）RT

这很容易理解，并发数是同一时刻向服务端发起请求的数量，每秒发 100 个，每个 0.1 秒（RT=0.1）得到结果，那么以 1s 为单位换算就是 1000（100/0.1），如果 2s 才得到结果，那么结果是 50（100/2）。不要脱离 RT 来说 TPS，有效的 TPS 结果必须是以满足合理的 RT 条件为前提。4.4.2 节中，我们讲过并发数测算，那么，通过这个并发、RT 和 TPS 的关系，如果知道并发数，可以推算需要达到的 TPS 值，反过来如果知道 TPS 最大值，可以一路推算可以支持的最大并发数。这两者间的相互推算，可以帮助我们全方面的评估系统。

平台 TPS 和一个业务板块的 TPS 关系如何测算？例如，水平部署 10 条业务线，业务线所用的应用系统各自独立，相互间互不干扰，如果单测每项业务线 TPS 能达到 1000，那么平台的 TPS 就是 10000（1000×10）吗？从原理上看，TPS 的主要瓶颈是应用系统（和数据库），相互独立的业务 TPS 因此可以相加。但是，以实际经验看，这样的想法过于简单，应用系统直接使用的公共资源是否有影响都没有考虑。要最真实的值，应该是按照 10 个业务做出混合场景的压测。

那么 QPS 呢，一个应用提供了 5 个接口服务，每个服务单测最大 QPS 为 1000，那么这个应用的 QPS 是 5000 吗？当然不是。进程的资源是多个服务接口共用的，1 个服务达到最大 QPS 时，这个进程应该几乎达到性能上限，因此整个应用的 QPS 肯定不是 5 个接口服务相加的关系。

4.5.2　性能衡量方法

下面来讲性能衡量的方法，最大 TPS 性能指标的计算一般有三种方式：一是使用上线时压测的 TPS 性能指标，缺点是经过长期的运行和迭代建设，此"静态"数据可能已经严重失真；二是水平乘法，使用测试环境或者准生产环境（一般一个系统部署一个节点）进行实际 TPS 压测，根据生产系统节点数量是测试的几倍，对测试结果乘以几倍来估算生产 TPS 指标，这种方法的弊端在于两套环境的不一致，以及多系统级联访问的复杂性；三是对生产环境进行实际压测探测性能拐点，进而估算 TPS 指标，弊端是依赖于是否具备干净的时间窗口，减小对生产运行的干扰和破坏，甚至是故障发生。

弄清楚概念含义、最大性能指标测算方式后，现在再来看前面合作方要做大型营销活动的例子。为避免双方所言性能指标不同，不要直接讨论 TPS 还是 QPS，建议沟通方式是，需求方使用场景化语言进行形象描述，例如，活动期间每秒引流 100 个客户到 ×× 页面，有一半的客户会进行 ×× 报名操作。再次提醒，这样的沟通方式对目标达成一致至关重要，一定要格外重视这个环节。

对该需求的解读为："进入页面"并发数 =100，"报名"并发数 =50，如果两功能的 RT 要求分别为 1s 和 2s，如图 4-2 所示，可选取第 4 秒～第 6 秒这段有效区间，进入页面并发数 =300（100×3），报名并发数 =150（50×3），对应 TPS 分别为 100（300/3s）和 50（150/3s），合计 TPS 应该是两个 TPS 相加，即 150。

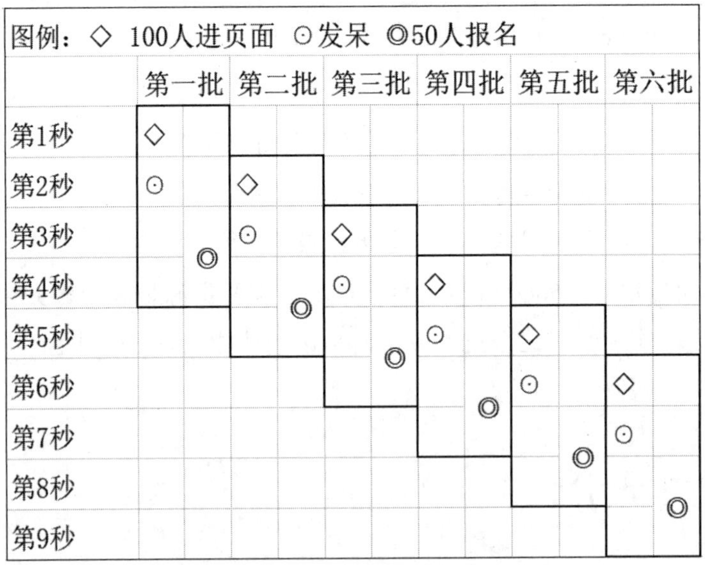

图例：◇ 100人进页面　⊙发呆　◎50人报名						
	第一批	第二批	第三批	第四批	第五批	第六批
第1秒	◇					
第2秒	⊙	◇				
第3秒		⊙	◇			
第4秒	◎	⊙	◇			
第5秒		◎	⊙	◇		
第6秒			◎	⊙	◇	
第7秒				◎	⊙	
第8秒					◎	
第9秒						◎

图 4-2　此营销活动场景下的 TPS 计算

那么转化成对于平台侧的要求，即其他业务正常运行不受影响的情况下，同时能够为此活动提供值为 150 的 TPS 能力。再从 QPS 视角看：例如，进入页面访问 A 应用系统 2 次，报名访问 A 应用系统 1 次、B 应用系统 3 次，则 A 应用系统的 QPS=250

（100×2+50×1），B 应用系统的 QPS=150（50×3）。

平台的 TPS 性能指标是否满足营销活动的要求，予以回复即可。如果测试脚本难以模拟生产场景，或者因其他原因无法评估生产环境 TPS，可以参考以上 TPS 与 QPS 的关系和计算方法，使用更容易评估的 QPS 情况来推算 TPS。

细心观察会发现：进页面与报名这两步动作之间不论是否存在发呆时间，结果都是一样的，有趣的是，TPS 与 RT 也没有关系，只要每秒进来 100 人，此图形的处理形态下，TPS 结果就是一定的。那么"不要脱离 RT 来说 TPS"的说法又是何解释呢？答案是：每批都能如此并行处理时，最后结果确实与 RT 无关，但是如果 RT 很大，多数实际情况下会出现串行处理（即发生积压）现象，如图 4-3 所示，此时，处理 6 批 300 个报名需要 12s，则报名的 TPS=25（300/12）。

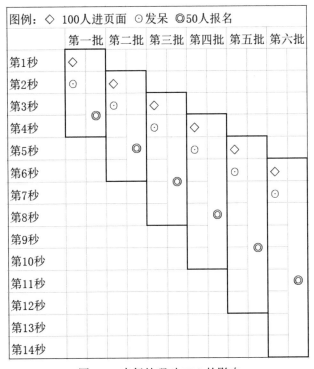

图 4-3　串行处理对 TPS 的影响

最后，需要注意，性能是一个"实际情况总比理论想象更复杂"的技术领域，运行环境中无意的一个变化，可能就会带来结果的实质性差异。相隔时间较长的两次测量结果，差异之大可能会超出想象。

4.6　容灾模式设计

建设容灾中心，目标是提供最大颗粒度的冗余能力，实现平台高可用。本节重点讲解 4 种模式，包括图 4-4 中的对等建设 3 种基本模式，以及 1 种非对等建设模式，使用哪种模式，除了考虑 SLA 因素外，更多是以维护难度、资源利用率、长期成本等为决策依据。

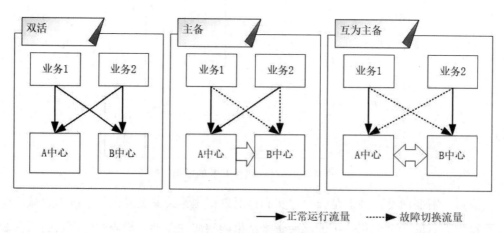

图 4-4　对等建设的 3 种基本运行模式

1. 双活模式

该模式技术最先进，对应双活中心而言，A 和 B 两个中心对等运行，运行态下都承接全部业务的流量，具体分配比例，会在控制全局的智能 DNS 上设置规则，假设全国有 6 大区，3 个区给 A，3 个区给 B，那么可以认为各自承接 50%，通过修改设置进行负载控制。

切换模式为：如果某中心因故障停服，需要人工干预来调整 DNS 流量的分配规则，将全部流量转到可用的那个中心，中心级的流量切换因为级别太高、因素太多，多数情况下不能由系统自动切换，人工设置 DNS 切换流量，（考虑到 DNS 缓存还有时效性）往往需要 30min 级别的时间，才能完成流量切换。

因此按照实际效果来说，两个中心是运行态双活，切换态并非真的是热备，实际是 30min 窗口期的互为冷备切换模式。

继续使用 4.4.1 节"服务可用率衡量"的例子，如果 A 中心的 SLA 为 99.7%，B 中心的 SLA 为 99.7%，那么双活中心的 SLA 是多少？答案是 99.4%（99.7%×99.7%），任何一个中心出故障，影响 50% 流量服务，是要扣减 SLA 的，就 SLA 而言，两者等同于级联模式。这个结果可能让人有点意外，从设计角度，多数时建议简单为好，所谓"大道至简"。有个好消息是，就 1 次中心故障的时长而言，最大的损失时间仅为 30min，SLA 统计结果 = 可用时间 / 总时间，因此这样的双中心，还是会为 SLA 进行一定的兜底，实际结果理论上会比 99.4% 好一些。

因具有"资源高利用率"，以及"负载调整控制"的运行能力，考虑到这两个优势，此模式的双中心，还是很可取的，有匹配的资源和技术能力的话，可以挑战下。

2. 主备模式

主备模式下，A 中心为主，承载全部流量，出故障需要切换时，由 B 中心来接管流量，这样的模式比双活模式简单，人力投入和管理成本低，切换时也是 30min 级别，就 SLA 而言，可以 A 中心的 99.7% 作为整体的 SLA，理论上比双活模式要高，也能提供"单次故障 30min 最大损失时间"的兜底能力。

主备模式的缺点，显然是平时 B 中心不承接流量，造成明显的资源浪费，无法帮A 中心分压。另外一个弊端在于，B 平时不运行，出故障时，A 到 B 的切换时间可能更长。

3. 互为主备模式

互为主备模式的核心机制是，按照业务板块分别对待，例如有 5 个板块，1、3、5 在 A 运行，B 为灾难备份，2、4 在 B 运行，A 为灾难备份。

如何划分可以是以技术为视角，也可以将平台全部的服务按照业务角度分为两拨儿，鉴于颗粒度和管理考虑，建议使用业务板块为划分依据。

该模式下，A、B 中心均处于承载业务的活跃状态，从这个角度看两者并无主副关系，因此很多行业同仁误将其称作是双活，但看每个业务板块的运行态，这是彻头彻尾的主备模式。如果称其为主备模式，与上面典型主备的概念混淆，引起"模糊化语言"问题，那么有一个新词可参考：混合模式，即双活和主备两种模式的混合。该模式运行态时还是有一半的资源浪费，负载能力等同于主备模式。

4. 非对称主备模式

综合上面三种模式的优劣，可以考虑一种非对称的主备模式，即资源利用率方面更佳的主备模式，如 70% 服务器资源放在主中心，30% 放在备中心。按照各个业务服务的级别定义，备中心只部署核心服务，而非全部服务，主备切换时，只保障核心服务能切换过去，毕竟主中心解决后马上要切换回来，对于中心级的切换，这种"N年不遇"的极低概率事件，非核心服务的短时停服是可以接受的，这样的方案不失为一种较为平衡的方案，供读者参考。

除此之外，千万不能忽视主备模式在长期成本控制方面的可取之处，就长期人力成本而言，双活模式的运维人力成本可能是主备模式的 1.3 ～ 1.5 倍，研发和测试人力成本也有差别，但没有这么大的倍数关系，带来的管理成本不言而喻。

选择哪种模式，除了上述从运维角度的对比分析之外，必须要引入业务角度的原则和标准。最重要的一项是，数据一致性容忍度，对于金融和支付系统而言，必须保持数据的实时一致性，A 中心更新了余额记录，A 还未同步到 B 中心[①]，一笔余额查询交易到了 B 中心，拿到了错误的数据，这是致命的，那么交易数据库不可能使用真正的双活模式。

再看用户流量，如果一次用户会话中的 N 次请求，API 请求是用户 App 对应的接

---

① 容灾是最大颗粒度的冗余，两边是真正意义上的两个数据库。

入渠道发送的，走的是 x 大区网络，然而页面请求是用户手机发送的，走的 y 大区网络。对于这种会话，无法在 DNS 上全口径对用户流量进行区分，无法保障同一个会话走到一个中心，两中心间缓存同步实时性不可能那么高，因此，对于全局缓存来说，也不可能使用双活模式。

多数情况下，实际上可能是几种模式的结合使用，纵向看，例如，经过分析后，可以某些业务板块整体采用双活，某些板块只是流量和应用系统用双活，数据和缓存使用主备，如图 4-5 所示。这时就需要看整体策略，这么大颗粒度上的不一致，管理复杂度如何？

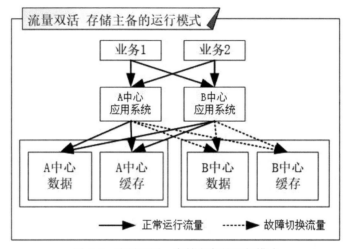

图 4-5　流量双活，存储主备的运行模式

所以说，技术先进与否，并非最重要的决策依据，需要真正剖析各种各样的因素，才能进行模式选型的最终决策。

4.7 分布式之无状态

我也不知道会扔进哪个筐里
没关系，哪个都一样得分

作为分布式的三驾马车，无状态应用、分布式事务和分布锁，是开发应用服务的必备选项，业界有丰富的资料可以参考。就颗粒度而言，更多体现在系统级设计中，如果不允许各个条线各自为政，自行设计和实现，那么平台层设计则应该包含这些内容，以进行统一的技术约定。需要注意的是，这些话题与技术栈的相关性更大，作为平台层设计，首先重点关注机制和规范，不必过多、过早陷于技术实现上。

4.7 节～4.9 节是全书中讲"术"的几节，和本书"道"的主题有点背道而驰，因此只能尽量精简，何况术的内容网络上有大量资料可参考，中级技术人员或许即可搞定。本书此部分内容但求尽量对各种方法能提炼"核心机制和技术要点"，点拨"关键对比和关联分析"。由于篇幅所限，大家对本节的阅读，还是要关注使用哪种方案的取舍要点，借此能将三者作为平台的一套能力建设切面，整体思考和布局更为关键。

无状态为何意，是指无任何的状态，还是无登录的状态，还是无会话的状态？我不想再强调非模糊语言重要性了。

因此，必须先说明概念：第一，会话一定是存在的，毕竟交互是需要承前启后的，因此客户端 Cookie[①] 和服务端 Session 两个机制也都存在；第二，登录也是有状态，但是服务端不能依赖于客户端；第三，无状态的核心是各个应用服务部署节点之间的会话无关性。

无状态会话是当代分布式应用平台的典型特征之一，需要从全链条审视无状态设计，主要包括以下的切入点。

1. 从服务端节点部署视角来看无状态会话

也可以称作是"应用系统的状态无关性"，应用系统节点之间是对等关系，与用户的 SessionID 及会话上下文信息彻底地解耦，是平台负载和分流机制、水平扩容机制、容器化网格化管理，以及灰度发布能力的可行性基础，必须予以实现。

用户的一次业务办理流程可能包括多次请求，前后步骤是串行关系，后一步的输入依赖前一步的结果，此时，如何实现负载可以将任意步骤的请求分发给应用系统的任何节点呢？对此唯一推荐的方案是：上下文信息内容脱离节点，放在可以高速读取的共享中间件处，作为平台级的独立能力支撑，使用 Redis 的存取方案无疑是最佳实践之选。这样的设计很容易被理解和掌握。

2. 从客户端与服务端交互视角来看无状态会话

服务端不保存客户端状态，多数实现方式是服务端进行用户身份认证后，为用户生成某种会话凭证（即 SessionID），例如，可以是 Token 令牌，并将其存于全局可用的 Redis 集群中。客户端将令牌保持在 Cookie 中，以令牌作为后续请求的凭证，而不是使用自己生成的 CookieID。

Session、Cookie 技术机制都在运作，但是会话信息的管理方式变了。如此方式，由平台后端管理会话，益处在于高可靠性和客户端无关性。

3. 从通信协议视角来看无状态会话

从客户端到服务端的每个请求都必须包含理解请求所需的所有信息，也就是"无

---

① 也有可能是浏览器缓存，本节使用 Cookie 为例。

状态 API"，首先方案无疑是使用 Http 协议的 Restful API，以 URL 资源定位方式，使用 Http 动词 [①] 来进行任何资源的操作请求，需要携带的请求凭证和相关上下文通过 URL 参数直接携带，每个 Http 请求是独立的。Restful API 最常用的数据格式是 JSON，可以直接被 JavaScript 读取。

看似并没有那么难，但需要注意的是 Restful 的成熟度问题，Level 0 ~ Level 3 四个级别中，设计标准至少应达到 Level 2 级别，即有明确的资源操作，对于资源的 CRUD 操作映射到 4 个 Http 方法。在此基础上，建议能够具备 Level 3 级模式所强调的自描述能力，从而实现服务自动发现。

4. 用户便利性视角的无状态会话

澄清一下，严格看，这并不是本节所说的无状态概念，应属于在其之上的升级加强版，是从多个应用系统间的关系层面实现的一种无状态，超出了一个应用系统的会话范畴。目标侧重于用户的无状态体验，提升用户操作的便利性。

使用统一身份认证实现用户单点登录是典型案例，在一处登录，经过认证后生成的用户 Session 在多个系统都可以使用，背后的设计机制是：多个系统使用一个公共的用户管理服务，在此服务中维护一个全局的用户 Session。

那么如果平台还调用了合作方、第三方的系统服务，或者是跨平台、跨数据库、跨团队的，如何实现单点登录呢？此时，各自平台使用自己的全局 Session，使用集成模式，定义公共接口，实现多方用户体系之间的身份互任、打通，在一方系统登录，即等同于可以用其作为凭证，在全部授权合作方登录，大家常见的扫码登录即是如此。

与本节所讲的"服务端节点部署视角的无状态会话"相比，这种方式是由一个系统的多个节点共享，进一步上升成了多个系统共用一套 Session 服务，颗粒度更大。

我们从多个视角将会话话题涉及的这些关系讲清楚，如果要带徒弟，有意分析，沉淀出体系性认知，说清楚机制，是绝对必要的，具有良好的输出效果。作为分布式应用的三大核心设计中最基础的一个，无状态设计并不会太难，重点在于要意识到这是一个全局话题，不可漏掉，不仅用于支撑应用功能和交互的实现，在如"防重放""攻击行为识别"等应用安全防护中，很多的技术内容都是围绕用户会话状态进行的。

---

① 指 Http 的请求方式，常用的 Http 动词包括 GET、POST、PUT、PATCH、DELETE。

4.8 分布式之事务

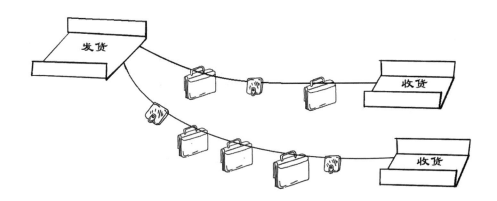

分布式应用平台中，事务的参与者、支持事务的服务器、资源服务器以及事务管理器分别位于不同的分布式系统的不同节点之上，传统事务就此延伸，演变为分布式事务，实际上是"更加广义的事务"，或者说是一种"长活事务"。

要享受更强大的能力，就得花费更多的技术代价。分布式 CAP 理论告诉我们：任何一个分布式系统都无法同时满足一致性（Consistency）、可用性（Availability）和分区容错性（Partition Tolerance），最多只能同时满足两项。分布式系统不遵守传统的事务语义，是程序员的噩梦，好在 BASE[1] 理论给出了更加可行的指导，是对一致性和可用性权衡的结果。

实现分布式事务的策略，分为刚性和柔性两类，刚性策略是原子的，要么都成功，要么都失败，更体现数据库事务 ACID 原则[2] 的强一致性。柔性则具备更好的扩展性，基于 BASE 理论，核心思想是，如果无法做到刚性，每个业务可以根据自身的特点，采用适当方式使系统（重点指业务数据）达到最终一致性即可。

---

① 即 Basically Available（基本可用）、Soft-state（软状态 / 柔性事务）、Eventual Consistency（最终一致性）。

② 即原子性（Atomicity）、一致性（Consistency）、隔离性（Isolation）、持久性（Durability）。

1. 2PC 和 3PC，适用对数据库操作场景

2PC 将一个提交分为准备阶段和提交阶段 2 次提交。如果准备（第 1 次提交）失败，则（第 2 次）提交回滚；如果准备成功，但提交失败时，后续使用不断重试的方式，不会进行补偿式回滚。2PC 的核心在于确认前将资源准备好。

2PC 适合在多个数据源情况下按照 ACID 原则完成操作，例如，一个操作涉及 2 个数据库的多个表，这是 2PC 关注所在。2PC 尽量保证强一致性，因此它是同步阻塞的，导致资源锁定问题，总体而言效率低，在极端条件下仍存在数据不一致的风险。

XA 规范是 X/Open 组织针对 2PC 提交协议的实现的规范。在数据库层面，目前几乎所有的主流数据库都对 XA 规范提供了支持。程序语言方面，Java EE 中的 JTA 事务可以支持 2PC。因此，技术实现上可行性良好。

那么，平台是否应该选择这种方式？首先，在微服务架构设计下，一个应用系统不建议可以访问多个数据库；其次，2PC 的强一致性是对可扩展的反模式。建议非必要尽量不要使用 2PC，可使用 BASE 来回避。

3PC 包含了三个阶段，分别是准备阶段、预提交阶段和提交阶段，3PC 通过引入预提交阶段使得参与者之间的状态得到统一，也就是留了一个阶段让大家同步，减少故障恢复时的复杂性，但整体的交互过程更长了，性能有所下降，我在实际工作中，没有见过 3PC 的实现案例。

2. TCC：业务层面的分布式事务

TCC（Try Confirm Cancel）不是三者串行，而是两个或者关系的二阶段，即 Try-Confirm 或 Try-Cancel，从原理上看是 2PC 的升级版，加入了补偿机制。

Try：一阶段，负责业务资源的检查和预留；Confirm：二阶段，提交操作，所有的 Try 都成功了，则执行 Confirm 操作，Confirm 使用 Try 预留的资源真正执行业务；Cancel：二阶段的回滚操作，只要有一个 Try 失败了，则执行 Cancel 操作，Cancel 释放 Try 预留的资源。TCC 的核心在于补偿机制，无须锁定资源。

TCC 模型有个事务管理者 [①] 的角色，从业务的角度记录事务状态并提交，或者回

---

① 事务管理者是 TCC 中使用的一个学术词汇，并无特定所指的领域技术，在实际工作中，指以自开发方式实现的程序。

滚事务。TCC 机制对业务有侵入，和业务紧耦合，需要根据特定的场景和业务逻辑设计相应的操作。相对于 2PC，TCC 适用范围更广，但是开发量也更大，毕竟都在业务上实现，有时候会发现 Try、Confirm、Cancel 这些功能逻辑的处理程序并不是很容易实现。不过也因为是在业务上实现的，所以 TCC 可以跨数据库、跨不同的业务系统来实现一致性。

TCC 方案应该是在企业中应用最广泛的一种方案，以支付场景为例：平台生成订单扣款记录，然后向支付通道发出扣款交易，得到结果后回写，更新订单记录的状态，如果未收到支付通道回复的响应，超时后进行补偿，即自动发出冲正交易（对原交易的反交易），也就是 TCC 中的第二个 C，注意这个回滚不是删除原交易，而是新增一条反操作的记录。应该说该方式与 TCC 概念所述机制并不完全相同，但就核心特征来看，应该归为 TCC 模式。

需要注意，避免触发条件判断错误，补偿处理被误触发，是 TCC 机制实现需重点关注的环节。为此，交易的两端都要尽最大努力，知道 Confirm 执行结果，这也就引入了"最大努力通知"的概念，仍以支付为例，平台完成支付处理后，除了联机返回交易结果，还会异步向客户端系统重复发送多次交易成功通知，目的是在联机返回失败的情况下，尽力告知平台侧的 Confirm 执行结果，对于客户端而言，必须实现幂等性机制，不受到多次接受重复信息的干扰。除此之外，客户端对服务端有主动查询机制，对于超时未返回的情况，发送查询交易获取 Confirm 执行结果，这也是"最大努力"的体现方式之一。

略微谈点技术实现，阿里的 Seata 开源事务框架使用 TCC 事务机制，优势在于在运行中自动生成补偿，对应用侵入性非常小，从而解决了 TCC 实现的最大难点。

对于 TCC，最后要说的是，如果第二个 C 也失败了，那就是另外一套兜底机制了，具体见 2.8 节"有无兜底方式"中内容。

3. 记录一致性消息的表

会有一张存放本地消息的表，一般放在数据库中，执行业务时，将执行的消息放入消息表中。然后再去调用下一个操作，整个事务成功完成了，再变更消息的状态；如果调用失败，可使用后台任务定时去读取本地消息表，选出还未成功的消息，再调用对应的服务进行不断重试。本地消息表其实实现的是最终一致性，容忍了数据暂时不一致的情况。

实现本方法需要创建额外的消息表，不断对消息表轮询，实践来看，如果有 TCC 机制，不建议再引入本方法。

4. 可靠消息队列

本书对可靠消息队列机制不再赘述，如果联机交易不是 Http 请求、Socket 或 RPC 调用，而是通过消息队列完成，那么可以考虑使用支持事务消息的 MQ 中间件。

该方式是直接由 MQ 中间件支持分布式事务，MQ 内部使用多次推拉的交互方式，并记录每次的状态表，使用状态表进行事务控制，平台则按照 MQ 软件提供的接口进行开发，不需要自行开发事务管理程序。需要注意不同 MQ 产品事务机制含义的差别，例如，RocketMQ 事务指的是本地事务和消息的数据一致性，而 Kafka 则是体现 Exactly-once 机制，确保在事务中发送的多条消息都成功或者都失败，更适合实时流计算场景。

MQ 中间件多用于机构内部的系统间通信，以 MQ 消息作为报文实现跨机构之间业务交易的方式并不常见，因此，多数情况下，实现完整的分布式事务，采用可靠消息队列可能只是其中的一个组成部分（或者说是整个环节中的一段），整体来看还是要使用（例如可以是 TCC，或者是完全自行设计开发的一套）其他方式，在实际工作中将多种方式按需联合起来，形成覆盖全局的闭环方案。

5. Saga 事务模式

核心思想是将长活事务拆分为多个（实现幂等机制的）本地短事务，由 Saga 事务协调统筹，每个短事务（没有预提交）直接提交，如果某步骤失败，则根据相反顺序依次调用补偿操作，达到最终一致性，适用于并发操作同一资源较少的情况。缺点是补偿动作的实现十分复杂，实现事务协调统筹相对麻烦，鲜有使用。

对实现分布式事务的措施，业界各类材料中虽然有共同点可寻迹，但是说法不一致处很多，本节对此进行了梳理，应该具有一定的参考性。并非指哪种说法正确与否，从知识学习角度看，大家使用自己的方式消化理解，才是王道。这里需要再次强调非模糊语言的重要性，你会发现，很多 IT 行业常用的概念、术语并没有真正标准或客观的定义，但落到实际的软件平台设计工作中，必须首先澄清概念含义，在各团队间进行统一，降低实际工作的沟通成本，让技术文档具备良好的通用性和可识读性。

4.9　分布式之锁

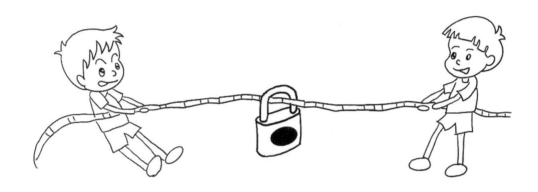

单体架构时代，锁的边界是应用系统进程，一个系统进程内的锁保障，一般使用高级程序语言提供的组件（如 Java synchronized 或者 Reentrant Lock）实现。分布式应用平台架构下，局部锁演变为平台全局的分布锁，与无状态会话同理，必须使用独立于各个应用系统的公共能力。行业一般使用以下三种较为成熟的解决方案。

1. 基于数据库的分布式锁

创建一张锁表，通过操作该表实现对锁的控制，机制简单易懂，加锁时我们在数据库中插入一条锁记录（数据行），利用业务 ID 进行防重。同一个锁只能有一个锁数据，增加会被唯一索引拒绝，第一个竞争者通过 insert 操作获取锁后，其他竞争者则无法获取，想要释放锁时删除这条记录。

除了通过插入锁记录的方式，还可以直接借助数据库自带的"排他锁"机制实现分布式锁，核心机制是只有一条锁记录，竞争者来争抢，抢到了对记录加上排它锁，具体实现细节不再赘述。类似于抢凳子游戏，你坐下了其他人就得站着。

2. 基于缓存（如 Redis）实现分布式锁

Key 为锁，Value 为锁的控制状态，基于 setnx、expire 及 del 三个命令实现，加锁时，必须给锁设置到期时间，Value 值设置为唯一值，在解锁时，需要验证 Value 和加锁时一致才删除 Key，以确保"谁上的锁，谁才能删除"这一原则。

具体到开发实现，要比这几行文字复杂，释放锁时的"获取 Value 值、判断 Value 值由自己线程生成、删除锁"三步，需要原子操作，中间不被其他请求插入。而且还有更复杂的情况，对于集群部署，因为 Redis 多节点之间的异步复制，所以本节点发生故障时，加锁的 Key 可能还没同步到从节点，会造成锁丢失或者锁安全性问题，对此 Redis 提出了一种名为 Redlock 的高级分布式锁算法。

如果不自行开发上述这些分布式锁的实现逻辑，可以使用如 Redisson 这样的第三方工具，比较简单，直接调用相应方法进行组件化封装即可，但是无论如何，读者都有必要掌握上面的原理。最后，对于此类核心能力的技术组件，记得多用测试工具进行效果验证。

3. 基于 Zookeeper 实现分布式锁

Zookeeper 一般用作配置中心，其分布式锁的实现原理和 Redis 类似，在 Zookeeper 中创建瞬时节点，利用节点不能重复创建的特性来保证排他性。具体而言，使用 Zookeeper 内部的分层文件系统目录树结构，锁使用者创建自己的临时顺序节点，在目录结构上如果没有比自己小的兄弟节点，则可获得锁，使用后删除自己的节点，各使用者保持监听状态，依次排队获取锁。

关于上述三者如何选择，需要考虑是否可重入、释放时机、服务端是否有单点问题等几个方面。笔者推荐使用缓存或者 Zookeeper 方式。基于数据库的方式，虽然最容易理解，但锁在可重入性方面的表现较差，锁的时效管理和释放，完整实现比较复杂，性能角度理论上也是最低的，我对其的评价是：就技术属性而言，相比于分布式中间件，数据库天然是笨重的，使用其实现分布式锁，还是逃脱不了"重"这个劣势。

缓存与 Zookeeper 两者相比，性能角度缓存方案更佳。但是就可靠性、分布式协调和强一致性方面，Zookeeper 具有天生优势，业务实际中可能不会遇到所谓的极端复杂场景，就可靠和一致而言，缓存方案也是够用的。因此，无法做出最终推荐。

　　如果喜欢挑战，对此还要刨根问底，这又回到"决策艺术"话题上来了，可以视平台的 Redis 和 Zookeeper 的"高可用、可复用"两个方面的情况而定：单机是不可靠的，需要具有高可用能力，而且要注意不同高可用模式下锁的具体表现有所不同，以 Redis 为例，在哨兵模式下进行主从切换时，主节点上的锁会丢失，如果是集群模式，则没有这个问题；可复用方面，如果平台已部署和使用了 Redis，当然直接复用最好，不需要再投入资源搭建 Zookeeper，此时选择 Redis 方案，硬件投入，以及使用多技术栈的开发维护成本，明显更低。

　　在各类业务应用系统设计开发过程中，会话状态、事务、锁的重要地位一直未曾动摇，过去 20 年间，这三者的实现方式从单体模式发展到了分布式模式。技术架构不断推陈出新，随着 Serverless（无服务）架构等新生力量涌入市场，这三者的实现方式未来还会发生一些变化，但4.7～4.9节的意义仍旧存在，技术替代是一个演变过程，前后之间交接是有序、连贯的，而且本质思想和原理通常是不变的。

第 5 章
精进管理，磨练团队

从技术管理角度如何为交付保驾护航？如何增加技术员工的工作归属感？对于软件平台的技术工作，应该具备怎样的技术管理机制和能力？

体系造就个人，个人成就体系。在两者间找到良性连接处，以技术为本，积极拉动员工的个人成长，带领团队不断进步，是技术管理工作的精华所在。与其说这是高阶能力，不如称之为热心的态度和充满正能量的职业精神。

本章讲解一些工作策略和具体方法，包括保持恰当的工作节奏，合理分配团队体力，能够积极应对变化，建立有效的内部指标，做好技术评审和文档管理，通过流程和质量加强交付保障，积极进行效能评估，主抓故障并养成复盘的工作习惯。管理提升无止境，除此之外，还应该善于组织接地气儿的技术沙龙、创新分享会、宣讲动员会，增加跨团队间的交流，将集体学习培养成为习惯、文化，塑造充满激情和富有实力的团队。

较大规模的技术部门中，主旋律应该是员工与自我的竞争，而不是员工间竞争，领导者应该做的是：给员工配备能够使他们在岗位上施展才华的方法、工具和信息，而不是事无巨细的对他们进行微观管理。

关于此类与技术管理相关的工作，是对员工增长相对线性、缓慢的个人能力打的一针加速剂，并以提升交付能力作为目标结果。究其核心视角，是通过设置多种机制，提供一个舞台，来提升员工积极思考与表达、展示逻辑思维与文档等方面能力，进一步寻找优秀者。

5.1 分配好团队体力

技术负责人　　　　　　　　　　　程序员

　　为一项较长周期的工作分配体力，几乎在任何工作领域都存在，如马拉松，每个参赛者有不同的战术计划，重点就是体力分配计划。从项目管理的角度，任务的目标、时间、资源等管理要素，一旦约定好，即不允许轻易改变，为了完成任务，相辅相成的团队内分配策略，是平台技术负责人应关注的。上到平台级，下到开发小组级，每个层级的负责人或多或少都精于此项能力，但普遍缺乏的是：是否有意识将团队体力分配策略进行清晰地识别并表达出来，并对此话题积极主动地思考反馈。

　　分配团队体力的策略，对于项目实施类型的工作极为重要，平台在建设期类似于项目制的工作模式，进入迭代、运营期后，总体模式相对来说是"思想平稳"化、"工作平铺直叙"化，但是隔三岔五的大版本功能需求，以及全局专项升级改造（如安全和加密机制升级）或者再扩展（建设灾备中心）等任务，时常会把你拉入"项目制"的泥潭。如果你认为这样的话题太小众且阴谋论，那么换个角度思考，田忌赛马思想，是否可以应用到长周期工作任务中？技术工作者如能具备这样的管理思想和认知，可谓如虎添翼。

多长算是较长周期？多长周期的任务，体力分配策略有用武之地？我认为可以 3
个月为单位审视，3 个月即可算是进入长周期的门槛，6 个月以上则是重大年度级别
任务。体力分配和技术负责人、决策者的个人性格关系很大，就个人经验而言，笔者
推荐如图 5-1 所示的"抢""承""冲"的三段分布策略。

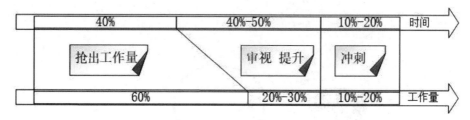

图 5-1　分配团队体力策略

1. 第一阶段，抢

这段时间占据全部任务周期的 40%，这段时间的重点是"抢"出 60% 的技术工作量，
有点"广开垦、多打粮"的意思，团队面貌应该是：工作策略是进度和任务量压力大，
但精神、心态相对轻松。"抢"阶段的目标是，在整个任务的工作量完成比例上占据
优势，对后续任何变化最大限度地建立防线。"唯一不变的是变化""不确定性""时
间改变一切"这些描述变化的话，十分适合用来描述和匹配 IT 工作的任务特性，就软
件项目管理学而言，其核心是"管理和应对变化"。

无法驾驭一切时，只有进行防御来降低损失。全部的需求分析、任务路线图、设
计讨论、材料编制，以及技术选型和框架程序开发，甚至是完成业务主流程的实现，
都放到这一阶段，一定把控好其中核心原则性内容的正确性，然后大踏步前进，抢出
工作量，占据主动。

2. 第二阶段，承

这段时间占据全部任务周期的 40% ～ 50%，这段时间对应完成技术工作量的
20% ～ 30%，重点对各个方面进行审视、梳理、提升，如领域模型有效性、系统性能
和扩展性、关键技术验证、重要文档评审等，这段时间给员工的心情和身体"放个假"，
进度和任务量方面相对轻松，当然了这并不是中场休息，只是不同时间段的分配策略
而已。知识管理和体力管理有所不同，你无法完全按照"计件方式"量化知识型工作，

"水清则无鱼"，想时时刻刻都算计清楚往往得不偿失。

一个长期任务中，主动的"放"，其实是积极的管理策略，称此为哲学思想也不为过，只要目标是"适当的放，但有利于员工和任务双赢"即可。如出租车公司计算份子钱一样，把司机算的一清二白，对于软件平台技术工作领域，并不可取。

3. 第三阶段，冲

这段时间占据全部任务周期的 10% ～ 20%，这段时间对应完成技术工作量的 10% ～ 20%，时间和技术工作量之间已经回归了平衡，但是这段时间，精力投入要求最高，心理压力最大，更需要严格的执行力加持。重点包括上线计划及资源安排、上线系统环境准备、数据迁移以及应用配置准备及验证，将所有能准备的事情做在前面，唯一目标就是上线成功，是任务对外输出结果的节点。这个阶段需要对员工进行宣导和高压，平时"睁一只眼闭一只眼"可以，上线方案和执行不能犯错，大型上线需要大家全副武装、冲锋陷阵。

做一个形象的比喻，如果从酝酿写这本书到完成出版，整体计划周期是 100 天，我的分配策略是：前 40 天，高速地进行构思和结构化设计，各级标题、大量素材整理并尽快编辑正文，必须完成 60% ～ 70% 编写量，抢出主阵地；中间 30 ～ 40 天，修整一下，仔细地做审视、梳理，并做高质量的补充，完成整本书 90% 的编写量，同时反复修改提炼精髓，彻底打造出作品的核心竞争力；最后 20 ～ 30 天，对各处进行收尾，进行最后校对，形成最后的产品化包装设计（封面、排版、致谢语等），做各种外部推荐，紧密地配合出版社，完成各种流程和手续，冲刺发布。

分配体力策略是运行在内心中的"秘密"，可以与部门内的中高级技术人员分享和达成共识，但绝不能成为一种信息而显示地公布出来。

每人的偏好不同，分配观点也可有所不同，但针对长周期任务，切记必须具备清晰的团队体力分配策略意识。长期平铺直叙的工作方式，反映了平台技术负责人的平庸，导致员工工作生活的僵硬化，对于其能力特点的打造、价值体现和职业发展均不利，对于高水平技术员工更是"桎梏"。

5.2　立体化指标体系

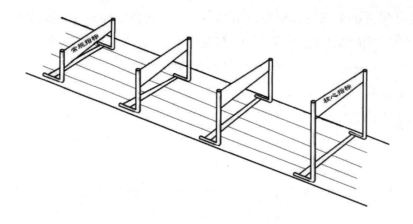

谈一下关于平台工作考核评估的指标体系话题，这里主要强调 3 个字：立体化。建议可以从 3 层来制定指标，包括生死线（核心考核）指标、平台级技术性指标，以及可循迹的管理要求。

1. 生死线指标

其作用在于：做为技术团队工作考核的重要参考；划定底线，做为工作中弹性可变范围的极限，工作结果可容忍度的底线。制定生死线指标，用于技术负责人决定如何应对问题和变化，包括是否可以接受，以及管理卡口如何。

作为最高级别的指标，必然需要对应到公司层视角来审视，那么制定生死线指标项，可以优先来源于公司对技术部门的考核。对于平台型工作而言，常见的包括反应客观能力的技术安全指标和平台可用率指标；从客户方视角设置的用户体验指标；从公司内部工作视角设置的重要需求达成情况和业务方满意度指标，以及每个部门都需要承担（不同部门权重不同）的成本、营收类指标。对这些指标，从技术角度稍加修改，就可以作为生死线指标。

如果觉得"生死线"这个名字过于吓人，需要谨慎在工作场合中使用，那么可以叫作核心指标、底线指标，或者卡口指标。但是反过来说，究其根本，重大安全事件或者大面积故障宕机，是否是技术团队的生死线呢？如此称呼一点儿也不过分。技术负责人如坐火山口，含义即在于此。

2. 平台级技术性指标

可以看作是第二级（次之的）生死线指标，例如，平台用户容量上限达到1个亿，日活上限达到3000万，或者包括如并发性能、数据恢复时间点、日常运行水位线控制等指标项。明确重要的量化指标，不仅要带领团队努力达到，同时也要指出当前的能力界限，对技术团队工作本身是一定的保护。这样的关键技术参数，应该既是基本的，又是客观的，任何人不能提供一个没有上限，随便用户怎么用的系统。

注意两点，一是使用平台级颗粒度的，那么如服务器磁盘使用率不能超过90%，这种细节级的技术要求不能放入；二是要求整体性意识，不是运维等某个团队自己承担的，一定是相关团队在一起联合保障。

生死线和取舍决策，两者之间的关系是：决策是取舍的艺术，具有主观性，和决策者的风险偏好、管理风格也有关系；生死线是客观地立在那里，划了个边界，可供部分工作的决策参考。不能依靠设定大量的生死线指标来替代决策的价值，大量的工作决策涉及的内容，不是指标可以覆盖的。同时，有些情况下，决策可以迈出生死线指标的划线。例如，一次大范围的营销活动，可能带来流量暴增，如果接受，可能会超出平台的TPS上限，那么，该指标是否有伸缩性呢，是否超过就一定会宕机？那么问题又来了，一定幅度的超过是否可以用主动防御能力有效地缓释掉呢？技术负责人可以综合各方面判断，平衡利弊，接受这样的营销活动，这是决策者要冒的风险、应当承担的责任，多数此情况下，不能以指标为由推脱、拒绝营销活动，否则代价可能更大。

3. 可循迹的管理要求

此类指标来自工作流程中的关键（或是最典型的）要求，例如接到事件的响应时间。同时，还可以考虑纳入合规、监管和审计方面的要求，这类来自对制度和管理办法文件的解读和分析，还有更细颗粒度的如保密协议、数据外发流程等。就公司管理而言，这些基本履职即要满足的要求，属于不可逾越的红线，根据情况选取出技术强相关的、普适性的，提炼出来。

其他管理要求，可以包括创新方面的工作及成果体现。将此类指标纳入平台立体化指标体系中，最好体现一定的鼓励性，例如，对于申请技术专利等工作成果设置一定的奖励，是很好的实践策略。

有些指标之间是存在冲突的，例如，满足高交付率和降低平台故障两者之间，虽然可以同时提升、都予达成，但从某种理论层面看，二者属于一个跷跷板的两头。指标是死的，具体问题还是要看场景、靠决策。

只在管理会议上向中高级技术人员宣讲指标体系是不够的，堰塞湖效应明显，很少有人能有效地传达到基层，更要防止其中可能还有"歪嘴和尚"。指标体系需要大范围宣讲，确保直达每个员工，打印几份挂在宣传栏上的方式也是可取的。

最后讲一下关于"技术员工应该如何看待指标"的一点建议。指标虽然面向考核，但要注意区分指标与升职加薪两者之间的区别。良性发展的平台型企业中，决定 IT 人员薪水和职业发展的最核心因素是"技术水准、态度和贡献"，而非僵硬的考核指标得分。举个例子更容易理解，经常会听到运维值班员说"指标中故障响应时间是 × 分钟，这不现实啊，很多无法预计的客观情况会导致超过 × 分钟"，但实际执行情况是，大家心里都有一杆秤，只要真正想办法向这个指标努力去做，即使未达到，多数情况下也不影响个人发展。

因此，对于自己（或团队内）认为不合理的指标，爱钻牛角尖的技术人员不需要被吓到，更不应该纠结于此、陷入死胡同，如果过分抗拒反而会在主观印象上被减分，输在起跑线上。不论是本节所述的指标，还是 5.6 节的效能评估指标，如果用动词为其"画龙点睛"，应该是"敦促、激发"，而非"丈量、奖惩"。指标的运用策略是"活"的，对于具有良好公允机制、健康文化氛围的平台而言，指标的本质意义应该是"团队工作的侧重点、努力实现的目标"，而非"尖酸刻薄的记账簿、讨价还价的算盘"。

5.3 保持张力应对变化

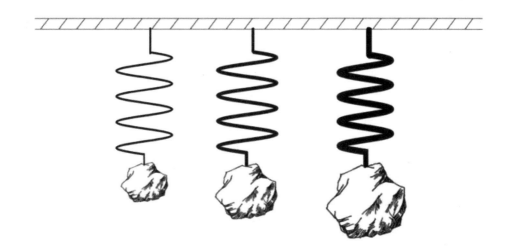

如果说"故障一定会发生"这句话只是理论，实际工作中通过良好的防控措施，可以将高级别故障消灭在萌芽阶段，那么"变化一定会发生"则是彻头彻尾的实际情况了。在软件平台技术工作中，需要具备主动预测的意识，在设计目标中保持一定的内部弹性，并勤于记录为应对变化或者各种无奈之举而做的各种妥协，在有机会时集中修补，让平台处于螺旋式上升的轨道中。

从容应对变化，主动偿还技术债务，这些都是主动调度能力的体现，彰显了平台工作的张力和伸缩性。

5.3.1 变化无处不在

时间能够改变一切，过去看重的设计方法，一年后可能就被自己否定，经常出现的场景是，"再给我一个机会，我会采用一个更加简单有效的设计"。软件平台中变化的广度和复杂性，多数无法提前看清楚，企图事前消解所有潜在的冲突是徒劳的，但是必须清楚掌控，或者说预计：沿途中大概率遇到的冲突，以及与工作任务成败之间的关系，从而尽力确保对变化的可控性。

高度集成的解决方案是主流，其中存在大量参与方，以及各种各样的串行依赖，不仅包括技术接口依赖，还包括人力、排期的依赖。除技术盲区外，网络办公的方式还增加了大量不可预知的沟通成本。从实践经验看，最大的任务进度风险是外部风险，具有更强的不可控性，包括多方间的商务过程、合作方的开发进度、第三方服务的提供速度和履约保障情况，当然了，上游部门提交的需求不给力也是常见的问题。

运气不好的话，这项任务中你的团队甚至可能是给合作伙伴充当案例（帮助对方实践，完善其系统服务）的小白鼠角色。多方联合计划中存在的风险，是极难准确量化估计和控制的，是影响任务变化的极大因素之一。

架构师在设计时，对实现会与设计完全一致抱有过高的信心，因此时常会陷入应该投入更多精力的误区。条线开发团队会认为详细设计已经覆盖了所有的方方面面，这也是一种错觉。实际情况是，事物的发展总是和想像的不一样，沟通中的信息盲点、某种客观限制、某人古怪而拙劣的代码等问题不时出现，而且周而复始，永远无法避免。一旦变化出现，只能不断地修复，在不断变化下持续完善的过程，要求技术设计工作本身必须保持灵活性、连续性。

懂得应对变化是极其深奥的话题，架构设计、程序设计中都需要相应的能力体现，例如，使用简单原则，降低设计复杂度，可以降低一些变化风险的影响程度。

清晰应对变化的原则，还要对变化进行预留，建议留 20% 的空间，也就是说，作为技术负责人，心中有一本账，对于全部技术设计目标，最后打 8 折实现，也是可以完成交付任务的。对于技术部门发起和主导（非业务需求类）的任务，在时间计划上，同理要有这样的心理预留，不可过早把队伍套牢，尤其是难以预估沟通成本的情况下，更应预留时间缓冲区。

折扣归折扣、预留归预留，都是一种根据任务具体情况而言的管理策略，并不代表任何的简化和惰性，更不可以以显式的方式透露，否则可能被错误理解和传播，会导致员工工作放水。

5.3.2 偿还技术债务

"使用更多的时间一次做好"，还是"先做妥协"？大量的工作场景中，经常遇到这类问题：可能是某次上线前的业务需求变更，测试时间不足，但是顶着压力也要上；可能出现因代码开发匆忙导致规范性不够的问题，以及对引入的第三方程序包没有进行足够的准入检测；可能因缺少公共支撑资源，各条线各自开发自己的针对某协议的通信程序；可能按照监管要求，对敏感信息存储增加了安全加密，CPU 使用率提高，降低了并发性能；还包括使用了不同的程序包版本，可能出现无法统一维护造成的工作量浪费等。

如果认为平台足够稳定，对这些情况做妥协是可以的，但是做为头脑清醒、睿智的技术负责人，要知道这样做的"隐形成本"，将导致一些后面必须偿还的技术债务。所谓偿还，并非是对错误的整改，而是指假设能回到最初，资源和时间都充足的条件下会采取的方式。

对此类情况，中高级技术人员一般的做法是，将不足之处纳入下一个计划发布的版本中去，这样做是良好且有效的。举个例子，着急用钱借了一笔信用卡资金，在月底发工资时（即尽量用最短时间）将其还掉，如果拖延到下个月（或再往后）还款则需要付更多的利息。但这只是一种点对点的解决办法，适用于小团队内，对于平台而言，必须有更加长期、适用于全局的偿还技术债务机制。

这里提示的方法是，要勤于记录每一次妥协，通过定期启动专项任务的方式，对其梳理、分离出各类主题，进行统一行动。例如，对仓库中近期新增的代码进行一轮次评审，对私服和引入的第三方依赖包进行版本一致性检查和准入检测；对可以共用的内容进行抽象、封装、剥离，安排进行公共实现，并在各个条线系统中进行替换。

另外需要考虑的是，具体划出多少比例的资源和时间用于偿还技术债务，需要有一定的前瞻性，最好圈定一小块资源和预算，放入半年/年度级规划里设定，让其成为一种运作机制，这也是平台型工作和项目制工作的不同之处。但是，不能把"找问题、再提升"工作和偿还技术债务工作相混淆，平台工作规划里一般会纳入预算的等级测评、兼容性测试、切换演练、安全攻防等工作，此类检查、检测和修改提升的常规机制性工作，不能归类为技术债务。

技术债务特征是：需要对"做过的妥协、让步"的那些内容进行"回补、填坑"。

5.4 抓评审立基石

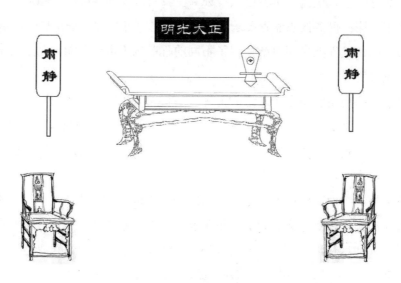

平台建设维护工作中包含很多类型的评审，立项评审、需求评审、设计评审、测试用例评审、代码评审、上线评审等，除立项评审之外，其他评审均属于较高频的工作。看似很多，但实际上不然，对于开发人员来说，除自己独立工作外，其余的时间基本都在参加评审会，这是符合实际工作情况的。

"少发力、发准力"的管理思想值得推荐，种类繁多的日常工作中，评审是为数不多的一项值得发力的工作。作为研发管理的重要工作抓手，本节谈一下技术评审工作的要点，本节的技术评审，是设计评审和代码评审的统称。

5.4.1 精进技术

毋庸置疑，评审是重要且必需的，但更是灵活的，这又是一个取舍的艺术了。总体上看，短周期、快交付为主的节奏下，传统瀑布式的大评审模式已经不适用，漫长的大会，总监的发言让开发人员感觉既浪费时间，又和自己的实际工作关系不大。另一方面看，期望灵活自发型组织的方式，受多数开发人员沟通意愿的限制，也缺乏生命力，即使组织了，也难以拿到有效的、文字性的评审纪要或者问题报告，原因很简单，没人记录这些"苛捐杂税[①]"。建议对两者进行折中。

以迭代交付类工作为例，就落地经验而言，首先应倡导小评审为主的评审方式，与微服务理念相吻合，服务内的事，能自治的自治即可。其次，应编制规范的评审管理办法，将其按照制度去固化执行，对评审参考项、问题记录、处理跟踪和评审结论等进行明确要求并提供模板。就具体执行而言，应该给予一个参考的评审覆盖率范围，供各条线的技术团队参考遵守，但此权力可下放，各技术团队可以根据实际情况灵活决定。

5.4.1.1　设计评审项

- ➤ 文档讲解方面，提供的技术文档、材料是否有效，评审内容的讲解和沟通问答，表达是否清晰、准确。
- ➤ 总体设计方面，相关切面、特点的分析、划分，各关联关系是否完整、有效。
- ➤ 组件及程序模块/包设计的合理性、有效性。
- ➤ 接口设计的完整性、有效性。
- ➤ 应用安全设计的合理性、有效性。
- ➤ 性能、容错、异常等方面设计的合理性、有效性。
- ➤ 部署设计的合理性、有效性等。

5.4.1.2　代码评审项

1. 需求实现方面

对"业务需求/功能要求"的覆盖度，实现"业务流程和逻辑"的合理性、有效性，对异常逻辑处理的覆盖。

---

① 本书中多次使用该词，均是暗喻基层技术员工不愿意去做的一些文档和材料，包括会议纪要、工作周报、工作量填录类材料，以及重要性一般的，或者是过程性的技术文档。

2. 设计及编写方面

结构设计合理、有效（如类、方法的设计和定义，公共部分的抽取、封装等），编写质量良好（如规范、可读、健壮、性能优），"SQL 语句、存储过程"的正确性、有效性（如 SQL 语句及效率、索引及运用方法、数据库特性的使用、结果集及处理等），对（内部、第三方）"组件、程序包"的选择和调用的程序实现的合理性、有效性。

3. 重要技术运用方面

"环境及配置"定义和程序实现的正确性（如配置文件、配置项，以及配置中心的相关定义和程序调用等），各类"跨系统通信及协议"的程序实现的正确性（如 Http 通信、服务注册、服务发现、微服务的调用等），对"公共资源、中间件"调用的程序实现的正确性（如数据库、实例连接及连接池的定义和调用；Key-Value 的定义和缓存的调用；Topic 的定义和 MQ 的调用；非结构数据、文件的定义，文件存储的调用等）。

4. 应用安全方面

"密钥的存取、加解密、签名"算法及实现的合理性、有效性；"加密机"程序调用的正确性；"场景安全"（如代码混淆、加固、防截屏、禁调试、地址白名单、客户端缓存安全等）的程序实现的合理性、有效性；"交易来源身份、安全证书"验证与控制的程序实现的有效性；"信息掩码、数据脱敏"方法及实现的合理性、有效性等。

5.4.2 带入问题

一旦召开评审，就要保持严肃性，这并不是指参加的人一定要多、级别一定要高，评审质量更在于做了多少准备。

作为技术负责人，你给所评审的单元，找到了多少种属性类型。简单的，如功能及处理类型属性是联机交易还是统计查询？运行模式属性是对客户端请求进行响应型、定时器后台任务调度型，以事件为驱动型，还是以消息通知为核心的模式？用户类型属性是 toC、toB、toG 中的哪一类？服务要求是 7×24 小时无间断服务还是有停机窗口？复杂的，如有何特色的领域技术？极大并发数下的性能指标是多少？有无服务级别及保障要求，核心安全风险、监管和审计要求是什么？带入这样的问题，便可知道在 5.4.1 节所列评审项中，自己重点关注在哪些方面了。

对于高水平的技术管理，应该具备技术评审检查清单（CheckList），与评审项两者相结合使用，检查清单并不需要一个个打勾，同样的道理，应该基于带入的问题，在众多检查点中选择最终要检查的。经常参加评审的核心技术人员，应该对检查清单了如指掌、如数家珍，放在大脑内存里随取随用，而不是在会上翻阅。不带入问题就参加的评审会，多数情况下更像是技术沟通会。

检查清单不需保密，完全可作为公开资料，全员可见，设计和开发人员应该首先使用其做自评估，进行独立的思考和必要的问题解决，之后再提交评审，效果最佳。

本书第 8 章有两份技术评审参考检查点清单，分别是前端领域和后端领域，一共 90 条，供读者参考。

5.4.3 管理抓手

除作用在技术领域外，技术评审还具备极高的研发管理价值，是技术与管理两者结合的基石，使用各类技术评审工作，可以"无差别地"拉动高、中、低各级技术人员的主动沟通与表达，更可作为能力体现与施展的场所。

评审会议上，任何人员可以起立发言，表达观点，增加自信，并争取属于自己的权威性，能控制场面当然更好。朝气蓬勃、底气十足的优秀人才，谁会不喜欢这样的员工？经营好评审会，效果不比技术沙龙差。

虽然可以测试为卡口进行系统质量的管理，如进行提测 Bug 率管理，但这更像是亡羊补牢的手段。Bug 的返工修改、再提测，一定是开发人员最不想听的话题。非必要时不要把卡口后移，如同双方对峙，你的防线后移，意味着生存空间被压缩。

如果技术评审覆盖率不够、过程松散、思维僵化、沟通氛围不佳，团队整体工作表现可想而知。同理，技术评审工作做的好的团队最后的工作结果不会差。这些观点足以说明，作为基石，评审的价值所在。

最后强调一点，花如此大篇幅讲解技术评审，还在于常规性技术管理工作中，这是为数不多需要技术负责人亲自下场参与的。当然了，是有选择性的，具体操作，建议由被评审团队发起邀请制，这样的方式会带来更多的活力。

5.5　流程及质量卡口

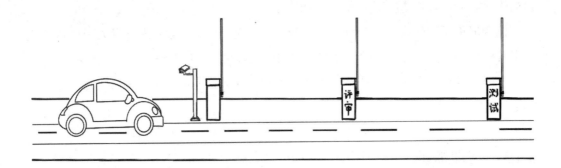

技术服务于业务，意味着技术工作面向产品线，为"业务需求交付"而生。如果说平台的最大技术类指标是 SLA，那么最大的业务类指标一定是交付完成率。

交付是一套（链条式）技术工作的最终结果体现，下面来看看交付的前半生，在链条中有哪些内容和要点，以作为技术管理卡口，在自己的工作中结合使用，提升交付能力。

5.5.1　务必保持好阵型

流程及质量工作属于基础级工作要求，各项交付任务，如图 5-2 所示，对于既定的制度、流程、管理办法，在时间计划、人员要求、工具支撑等方面，保持好应有的阵型，踏踏实实去履行。无特殊情况时，平台技术负责人可以不亲自参与，这是其与技术评审工作的不同之处，仅作为我个人观点供参考。

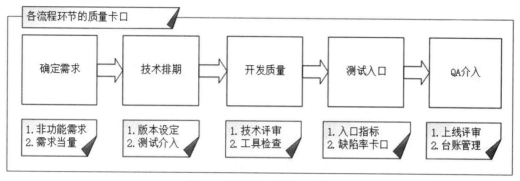

图 5-2 流程及质量卡口要领

1. 确定需求

从需求立项开始，经过需求分析、技术排期、开发、测试，直至上线，针对瀑布式和迭代式，不同的任务类型可以适当简化，但是必须确保符合主流程，尤其是顺序不能颠倒。整个流程使用标准化工具管理，Jira 项目管理工具、Confluence 文档管理工具是常用的选择，对每个流程设定标准交付物。

2. 技术排期

对中大型需求进行需求当量分析评估，不仅作为核算技术工作量的参考基础，同时也用于衡量研发效能。技术排期环节的两个要点：一是设定应用版本，将需求池梳理对应到版本；二是测试人员介入，开始进行测试用例设计，如果此时测试人力不能到位，建议能在尽可能早的时间进入。

技术排期是上游部门与技术团队之间争议的主战场，技术负责人需要关注并调和不应该产生的矛盾，以客观、权威的意见为首。如果仍旧不能消除较大的分歧和不同的意见，也没有其他高深的解决建议了，这又是一个关于决策的话题，建议审时度势、有取有舍，看清利害关系，双方实现折中、平衡。

3. 开发质量

除 5.4 节"抓评审立基石"所述的人工技术评审手段外，其他的开发质量保障手段主要使用自动化代码规范检查工具，阿里、Sonar、PMD 等工具都可以考虑使用，核心内容是在工具提供的检查项和检查规则的基础上，进行订制选择。

代码规范检查的执行方式，建议集成在 IDE 中随编写随检查，但是靠开发人员自觉，会有"带着问题"提交的情况发生。另外，还有一种方式是提交到指定服务器上，由质量人员执行检查，出具检查报告，要求开发人员进行修改。后者效率明显更低，但是约束性强，从实际经验来看，这种方式检查出的问题往往争议很多，很多只能豁免通过，尤其是前端代码，这类情况更多。因此综合考虑，个人建议使用前者，对于自觉性问题，在开发团队内，团队负责人应加强工作要求。

除代码规范检查，还需要引入如漏洞扫描等专业的检查工具，核心区别在于漏洞扫描的强制约束性要求更高，因此一般不建议采用开发人员自查的方式。

4. 测试入口

无可争议，测试是保障上线程序质量的最重要的卡口，作为独立的部门和工作板块，不同任务中的测试把关机制差别很大，篇幅限制本书不展开讨论，给出几点建议：一是应该设置入口指标，提测版本主流程必须跑通，这是我们实际工作中所定义的"冒烟测试"，不能全部跑通的版本，测试应该一次性退回；二是应该设置提测缺陷率卡口，例如，对于多大需求当量（或者多大代码量）的版本，× 级 Bug 数量不能超过 × 个，尤其是限制一级（最严重的）Bug 率，此时测试已经不能退回，只能记录并纳入对应开发团队的管理考核中，以避免后续版本仍旧出现此类问题。

交付效率和交付质量是各干系团队共同负责的。测试卡口的核心及首要目的在于，将开发质量向前压到开发团队，使其做好自测，不能将测试当作垃圾箱；同时，可以大幅提升交付效率，降低"测试发现 Bug 返回至开发修改、修改后再复测"造成的人力和时间成本消耗。

5. QA 介入

随着测试环节进入尾声，QA 开始接管战场。首先对各项交付物进行检查核对，除功能测试报告，还需要根据任务和版本类型、要求进行非功能性（多数情况下指性能）测试。

对于上线环节，需要发布上线流程及单据，组织进行上线评审，对上线单中的上线范围、上线内容（程序、配置、数据脚本等）、上线操作步骤、上线验证方式以及异常回退步骤逐一进行审核，主要审核点包括：填写是否完整、版本是否正确、上线时间是否有问题，以及上线人员是否已经对相关工作准备妥当，是否有执行方面的风险。

审核通过后提交上级审批，为帮助直观理解，8.2.1节"版本上线台账"提供模板参考，打造高质量模板是质量人员的必备技能。

考虑到上述一整套流程工作需要在开发、测试、准生产等多套环境中切换进行，在敏捷开发模式为主基调的平台中，能够顺利完成实属不易。作为参考，勿要僵化理解，对于紧急上线或临时上线，应该有可简化的流程。

5.5.2　质量关口前移

需要注意的是，作为技术设计与开发的上游工作，需求及分析结果是非常重要的输入，多数情况下，需求部门提出的只是业务或者功能需求，殊不知完整的需求应该包含非功能性需求，性能、安全、服务连续性保障等方面均属于此类，需求编写人员会认为"这是技术的事"，因此不会在需求材料中考虑这些。

非功能需求确实是很多平台的盲区，如果需求人员确实缺少这方面的专业性，应该建立一种机制来确保该部分不被忽略，可以考虑的方式是相关部门联合制订平台全局的业务功能（或接口服务）等级规则，由多个非功能项组成，非功能项可包括：事务一致性（刚性要求、柔性要求，还是不需要）要求，对应的性能需求（如响应时长是1s、5s还是10s）、合规和安全（是否加密、脱敏）方面的相关性、运行保障（如监控覆盖度、日志留存时间、挂维护[①]机制）需求。需求人员按照这样的分级参考在需求材料中打勾即可，例如，App中的一个功能，涉及收集客户信息，合规方面的相关性则应标注"高"级别。设计工作中，如果技术人员对此无把握，可请合规人员参与把关。

制式化等级规则可以作为提供非功能需求的良好保障。在此之上，如果需求体量较大、或有其他不同的属性，可以参考1.7节"提升架构设计严谨性"中的例子，通过头脑风暴的方式，将各利益方拉到一起阐述各自的诉求，解决"需求编写人员无法独立完成"的困境，这是更高阶的方式。

[①]　一般指页面挂维护，意思是在服务不可用的情况下，为避免页面白屏对客户体验造成不良影响，在页面上使用如"服务维护中，请稍后再试"的提示信息来告知客户。

质量关口前移，很大程度上会提高设计的正确性和有效性，5.5.1 节中强调测试尽早介入，也是典型的关口前移作用点。另外再举一个例子，为避免（开发提测后）测试时间紧张的问题，应该考虑：开发时优先实现功能的主流程（而不是最后集成），让测试能够先进来操作，及早上手，对整体功能予以了解，并适当进行用例验证，以此增加开发、测试两个阶段的并行。这个思路在 2.6 节"立起架构，递增部署"中已有所体现。

解决很多工作场景问题，方法和机制比技能本身更重要。

5.5.3　与开发相互融合

流程及质量管理的工作内容较容易理解，但实际工作中，做好的难度之大超出想象，原因有如下两点。

第一，质量人员与开发人员，两者在性格、工作方式，以及工作目标和立场等各方面的水火不容。相互沟通不畅、心里目标不一致的情况时有发生。

第二，质量人员对任务有一定的管理权，可以提出各种 IT 流程和管理要求，但是作为辅助和保障交付的角色，并非具有实权。开发部作为生产部门，在很多企业中，实际地位更高。过多的要求、监督，常常会遭受技术团队的反抗或冷暴力。合规、法务也非生产部门，但为何与技术部门没有这么大的冲突呢？原因在于"接触面小"，合规一般只接触总监等中高级技术人员，而质量人员需要大面积地渗透到各个开发、测试、运维团队的基层中执行工作。

最后讲一下建议：

➤ 项目管理平台用到位，需求分析、排期、测试报告等工作的输入输出，务必在过程中让开发、测试人员做好录入，如果事后再补，不仅关键项可能失真，而且填写质量较差。事后的评估、统计，需要能够使用工具自行生成，不需要让开发再填表、报数，质量工作的推行，尽量不要增加开发人员的工作量。

➤ 质量与开发，绝不是考核与被考核的关系。质量人员的工作方式应该更加柔和，切记摒弃管理视角，增加服务视角，有助于降低双方立场不一致时的负面影响程度，"开发直男"吃软不吃硬，搞好关系一切都好办。

> 两方领导应该降低各自的地盘意识，相互理解配合，下面团队的站队问题会弱
> 化很多，让大家在"谁管谁、谁的工作更有价值"上降低敏感性。

好了，这一节有道的味道了，但几乎是所有锦囊中，内容上与"技术"最无关的一节，就全口径研发管理所辖的工作范围而言，流程和管理视角的测试、质量管控占据了半壁江山，不仅是保障业务需求交付的前提，也是整个技术部门工作正常运转的基础。

最后，谈一下关于"安全团队管理和人员使用"方面的话题。技术负责人很是关注安全人员在工程技术方面的能力体现，但在开发员工眼中，安全人员的角色定位，很多时候看起来更像质量人员。安全性本来就是众多质量属性中的一种，如此来看，（安全人员与质量人员）两者在工作角色方面颇为相似也就不足为奇了。那么，上述关于质量人员与开发相互融合话题的内容，几乎全部适用于安全人员。另外要强调的是，在系统架构设计中，绝不应当将安全类约束视为绊脚石，换个思路看，系统不能做什么与能做什么同样重要，各类技术约束实质上起着导轨的作用，指引系统走向期望的目标。

对安全团队的工作评价，有个令人啼笑皆非的说法是："出了安全事件，要你们还有什么用；没出安全事件，要你们又有什么用"。此言虽有些玩笑的意思，但足以引人深省。那么，安全团队到底应该怎样做才好？或者换个角度来问这个问题，有哪些优化提升安全工作的可行之道？笔者认为答案在于：第一，安全团队既要与开发团队相互隔离，保持客观独立性，又需要与开发团队协调一致，成为伙伴关系，而不是"不惜代价杜绝风险的拦路虎"，说到底，重中之重是在"相互隔离与协调一致"之间做好折中平衡；第二，与测试同理，安全工作也应当"职责左移、提早进入[①]"，安全团队需要变得更加主动，不能是在被需要时才出现。

---

① 在各类安全中，尤其应当把网络安全做在前面。网络分区、IP地址管控、白名单设置、防火墙策略等网络安全管理措施，是各类系统部署和相互间访问方式的重要约束。例如，重要系统需要单独管控，不得与其他系统混用IP地址段，这样的约束意味着应当将核心数据库部署在独立的网络区域。再例如，防火墙的管理要求（即约束）是"应用节点水平扩展时，不得新增防火墙策略"，那么可以考虑设计代理服务，作为跨区系统之间调用的解决方案。做架构设计应当率先关注安全约束，这个道理浅显易懂，但在现实中，约束更像是个边角料，被置于不起眼的位置，在（对约束的）分类定义和梳理提炼工作方面，多数平台都乏善可陈，希望大家足够重视这个问题。

5.6 交付效能评估

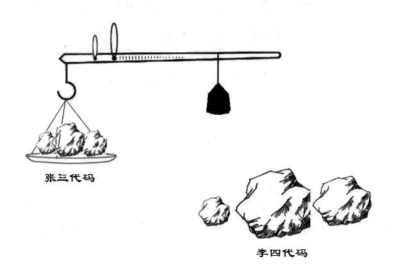

张三代码

李四代码

以统计视角，在事后对于技术交付的综合能力进行衡量与评估，是技术管理工作中的一个重要板块。提起衡量，必然涉及指标，没有把它放到 5.2 节"立体化指标体系"中，核心原因在于两者的定位和使用目的应该有实质性的区别：指标体系直接面向公司层面的经营工作和绩效考核，作为公司评价技术部门的标准；产品效能则整体定位于以技术管理提升为导向，侧重技术部门内运用，与公司层面关联性相对弱一些。

交付效能评估的艺术性在于：信息技术开发工作，主要依靠脑力和知识，如何对知识密集型工作 [1] 进行衡量，衡量结果如何运用？这一点与体力劳动和销售型工作大不相同。

---

[1] 如果说纯外包式开发编程工作贴近于技能型，还相对容易衡量，平台很多技术工作则近乎纯粹的知识型。

5.6.1　选择合适指标

效能可以说是产能和效率，首先是反映交付量，其次是交付的效率。对于中大型平台，专业化的交付效能指标可以多达几十个，全面体系性学习，必然要求助质量管理、项目管理类专业书籍，本节选择几个与大家分享使用体会和注意点，希望读者能触类旁通。

1. 以"直接体现版本上线结果"为主的统计指标

一是版本（和需求）交付量，即每周期上线的版本和需求数量；二是版本按期达成率，即"按技术排期中规定的计划时间内完成上线，且上线无异常"的版本数量占比；三是版本一次上线成功率，周期内的所有版本，部署后"一次性通过验证、发布成功"的数量占比；四是紧急版本率，周期内所有上线版本中，紧急版本的数量占比。

这四个指标，通过对项目管理平台、版本发布平台上每个版本任务执行时的数据，进行统计可以获得。

2. 以"版本为线索体现过程中其他工作"的统计指标

一是开发员工产出量，即开发员工单位时间的有效代码提交量；二是评审覆盖度，周期内所有版本中，进行了技术评审的版本数量；三是自动化测试覆盖率，上线版本所包含的功能需求，使用自动化工具完成的占比；四是需求波动率，上线的前 × 日内，进行过较大需求变更（或需求新增）的比例。

这四个指标，开发员工产出量需要使用专业的代码生产量计算工具，直接监控代码仓库，对开发人员是无感的，其他三个均可使用每个版本任务执行时留痕的数据进行统计，不需要借助外力。

个人建议，评估工作不要让人感觉太复杂、沉重，一般来说选择 6 ～ 10 个指标，覆盖到主要关注点即可，每周期的评估报告出来，也能简短清晰，切记这类评估报告不要让人望而生畏。

5.6.2　做成加分项

下发 KPI 指标时，认领人一般都是"满脑门子官司"的感觉。工具是冷的，但效能评估工作的核心在于运用效果，同样一份指标统计结果，可以正向用也可以反向用。

效能评估不是在绩效考核上继续加码，而应打造成员工乐于接受的、检查自己成长过程的舞台，也就是说，将效能评估做成工作中的加分项。理论结合实践过程中，有如下几个建议供读者参考。

1. 谨慎用于对员工进行考核评价

以开发员工代码产出量为例，实际情况可能远比想象的复杂。

某员工的上游如果这个月提交的业务需求少，那么某员工代码开发一定少，这是某员工的工作问题吗？当然不是。

某员工这个月承接的需求特别多，需求波动大，其中还有不少紧急版本，那么如果他这个月一次上线成功率低，那么应该扣他的绩效工资吗？当然不合适，因为干的多、承担压力大，本身出错的可能性就会大，扣的话就形成了"干得多、拿得少"的负面怪圈。另外尤其需要注意的是：以代码产出量作为考核指标，会导致很多员工倾向于恶意制造新增代码（也包括非必要情况下的代码重构），骗过工具来获取高分。

不仅如此，还有工资因素，"我代码产出量比他少，但是我工资也没他高啊"。

使用效能指标当作考核使用，会经不起推敲和被考核人的挑战。

相反，代码产出量高的，可以认为背后的交付需求大、工作饱和度高，那么是否可考虑从其他团队借调人员过来帮忙呢？帮助技术负责人进行工作布局和调整，是效能指标更好的使用方式。

或者还可以这样：以开发员工产出量为基础，分业务条线汇总，来衡量该周期内各个产品线的需求总量，审视板块间的工作量分布，并以此客观数据掌握上游需求部门的产出情况，也是不错的方式。

2. 应更多用于纵向比较

继续以开发员工代码产出量为例，上面已经谈过不适合用于横向多人间的比较，但却是作为自我纵向比较的极佳工具，或者可以个人加总成团队的，以此来衡量团队每个月的产出波动。本章开篇页所讲的"主旋律应该是员工与自己的竞争"，同样适用于组、团队。

一次上线成功率、自动化测试覆盖率，都是极好的纵向比较指标。所有的效能指标都如此：用于与上个月进行详细比较，或是每半年/年度之间的提升比较，以帮助技术负责人进行工作决策；用于观察全年的趋势，以曲线趋势去找出弱项并提升，是效能指标最佳的运用策略。

3. 为周报、报工时等"苛捐杂税"减负

目前仍有很多科技企业，在使用报工数据进行财务角度的项目成本投入核算。实际上，写周报、报工时，是技术员工吐槽的重灾区，提交的材料，实际管理价值已然不大。并非说员工不应该做好工作计划和结果记录，关键在于，靠写周报也难以达到这个目标。花大量精力抓周报，确实可以提高技术员工的逻辑表达能力和文档编写水平，但是如果部门员工数量达百人以上，而且按时完成需求开发的交付已经令人疲惫不堪，你会选择怎样去做呢？一切事物都处于矛盾之中。

版本（和需求）交付量、版本按期达成率、开发员工代码产出量等指标，能够实现对员工工作结果和价值的量化监控，不仅是天然的工作周报，而且也可以用于核算成本投入。在迭代式为主的工作节奏下，可以取消写周报、报工时类工作，使用工具代替人工，为大家减负，是效能统计数据的又一价值。

4. 不打击差的，但要奖励好的

效能统计指标是否要公开到个人？这是一个好问题。

作为最佳实践，笔者建议是，针对个人的指标，不要全员公布，团队级负责人有权查阅即可。背后的核心思想是，只做正排名，不做倒排名，也就是说，把效能工作做成加分项！

这是团队建设的好时机，可以定期举办 ×× 之星活动，或者在 1024 程序员节等活动上进行表彰，如"让优秀员工戴上大红花"，这样才能让效能统计数据成为员工成长的利器。

5.7　坚守文档底线

5.7.1　精简是必然趋势

　　敏捷开发时代到来之后，"跑马圈地"优先，满足快速应变，实现小步迭代，允许一定的主动试错，因此，一个业务需求的颗粒度变小，版本开发上线周期压缩，百人级别的技术部门年度交付版本已达几百个（对应实现需求超过千个），包括常规版本（固定上线日，一般为每周某日）、非常规版本（如为某个活动的上线）、紧急版本（临时任务、加塞儿的需求），版本周期的极致压缩，必然结果是文档工作环节被大幅压缩。

　　在版本高频发布的"车轮辗压"之下，程序开发者们文档意识趋向淡薄，尤其是过程文档。文档能力不仅是退化，很多员工就从来没掌握过这项技能，这无疑是一种遗憾。从正向看，此趋势也反射出了行业的一种进步，降低门槛并减少"苛捐杂税"。

除敏捷开发因素之外，计算机技术、工具及开发语言的发展，"所见即所得[①]"已经在大范围的开发场景中得以应用，技术社区普遍的观点认为："结构性良好的、可读性强的代码，是最好的文档"。同时，老板和需求部门关注的是页面和交互结果，文档的价值确实大打折扣，增加工作量，员工反感，不直接体现工作价值，因此文档瘦身是现代应用系统的趋势。

5.7.2 两文档不可裁剪

敏捷开发是优异的，一切更加透明，压缩了瀑布式建设模式中大量的"猫腻"，也就是"漫长的建设周期中夹杂的水分"，水分中的一部分即是文档，相比于平台级文档，系统级文档的露脸机会和覆盖面更小，花费时间多了，上游部门一般不会买账。

但是，敏捷绝对不是不规范、作坊式编程的挡箭牌。精简系统级文档，需要设定文档底线，技术文档体系一般遵循 CMMI，在文档体系中，找出不可裁剪的部分作为底线，其他的都是条线开发负责人可以根据实际情况酌情决定的，看似有点过于随意，但是多数情况下是有效的，这个决定的盲目性风险并没有想象的那么大。就笔者实践经验来看，底线文档必须包括数据文档和接口文档，这两类文档的质量是不可降级的。那么，概要设计、详细设计不重要吗？答案是，重要，但实际怎么做，可以视需求大小和人力、工期而定，而且制式要求也可以相对放松。

1. 承载系统数据库设计和数据结构的文档

此文档是需求分析和系统设计后的最终结果体现，属于系统最重要的交付资产，没有半点歧义性可容忍，也是必须把关的阵地，要避免开发人员自行发挥。数据文档需要反映核心（数据表）的 E-R 关系，详细列出每个表名、字段名、字段类型、取值，以及主键、索引、序列，还要详细列出元数据和数据字典的信息。这样的高标准要求不仅适用于结构化（二维表）数据业务，也适用于数据仓库和非结构化数据库。

[①] 用户在视图中所看到文档与该文档的最终产品具有相同的样式，也允许用户在视图中直接编辑文本、图形、或文档中的其他元素。

2. 各系统之间、系统与外部系统之间交互的接口文档

接口文档是系统间的逻辑边界，设计不佳导致的再修改，会导致多方的级联改造工作。接口文档既然是契约，就意味着还是一份责任认定书，双方对接联调、处理生产故障时，问题出在谁身上，责任焦点就在于：报文是否按照接口文档准确发送？因此，对出具接口文档的责任性，以及关于接口变更的沟通工作，相关对接方应该足够重视，做好纪要和确认，太多的技术工作在这个环节被"挖坑埋葬"，对此一定要保持"先小人、后君子"的沟通原则。接口文档需要阐明编码格式、报文头和报文体的信息结构，详细列出每个接口的输入参数、输出参数，必须高水平、严格地定义响应码，应该给出报文示例并附带上示例参考程序。

设计接口时必须考虑可扩展性、向后兼容性，例如，发布的接口涉及加密，当前是用国际算法，要在接口中设定算法类型字段，以便于未来提供支持国密算法的功能时，不需要增加接口参数。要时刻意识到，增加接口参数意味着变更接口结构，带来的工作成本不可小视，一切跨系统间的工作变动都可能代价不菲，取决于其他业务线、其他公司团队的资源和排期，如果对方中间换了人，需要从头沟通，工作成本可想而知。这个原则多数设计者都懂，但是实际工作中还是会栽跟头，技术负责人应留意关注这样的工作环节，在对外文档发布前设置评审会来参与把关。

5.7.3　对编写水平把关

再从另外一个角度审视文档底线要求，那就是文档编写水平，迭代式的工作速度、结果导向的评价考核方式，以及互联网社会的"快餐文化"，或多或少地带来浮躁的职场文化风气，年轻人过于想要结果而忽视了基本功的磨练，造成员工的平均文档能力大不如从前。这并非技术行业特例，而是多数企业大面积存在的现实情况，对此不应该全面否定，舍此能力一定是有其必然原因，或许正是进化论的结果。但是底线在哪里？技术负责人应该为此设定一个问题域，这又回到方法论话题，与尺度、偏好有关，对一份技术文档是否合格的评价，从制式、整体编排上，确认这份文档能否达到企业级规格和质量水准，对标其他企业或者合作伙伴的同级文档，是个好办法，客观清晰，以免有"要求过高"的嫌疑。当然了，做好常用类型的技术文档需要从制定良好的模板开始，具体执行工作可以安排给项目管理人员进行。

作为技术负责人，你可以容忍前面称"机构系统"后面称"合作方系统"这种常用概念使用的前后不一致吗？可以容忍交互图上拙劣的连接线（绘制上粗细不一致且扭曲，线上未做该连接关系的文字描述）吗？忽视背景和文档应用范围，没有清晰准确的术语定义，各标题颗粒度设置不合适，多项标题量纲不同的结构失衡，字体和段落前后设置不一致，以及存在的明显语法错误，这些常见的问题，都应纳入文档底线管理中，甚至是个人绩效考核。

优秀的文档比优秀代码还要珍贵，劣质的文档如同餐盘上的苍蝇让人反胃。

最后，再做一些补充强调。文档的精简、瘦身趋势，表面是做减法，实质是浓缩与精炼，是优化过程。不论研发交付的方法论、流程、工具多么先进，精准有效的设计文档始终是高质量研发的重要内涵；不论精简化趋势如何演变，以文档为载体（和凭证），呈现设计意图、评估设计成果，仍是必经之路。

理解定律，可以帮助架构设计人员直接看到问题的本质，少做错误决策。项目管理学中的布鲁克斯定律指出：为延期的项目增派人手，非但不能缩短，反而会延长项目工期。其背后道理在于，项目文档、代码的形成，实际更类似于"化学反应"的过程，既取决于成员对项目的了解深度，又需要各成员之间的融合、共识，试图通过"物理叠加"的方式解决这些工作的速度问题更像是饮鸩止渴之举，结果常常是适得其反。

与可以突击见效的专项任务（如引入一个技术框架、解决一些安全漏洞）不同，技术文档工作有两个特点，一是涉众的范围很大，二是写作能力是常年积累的结果。越是基础性的、大众化的领域，越是不存在什么"弯道超车"之解。笔者认为，"扎实地进行文档评审、积极地开展培训"，这些老生常谈的朴素方法，只要能够循序渐进、持之以恒，就是管理文档工作的最佳实践。

5.8　揪出那几类故障

你的平台是否详细记录全部的"生产运行故障"台账？是否详细记录应用程序版本发布时出现的问题，导致多次在线修改后重新上线，或者干脆进行失败回退、延期发布？除此之外，是否详细记录"限流和降级类造成客户影响"，以及"计划内停机"的工作台账？台账的记录机制是怎样的，事后管理方式又如何？

5.8.1　仔细认真地对待

需要有一个思想储备，即不论如何运行维护，故障终究会发生。所有用于避免故障的软硬件投入，理论上其本身也会带来新形式的故障，例如，为应用系统出错增加监控报警，但是监控系统也是软件，一样会出错，当然了，误报是相对来说可以容忍的错误。应当承认平台必然存在不同形式、不同等级的故障隐患，我们能做的所有防护努力，都是在尽量防止发生严重、不可容忍类故障而已。

如果没有翔实记录此类台账，或者整体机制上有待提升，那么请往下阅读。

首先，必须完全翔实地记录台账，包括场景及现象、影响分析、问题定级、产生原因、处理报告、事后整改等。台账和故障报告工作必须不打折扣，也应作为内部人员考核要素。关于故障和上线问题的台账记录，8.2.2节"运行事件台账"提供模板参考。

实际中经常发生的情况是，客户投诉类、影响业务收入类，或者监管和审计要求类，这些非技术发现的问题，相对也是比较重大的、遮掩不住的，因此会得到重视。技术条线自己发现和处理的，更多情况下被一笔带过了，并没有被完全地展示出来，原因可想而知，自己主动揭自己的伤疤、扣自己的分儿，谁愿意做这样的事情？更何况一个问题会引来不小的后续整改工作量。

作为平台技术负责人，必须将"不能隐瞒、勇于揭示"作为严格要求并进行宣导，同时作为必要补充，项目管理人员和质量人员必须离开自己的座位和电脑，下沉到实际工作中，除了跟进上线工作、记录上线问题之外，还应该知晓紧急工作（如排障）的背后情况是否是平台生产故障，搜集和登记生产故障台账。

其次，故障发生后必须养成良好的复盘工作习惯，温故而知新，复盘时看到的，一定比事件中更加全面，也是对当时一些匆忙判断进行纠偏的时机。我们在复盘中经常会发现，有如此多细节不甚清楚，而且解决很多工作问题所需要的沟通成本，远比我们想象的大，这样的难度要及时展示出来。复盘工作的另一个价值在于，落实整改任务、排期，安排追踪。任何重要任务都需要追踪后续进展，千万勿落入手握一堆空头支票的境地。

对于复盘这种类型的工作，最好做出明确的工作要求，不能指望员工们自发组织。打造硬核队伍有若干种方法，强有力的复盘是其中之一。

最后，要扩大受众范围，进行定期梳理，并以大范围培训的方式进行剖析、分享。日常100句理论和说教也不及1个实际故障让人理解得深刻、有效，这句应该是本书经典观点之一。这方面也是更容易被轻视的，翔实的台账不是压在箱子底下落灰的。对故障和问题台账进行梳理，你会惊奇地发现统计规律和工作指导价值。

5.8.2 故障的2/8定律

有句谚语"一颗老鼠屎坏了一锅汤"，所有故障或者问题，其中70% ～ 80%可能属于 3、4 种类型。在版本投产方面，以笔者实际经验为例，对某一年的上线交付工作中出现的故障类问题进行梳理后，发现四类根本原因是其中较多的。

一是"环境不一致"，测试环境中缺少真实数据，有些细节处功能点测不出真实效果，或者是测试环境字典表内数据和生产环境不一样，测试环境没问题，上了生产环境就不行，测试用例覆盖不了此类问题。

二是"大查询"导致应用和数据库压力大，操作系统的 CPU 使用率高或者用户请求响应时间过长，此类问题具体包括：未建立合适的表索引，SQL 性能不佳，或者大查询不应该使用业务库，应该将此类功能放到数据统计平台上来完成，或者是未做客户查询限制等。

三是时间太紧导致测试不足和上线准备不充分，具体包括：需求临时变更，上线当天加了一些东西，导致来不及组织有效测试，在上游压力下只能凭经验认为可以上线，或者是时间太紧上线步骤准备不足，上线单遗漏了某个隐蔽的配置变量等。

四是对于诡异的输入参数，没有在检查与处理中覆盖到各类可能的异常情况。其中较为浅显的，如参数长度超过数据库字段长度，没有截取或者转化导致入库失败，或者是 Null 值未合理处理导致抛出空指针异常。较为隐蔽的，如多个参数进行运算后出现意料之外的异常结果，导致后续程序运行失败，未能完成业务处理。

将问题按照纯粹的技术角度进行归类，是十分重要且必须要做的。如此分析后进行的培训效果往往是惊人的，实际工作指导意义层面上，解决了这四类问题的卡点，未来就可以规避掉 80% 的上线发版问题。虽然不同平台之间的问题原因差异很大，不能相互比较，但是每个平台内都存在如此规律。从管理层面上看，一个团队参考其他团队踩过的地雷，是最快速的进步方式，对新员工更是如此，具备弯道超车的价值。

应该让每一个员工清楚，相比于开发业务功能而言，"研究故障和问题，发现原因，进行技术解决"，这种深水区工作更能增长技术能力，更能带来经验，也更加具有谈资，是体现工作价值的极佳场景，一次解决故障带来的光芒，超过十次加班。同时，对待问题严谨的工作方式，以及良好的复盘习惯，在团队建设和技术实战上，是技术负责人能力的最实际体现之处，与技术评审工作类似，这既是基础的，又是拔高的，既是技术性的，又是带有管理和文化性的，可以作为良好的技术工作机制基石。

5.9 还有哪些管理妙计

看完前面那些内容，相信读者已经能够掌握很多的技术管理要领了。鉴于每一个锦囊都作为一节展开去写，真地太消耗精力和耐心，考虑再三，化繁为简，本节以短、平、快的方式最后再补充一些锦囊妙计。

5.9.1 经得起三问

"你的工作，可别禁不住我三问"，这是我经常对下属员工提出的要求和警示，这句话并非在技术评审会前，而是广泛存在于各种工作场合，目的当然不是纯为技术，而是在于加强思想上的管理。

大型平台，技术负责人统领超过上百个员工，可以亲自甄别一线员工的逻辑能力、责任心的机会十分有限，在与员工的一次工作接触中，如果发现其对技术问题一问三不知，意味着很长时间内，该员工会被打上"不求深究、敷衍了事"的人物标签，对员工来说，结果一般是不被认可、发展受限。因此，"经得起三问"，意在给员工施压，提升其自律性，以及善于抓住机会的能力。

技术团队成员中，机会主义与惰性心理是广泛存在的，刨根问底的工作作风，更是"抑制部门内滋生借口主义"的潜台词，这是一种可以被广泛采用的管理方法，并不是置疑谁的工作能力，也不会演变成为故意刁难。

5.9.2 洞察缓慢混乱

作为平台技术负责人，不要被控制假象蒙蔽双眼，"表面控制"与"实际控制"两种现象并存于平台的各技术团队中，技术管理的一个要点即是将"表面控制"压制在合理的范围内。

需要对"缓慢混乱和惰性蔓延"保持高度的敏感性，这正是体现技术负责人的洞察力和自驱力之处，需要具备自己的观察方法，这样的方式很多，关键在于是否真正去思考和储备，我不是说依靠观察 KPI 指标和效能统计数据的曲线趋势，除此之外，必须还有其他独到的方式。

例如，在 OA 审批中，我见过一个现象，技术人员操作数据库申请单越来越多，主要是各应用系统对"非正常业务逻辑或解决客户投诉和建议"问题的数据处理，一周有 20 个左右，这是十分不好的现象，可以说明：一是业务需求做得不扎实，只考虑正流程，缺少功能的闭环化设计，尤其是对异常流程；二是平台运营工作越来越缺少严谨性，后台由技术人员直接操作数据库是极其危险的，应该在平台中承载运营维护类功能的内部管理类系统中实现界面化操作，由运营人员在页面端完成。

殊不知，人工动库实际应该是一种兜底手段，被当作日常运营工作的方式就是缓慢混乱的迹象。

4.1.4 节中讲过，通过自动扩容保障高可用的同时，背后可能掩盖了应用系统性能方面的问题，这也是洞察缓慢混乱的良好例子。所有这些洞察，其实是人脑中的"事件驱动模式"，这个词我们已经熟悉之极，由此可见架构设计模式与头脑运转方式的一致之处。

5.9.3　一切都不在掌控中

在任务管理中，我们最关注的是工作是如何进行的，以及相关人员是否在认真且高效做事，并经常对（使用如此方法得到的）工作成果而沾沾自喜。就任务进展状况询问项目经理时，得到的答案经常是："一切尽在掌控中"。这样观察、跟踪任务的方式，只能够发现视野内的低效、任务进展缓慢的问题，讽刺的是，大量的停滞现象则逃逸于视野之外。

开始发起申请、对接供应商……按照流程完成一台服务器的订购，可能需要 3 周时间，而运维人员实际设置服务器，包括设置地址、加载模板化的系统镜像、做其余的安装和配置，可能只需要 2、3 个小时。除非能够改变服务器申请流程，否则再努力提高运维人员工作效率，也不会对整体速度产生实质提升。而实际工作中，恰恰只有设置服务器才是技术部门能够控制的。

再举一个更简单的例子，几个决策话题需要向更高层领导汇报，因为约不上领导时间，因此相关工作只能等待，这样的场景并不陌生。项目经理当然不会"怪罪"领导（造成了任务进度延迟），同时也会认为自己一直在良好履行任务管理职责。所以我的实际经验是，从全周期、全环节范畴去审视任务，会发现大量时间花在了等待上，经常"一切都不在掌控中"。

"你如果无法度量它，就无法管理它"，在项目经理的世界中，常常倾向于关注容易度量的元素，而忽略难以度量的元素。那么，扭转局面的方式应该是：对任务的全部活动进行监测，能够留意到，并量化记录任务在各个阶段的等待时间，详细计算不可控时间的占比，呈现出翔实客观的数字和统计结果，以明确揭示风险；针对处于等待状态中的任务进展停滞问题，对能催的环节催办，对可优化的流程提请优化。这些方式即使都无功而返，也有帮助技术团队对任务延期免责之效，这才是项目管理工作的极致水平。

5.9.4　应变转型与变革

需要对"转型与变革"保持高度敏感性和适应性，这说的当然不是增量式的进化，而是对平台的技术全景、条线目标或者团队组织结构设置进行较为根本性的变化，一般而言这有可能是源于业务转型或是人事变革。

试图用旧的工作方式来达到这样的目标是不太现实的。对于技术负责人而言，需要因地制宜做成平台转型的一整套方案，包括：如何进行系统重构（对部分系统而言可能是重做），资源与人力如何匹配，供应商与服务合作伙伴会有何变化等，并揭示主要的难点和痛点，此时需要与时俱进寻找新的技术管理加速因子。要意识到，IT 转型与组织结构及文化转型，两者是相伴而生。如果你还没有抓住重点，那么举几个例子来帮助理解。

> 如果原来的组织层级体系结构是完成快速学习的障碍，那么可以扁平化。

> 可以推行DevOps，打造"谁组建、谁运维"的职责链条，创建更高效直接的反馈循环。

> 仅度量研发效率是远不够的，对于部门制企业，更重要的是破除部门壁垒，从平台视角检验和提升产品、研发、运营的整体工作效果：建立产品和业务需求上线后的定期反馈机制，从业务目标达成情况角度去衡量需求交付效果，围绕业务价值进行交付评价。应该让每一个员工具备集体意识，认识到各部门是"一根绳上的蚂蚱"，一荣俱荣、一损俱损。

> 将机器可以干的活，实现自动化或是自助服务，不要用人干这些活儿。

> 能够找到一些诸如数字化转型的命题，优化各个技术团队板块的工作目标和协作关系。

> 在力所能及的情况下推行更先进的方式方法，对生产力和生产关系做一些改进与提升。比如尝试进行测试驱动开发（Test-Driven Development，TDD）方面的实践，在早期阶段检测缺陷，提升代码质量和代码重构效率，减少设计过度的情况发生，并且能够在把控开发工作真实进度方面带来切实价值。与5.5节建议测试尽早进入的观点对比而言，TDD体现了更为彻底的测试先行思想，是开发与测试两个板块间实质关系的真正转型。对于团队规模庞大、工作秩序良好、管理规范度较高的技术平台，这样的尝试不无裨益。

我们不能假设平台永远是稳步上升的，时刻清醒保持，在更为激进的转型与变革期驾驭团队建设和技术管理，一定是更大的挑战，也可将其视为更好的磨炼、更多的机遇。

第2部分 技术图表材料实战解码

剖析设计材料 探究制图之道

第 6 章
简洁方案，直达问题域

使用方案图来升华设计工作，你是否认真思考并付诸实践？可能还没有一本书，探究 IT 技术工作中的制图之道。本章对 8 张示意图进行剖析，希望读者可以在此方面加深领悟，找到灵感，借鉴可套用模式。

简单表达的过程图，不需要太多准备，直接快速形成，用于方案讨论会或更灵活的沟通场景使用，并非架构交付物，也非纳入平台文档体系所管理的正式文档，因此，必须注意控制绘制此类图的投入时间。给出一个参考原则：制图时间最好不多于汇报时间的 3 ～ 5 倍。

除此之外，图形必须直奔问题域和沟通焦点，不需要包含任何前奏和预热，直接描述所有设计观点。如果给这样的图打上褒义标签，应该是"简单""快捷""轻巧""直达"。

至于绘图本身，如同作画，需要进一步的实践练习，不要让其成为你快速出图的技能瓶颈。本章所有内容，完全就图论图，与工具无关，勿要为工具所困扰。

还有几点建议：添加不必要的细节和装饰，只会增加读图人理解的难度，选择多种颜色的目的一是美观，二是突出想法，不要在这些方面画蛇添足；虽然 UML 有用，但是，笔者更喜欢用简单的方框和线条表现架构，灵活性更好；最好使用见图知义的符号；应该考虑添加必要的图例，以笔者的经验，增加图例从来不会让简单的图变复杂；图不是 Word 文档，但是不要过于顾忌增加的文字量，富文字图的最终表现从来不会让人失望，关键在于文字本身与图的配合要得当。

关于技术设计与制图表现，就笔者个人所悟而言，其灵魂在于：位置、图例、图标、框体、连接线、文字、颜色，都可以承载"设计语义"，这 7 种表现手段的综合使用，即可体现切面足够多、内容量足够大的设计成果。希望读者能真正理解这句话，带着这个话题，去学习和理解每一个优秀的架构设计图。

6.1　中心间运行关系

图 6-1 拯救了一场糟糕的会议，当时一方讲述方案，各参与方陷入网状沟通，沟通中的模糊化语言问题愈演愈烈，相互间只能使用大脑内存尽量想象对方所述的各种节点之间的各种关系，在出示了这张简易图之后，会议主题迅速聚焦，朝正确的目标前进。后来，汇报方以此为基础，对方案进行了实质性完善。

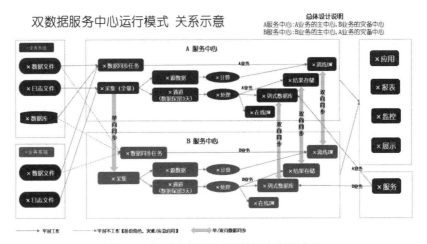

图 6-1　中心间运行关系的简洁方案示意图

中心用一级框来圈定，放在图的最核心位置，各中心使用不同颜色进行区分，左边框是对中心的输入，右边框是中心的输出，由此确定方案图的主体结构。用深色线表示不同的业务／数据在其间的同步关系和方向，用（图例所示）实线／虚线描述不同的运行态。方案图必须直接导向工作目标，使用该方案图组织讨论，核心内容一定是这些关系线。

就整体结构布局而言，该图属于左右、上下较为均衡型。

本书在 1.5 节提出了粗略视图一词，并强调其重要性。那么现在可以形象化诠释粗略视图这个概念，为图 6-1 这样的设计图增加必要的文字说明，阐述约束条件、设计机制、技术要点，言简意赅地指出当前所处阶段、后续路径，合理地突出技术风险、遗留问题，就形成了一份良好的粗略视图。一个较大项目（或任务）的最终设计方案，正是（面向各个局部的、不同问题域的）若干个粗略视图经过推演后的结合体。

用"一图抵千言"这句话强调设计图的重要价值，可谓恰到好处，但要达到"深谙其道"的地步，则是另外一个境界。使用高超的词汇对元素命名，然后将"千言"提纲挈领地抽象出来，表达于有限尺寸的版面之上，这是驾驭设计图的核心能力。建立这样的能力，务必要细心去感受和理解，即使是对某一内容元素的取名，其本身也是足以体现功力的设计过程，例如，基础资源、公共资源、共享资源，这三者含义相似，但是，描述不同组件时，总有一个是最"贴切"的；"日志采集器"这个词汇，适合表达功能角色，但如果是想体现领域抽象，那么用"日志采集代理"一词更为恰当；可靠性与稳定性、弹性与柔性，这些含义相近的质量属性之间存在细致差异，若要使用这些词汇，务必选择最适用于当前设计场景的，对于韧性这样小众化、难以驾驭的质量词汇，如果没想明白，那么不要轻易使用 [①]。

---

① 可以说"设计开展混沌工程，打造韧性平台"，除此之外，以笔者经验，很少在某个技术设计（或技术应用）场景中适合使用韧性一词。

6.2 对账处理逻辑

图6-2是一张用于确定对账逻辑的方案图，上下两套方案，并入一图以便直观对比。

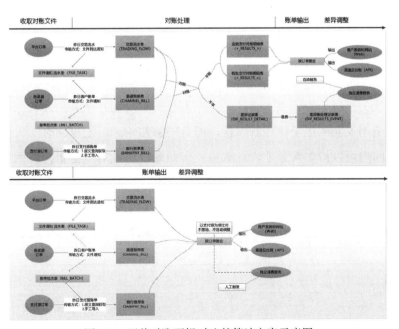

图 6-2 两种对账逻辑对比的简洁方案示意图

　　两套方案相互比对的是右边部分，上面的方案有对账过程，下面的方案则没有，另外，两者在账单输出和差异调整方面有所不同。两套方案的左边部分（收取对账文件）内容是完全相同的，按照制作软件设计图的经验，相同意味着重复，将2个重复的设计内容并列放置在一张图里的策略并不常见（通常并不推荐这样做设计图）。但是，对于本图这种所含图形元素不多的两方案对比场景，使用这种呈现方式是不错的选择。

　　此图重点在于列出参与对账的所有输入、中间数据表、处理方式、处理的中间结果、处理的最后输出。该图的主轴从左到右作为主线，体现处理的逻辑过程，顶层的蓝色带箭头长线，以及在其上标注的几个阶段，让整张图的识读脉络比较清晰。

　　看似内容量不大的一张图，除了逻辑关系外，将传输方式要点无缝植入，无疑增加了技术含量和沟通价值。

　　相比于第7章复杂程度更高的几张架构方案图，图6-2这样的简洁设计图其实并不逊色。技术图所含元素越多、内容量（信息量）越大，整图必然越"高端、大气、上档次"，但评价制图者"手艺"的标准，与内容量和复杂度或许并无必然关系。这个道理不难理解，对一个画家而言，饱满、浓情的大尺寸画作价格确实更高，但即使其简笔素描的一个小品，也足以见功力，这是"看热闹的外行"与"看门道的内行"间的差距，领悟这一点，对于大家制图、阅图，是有切实帮助的。

　　技术图应当做到各元素的比例和布局协调，线条位置和关系清晰，（图标、图例等）各技巧按需配合运用。除此之外，评价技术图质量的要点还可以包括：一是正常情况下，必须符合人的视觉和感觉常识，例如，大方框内容的分量（比小方框）应当更重，粗线（比细线）更适合表示主干级的关系，颜色醒目（如红色）的线意味着更应被关注重点；二是不仅简明扼要、一看就懂，而且能够与沟通、汇报的时间大体相吻合，在计划的时间内可以恰如其分地表达观点；三是最好还能有一些张力，例如可以借图发挥，展开对于质量属性的设计考虑，或是能够提供（已有内容之外的）一些想象空间。

　　好的技术图不仅给人以和谐之感，而且是具有启发性的，蕴含牵引之力；好的图使用一致的视觉语言，多数情况下，即使普通人也能分辨出不同技术图的优劣。

6.3 系统环境迁移

图 6-3 是系统迁移任务设计图，既然是要表达迁移的方案，那么图的主体布局结构，一定是目前环境和迁移后的新环境，左右分别放置，这样无疑是最适合的。表达迁移，另外一个要点即是"迁移"，是"运动"。因此，该图的显著特点在于，核心体现如何"动"。哪个路径的流量，从原来的哪个点流到了哪个点，红色的粗线再次表明这是该图的重点。

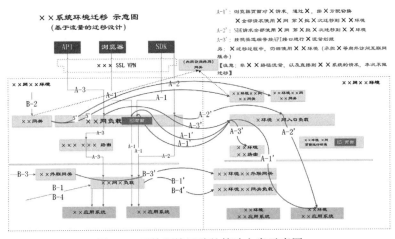

图 6-3 系统环境迁移的简洁方案示意图

另外，该图还配有丰富的文字。连接线时常是技术图的重点，当一张图的连接线很多时，需要考虑留出大块的区域给文字，用以对连接线进行描述。文字多，并不表示图会退变为文字材料，使用文字赋能的"富内容[①]"图，反而代表了更高的境界。

读图，要试着读出制图人进行的思考。制作此图的过程，一定也是对设计方案的自检和审视过程。

制作技术图，并非是"先进行设计，然后将设计结果绘制成图"的过程，不应将图局限定位于彩色、美丽的呈现物。制图与设计之间是双向互动关系，制图本身就是设计驱动力，做图过程就是设计过程的一部分，能够帮助设计者进行设计内容的推理，检视设计全面性与合理性，发现始料未及的问题并推动思考和对话，可以称此为"图驱动设计"，这是最佳的效果。

借此话题做个延伸，谈一下有关项目管理的问题。不论是制作设计图还是撰写高水平设计文档，不同身心状态下的产出差距很大，状态良好还是糟糕，设计效率可以是几倍之差。设计人员的状态是不可能预判的，那么，事先准确预估设计工作的工作量是不现实的，更何况很多场景下，技术设计工作还要依赖于团队间协作，这也常常是不可控因素。无论项目管理学如何发展，方法、工具如何进化，仍需要适当承认并且依赖主观判断和经验之谈，"拍脑袋"方法依旧还有用武之地，工作量评估这项基础性工作即是如此。

在技术管理领域，不应该高估繁复规则的作用，也无须过度推崇精准化度量，更不能对使用所谓客观公式的计算结果盲目自信、营造出风险可控的"表面和谐"局面，"认识复杂性的固有本质，理性理解知识型、创造性工作的难以度量性，并保持工具与经验适度结合之道"才是最佳实践。综上所言，笔者主张极简的项目管理风格，倡导"在时间、精力有限的情况下，尽量轻装上阵"的思想。

---

① 指使用图形和文字两种方式联合表达，内容更加丰富。

6.4 适配新老客户

对于某业务的升级，需要考虑一套适配方案，提供的服务既要承接新客户，同时也要不影响已经服务的老客户，图 6-4 所示的设计图对这类案例给出了一个参考：新客户、老客户的接入，用不同颜色的箭头线表示，红线 / 蓝线与各子系统的关系不一致，有的子系统是新老客户共用，有的系统则是只提供给某一类客户的请求。

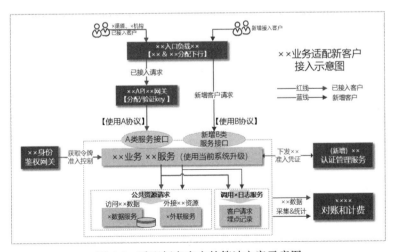

图 6-4 适配新老客户的简洁方案示意图

以箭头线的颜色来表示最重要的设计语义，以不同的颜色区分作为设计表达的核心，一般并不常见，应该算是比较巧妙的方法了，对这类案例可能再好不过。

总结一下图 6-1 ～图 6-4，问题域中都是包括 2 项"内容"，中心运行关系是"A、B 两个服务中心"，对账处理逻辑是"两种处理方案"，系统环境迁移是"新、老两套环境"，本节是"已有的、新增的两类客户"，2 项"内容"在四张图里表现方式各不相同。使用图形来驾驭技术设计工作，必须具备足够强大的武器库、丰富的技能包，遇到问题，立刻可以选择最佳方案。

另外补充一个建议，简洁方案图要保持"谦逊的姿态"，如果有些内容达不到精确，最好使用粗颗粒度的模型，适当容留空间，保有不确定度，避免沟通和研讨失去客观性。为直接呈现设计成果、最快抓住听众，简洁设计图应重于展示正向的设计内容，很多场景下，对于模糊性数字、不确定性内容、仍存疑的论点，虽然重要但不必精细化呈现在图上，可以考虑放在配套文档文字中，或是以沟通讲解方式表达。分开到不同的层次，这样"进退自如"的策略，效果可能会好一些。

制作设计图是与"任务背景、设计场景"强相关的，而且不同设计者的风格和习惯不尽相同，对于上段的建议，答案是因人而异、因事而异、因时而异的。补充这个建议的目的，在于带给读者积极思考的意识：软件平台的立体性和多元性，需要我们在设计表达的立场观点和方法上，要富有极大的丰富性和灵活性，"拥有鲜活的思维"是设计者应去追求的核心竞争力。

6.5　参与方间关系

　　为了赶上一次临时安排的多方沟通会，没有时间大施笔墨的情况下，从零构思开始，使用大约 30min 制作了图 6-5，这是一个中规中矩的简易图，从结果来看，虽然匆忙但未见草率，以该图作为材料支撑，完成了这个话题的会上沟通。

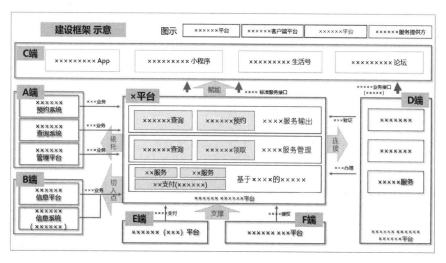

图 6-5　参与方关系的简洁方案示意图

　　参与方关系设计，与系统间逻辑关系很相似，颗粒度比较大，以矩形框的形态，在全部的版面上按照"上、下、左、右、中"的布局，将所有参与方一一列出，作为核心角色的平台（或系统）放在中间，其他参与方分布四周，连线表示之间的逻辑关系。

　　作为建设合作期多方的讨论会，这样的设计图使用效果最佳，清晰而简洁，很容易沟通。尤其是"依托、切入点、支撑、连接、赋能"这些字眼的使用，显露出一点生态圈的味道，可以作为多方沟通的故事线，并不需要生硬画出来，能够自然而然地隐喻，效果可能更好。

　　对于软件设计呈现，应适当领悟与其他学科之间的共通性，例如借鉴绘画是有迹可循的，虽然远达不到绘画的抽象程度，但是制作技术图同样需要灵感。"今天有了好想法，等到明天再画，这可能是画不好的"，来自于绘画领域的这句指导观点，也适用于制作技术图，尤其是对于拥有无限可能性（例如在起笔打草稿）的环节，或是很需要设计感觉（例如处于发散性思维）的阶段。

　　需要注意的是，借鉴归借鉴，远非可以（与绘画）相提并论。虽然技术设计与决策有"艺术"属性，但是切勿过于夸大其艺术成分，以免陷入本末倒置的误区。在软件架构领域，目前不仅没有什么古典主义、浪漫主义的风格之分，而且也没听说过什么自由派、学院派的流派之争，"扎实牢靠、立体多面、醇厚老练"的技术功力占据着主导地位[①]。

---

① 笔者认为，千百年来各类艺术风格与流派在不同历史时期的分化发展，其关键因素是"意识形态、思维取向、审美偏好"。相比较而言，2.4节归纳的几种主流设计驱动方式，各方式的本质是开放、共享的"客观技术与方法"，相互之间是互补的，并非传统意义上的竞争关系，更无须经受孰优孰劣的主观评判。适度地"借鉴艺术、运用风格"是对技术哲学功力的考验，要注意过犹不及的问题，对于技术设计（及呈现）工作，"自我标榜某种流派"或许是作茧自缚之举，越想贴上独有的特征标签，越可能会成为井底之蛙。

6.6　系统通信关系

重点占中间
次要放四周
焦点勿太多

图 6-6 又是一张富文字设计图，图形部分描述业务端与服务端的通信关系、控制关系，描述了服务端的内部结构。通过文字对图形中的关键点进行重点描述之外，进一步提供更详细的（Agent 的功能和形态、Message Object 的数据结构等）设计信息。

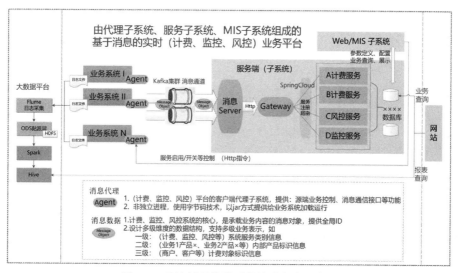

图 6-6　系统间通信关系的简洁方案示意图

消息通道占据设计图的核心位置，必然是本设计的核心。大数据平台的 4 个矩形框所表示的系统，虽然其技术含量高，在平台极为重要，但并非本设计讨论的主要内容，因此被刻意弱化，缩小的放在旁边。此图充分体现了"直达问题域"的制图导向。

召集业务端和服务端两个团队进行技术沟通，这样的简易图能帮助双方快速聚焦。这类设计图的潜力巨大，图标、矩形框、连接线、文字，这四种表现手段都可以表示语义，按需组合使用，在图中很容易再增加更多的设计切面和设计内容。

最后简单分享一个关于"如何赢得演讲"的建议。乐高玩具包装盒上印制的精美成品图，能够立刻吸引购买者眼球。以此为鉴，"前置设计成果，直捣最终标的物"，率先展示期望的成品形象，力争第一时间抓住听众，是技术设计呈现、产品方案演示等很多工作是否出彩的方法论要点。对于大型、正式的演讲（或汇报）更是如此，优先展示"最精华、最具吸引力"的内容，在前 5% 的时间里"点燃全场"，令听众兴致盎然，就有极大概率能够"赢下整场"。再换个视角来看这个话题：某个人学富五车、满腹经纶，而且做方案一丝不苟、字斟句酌，如果仍不足以在职场竞争中取胜的话，那么一定留意要在方法论上去找根因。

相比于按部就班、平铺直叙的演讲方式，上段建议方式的难度更高，需要一定的历练过程。另外，并非每个演讲话题都有必要使用这种策略，要注意这一点，做好事前判断。

6.7　全局路线图

找到要素　抓住线索
清晰描绘　井井有条
多个层次　展示全景

　　路线图广泛用在各工种工作中，其中内容与软件技术关系较小，一般为平台建设、专项任务中"设定全局工作安排"所用，作为技术负责人，必须有拿手的画路线图绝活儿。

　　大型技术任务工作，有些方面确实如同行军打仗，路线图能够重点强调到达目的地的过程、专业知识和解决问题的方法、方式。

6.7.1　瀑布式风格

　　全局路线图和交互流程图有一个相似点，两者都有经典的表达方式可参考，交互流程图是泳道图，全局路线图是甘特图，也就是说，全局路线图一般是按照时间轴横向展开，纵向按照任务顺序依次展开。

　　图 6-7 体现的是典型的瀑布式建设路径，前后任务依赖性明确，严格按照软件工程的周期理论进行任务的计划，该图虽然也算是"富文字"图，但是此内容明显是作

为一个项目管理图，或者是甲乙方合同的 SOW（工作任务说明书）所用，用于表明分段时间计划和每个任务的输出物。没有其他的功能性、技术性描述，定位比较单一。

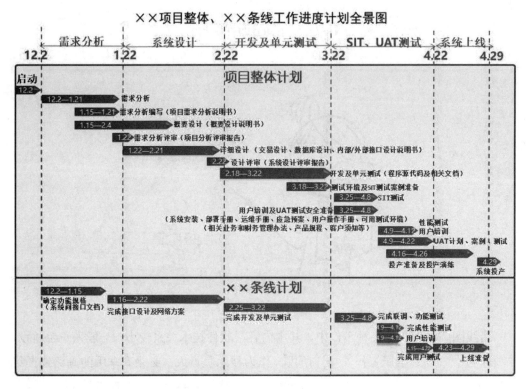

图 6-7 瀑布式任务的路线示意图

6.7.2 迭代式风格

图 6-8 也是参考甘特制式描绘全局路径，同样的制式，但是内容明显是对应迭代式的建设方式，各任务之间基本是独立的，时间里程碑参差不齐，大量的任务块从头迭代到尾，其他的任务，有在指定时间段内一次完成的，有分为两期进行的。

此图另外一个特点是结构更加灵活，语义更加丰富，为十几条任务线设定了"扎口"的大里程时间点和工作目标，在其后进行了另外一种策略的规划，该图的文字重在描述投入资源、实现方式、关键内容依赖，因此工作规划的味道更重。相比之下，瀑布图中文字经常重在描述输出物，验收交付的味道更重。

　　不知道读者从两者之间读到年代感没有，看设计图品其中味道，希望为枯燥的软件工程工作带来一丝艺术感、一点趣味。

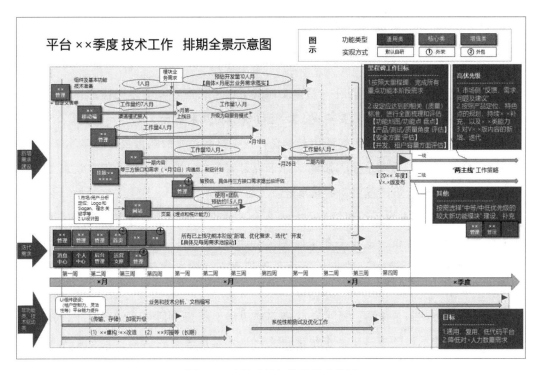

图 6-8　迭代式任务的路线示意图

第 7 章
架构设计，超强表现力

不同于工作中的各式方案图，架构设计图不仅承载内容，作为架构工作的核心输出材料，更是要拔高，绘制得要美观，具有超强表现效果最佳。

作为技术负责人，你的架构设计与表现，是否蕴含适当的艺术成分？输出架构图，有没有借鉴绘画的布局、造型、质感？你审视过雕塑么，从姿态和平衡中汲取了多少灵感？是否考虑过适当"留白"的重要性？

本章提供 13 张架构示意图，虽然对内容和各处设色进行了大幅脱敏和删减处理，仍不失查阅和学习价值，也能与各切面架构设计正文中描述的内容相呼应，阅读文字后再看图学习，希望读者能借此加深对各设计要点的深刻印记，熟练运用在实际工作中。

就员工能力平均值来看，近些年，做图能力和文档能力同样是江河日下的趋势。先抛开"整体构思以及表达出多少维度语义"这些难度较大的话题，仅生硬的取色、面积大小不协调的框体、粗细不适且歪曲的连接线等表面上的问题，即令人感觉"工作如此之久，已鲜于见到优秀的设计图"。

专门参加培训学习制图的提升方式，无疑过于夸张了，要主动思考并意识到制图技巧是有迹可循的，例如着色，建议读者可以关注一下世界各国纸币的取色，笔者见过的近百个国家的纸币，基本规律是使用中间色（或称作过渡色），不使用正色，如正红、正蓝、正黄等。使用此原则给框体和原素配色，再使用一定的透明度，颜色效果就不错。

对技术人员做的工作图而言，一般来说内容为王，形态、美观度次之。但是，一张和谐优美、赏心悦目的架构图，真地能让人对架构的掌控，上升到一个新的层次。

7.1　分层架构示意图

充分利用版面空间，内容尽量丰满，整图具有高饱和度

7.1.1　偏重中台和技术栈

如图 7-1 所示的分层框架图以组件和中间件为最底层，没有单独绘制独立的数据库和存储层，自然将更大的版面、更多的空间用于表达应用层和网关层，对应用层中的不同板块，使用不同的中台概念进行封装、区分，并将所有功能分布到 IaaS、PaaS、Saas 层级，是此图的亮点，体现了技术框架规划应有的劲道。不仅如此，在网关层和应用层还展示了大量的技术栈信息。

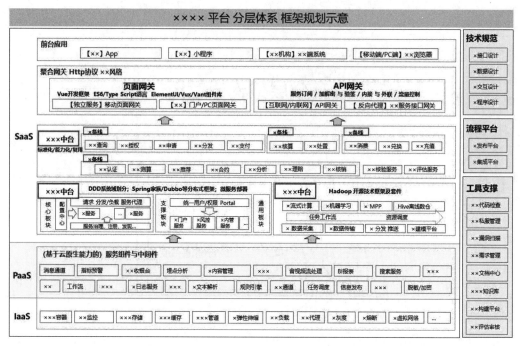

图 7-1　偏重中台和技术栈的分层架构示意图

组件与中间件层是平台的技术能力支撑层，一共包含 34 个代表能力的矩形框，需要在平台层设计过程中分门别类识别，梳理出如此多项，是此平台技术设计的最大难点，需要很长时间的摸索，对平台全景达到了如指掌的程度。在中台层，将如此多的功能和系统服务经过粗颗粒度的分类提炼后，进行合理化表达，需要从全景视角吃透平台，没有捷径可言。

在分层架构的左右两侧增加竖框，是常用的方式，图 7-1 中右侧竖框内包含的三个板块内容，明显增加了整张图所承载的内容量。

7.1.2　偏重业务系统域

图 7-2 同样是分层架构，相对来说更着重于表示服务管理层（即分层总体框架中的应用层，根据平台自身特点，或者设计者的风格，图中使用服务管理层一词），使用 DDD 子域划分方法，将各应用系统划分为核心域、支撑域和通用域。除此层之外，其他各层的表达相对比较均衡、协调，图 7-2 更符合典型的分层架构，从最上（接入）

层到最底（运行平台）层均予以体现。

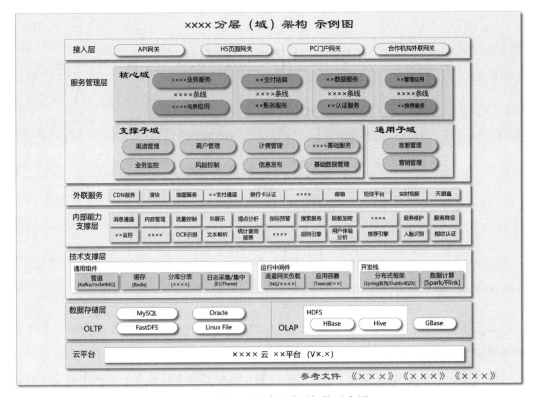

图 7-2　偏重业务域的分层架构示意图

图 7-1、图 7-2 给我们一个分层总体框架的启示：应用层是平台的最核心部分，其上若干层是应用的输出，其下若干层是对其的技术支撑，都不能动摇应用层的首要地位，不论其他层是否进行扩充，应用层一定不能过于单薄。应用层无论使用中台还是DDD 子域，不同规划方式都是为其抽象、拔高，进行设计赋能。

7.2　应用安全示意图

真正面向安全技术的、以实际落地视角的应用安全设计图是比较难找的，图 7-3 或许可以给读者带来不菲的学习参考价值。

使用图标表示参与的角色（各个相干系的系统和安全专用设备），使用富文字框，以注释的形态表达安全技术，使用连接线表现重要的交互关系。除此之外，还使用了小表格方式，在有限的版面空间里，表现各个业务线与存储、打印安全的对应关系，使用了带箭头长线，从左到右贯穿整张图，并在长线上做了 3 个分段，作为识读的主线。

客户端、接入传输、中台应用、后端存储和打印，几段间技术差异很大，每段设计的切入方式各不相同，此图将按需表达和立体表达力发挥得淋漓尽致。一图包括了众多（图标、文字、方框、连接线、表格）表达切面，立体表现的同时，并不失相互兼容。

这里并没有深入安全技术细节，而是聚焦于描述平台的每个领域、每个环节应该采用什么安全措施，以及重要关系和目标，承载了全景视角的设计职能。以此作为顶层设计，进行分段、分区展开设计，才更是体现技术深度的地方。

可以试想这样一张图所携带的信息量，如果换做纯文档（如 Word）来描述，需要多少篇幅？如果是汇报、沟通、讨论等，滚动页面来回浏览文字，比起一张这样的图，效果差距有多大。

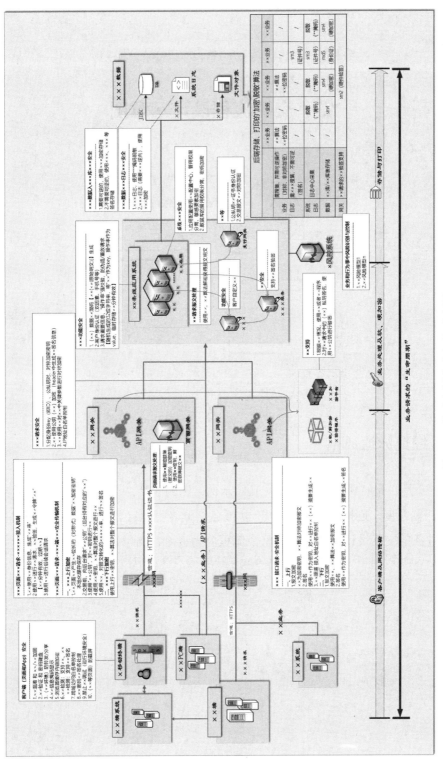

图 7-3　移动应用安全架构示意图

7.3 交互流程设计示意图

7.3.1 经典泳道风格

图 7-4 是一张经典泳道风格的交互图示例，因为包括 7 个参与角色，因此适度放大了设计颗粒度，连接线的数量不超过 30 条，读者可以轻松掌握。这是一个关于线上支付业务的交互设计，纵向上将整个流程分为订单、支付、结果三个分段，十分契合主题。

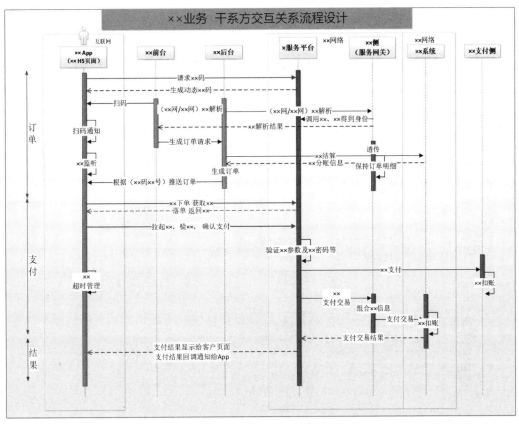

图 7-4　泳道风格交互流程示意图

　　横向以干系方 / 角色展开，纵向以时序展开，泳道风格图有固定的制式，制图门槛并不高，设计者需要关注和把握的是颗粒度，一张图中不可能将所有分支都画进来，需要进行简化提炼。

　　图 7-5 是一张"反泳道"图，反的含义是指坐标轴含义与经典泳道图相反，横向以时序展开，纵向以干系方 / 角色展开。

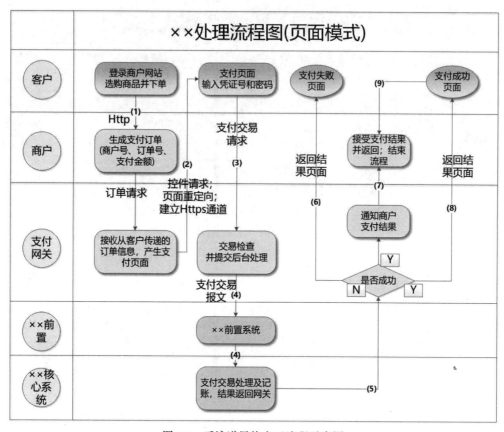

图 7-5　反泳道风格交互流程示意图

泳道图主要包括两方面重点，一是节点，二是连接线。两张图体现了两种表达手法，相比而言，图 7-4 中未绘制节点框（取而代之的是体现节点生命周期的矩形框），内容更侧重于连接线（核心文字及描述在线上）；图 7-5 则重在节点本身，主要的文字内容在节点框内。

图形的视觉焦点与要体现的内容重点一致，这是判断设计图质量的重要标准之一，从这个角度看，这两张图都是"优雅得当"的。正反泳道图各有其视觉优势，无优劣之分。

7.3.2　立体图风格

图 7-6 不再使用泳道制式，立体图的优势是表达更加自然、灵活，缺点是画图难度明显增加，对于设计者来说需要投入更多时间。

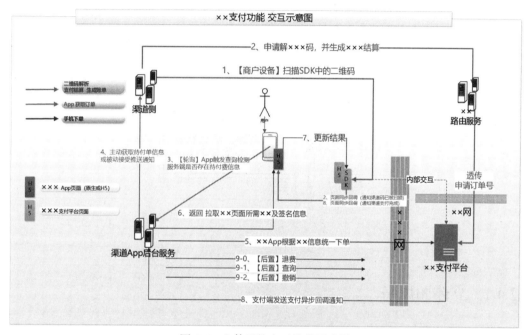

图 7-6　立体风格交互流程示意图

脱离了制式约束，立体图可以大量使用图标，整张图的表现力更佳。但是，同样是一个关于线上支付业务的交互设计，因为没有制式化作为识图线索，尤其是交互的时序关系，只能通过数字序号来表示，导致此图看起来比泳道图要复杂难懂得多。就交互设计图来说，一般情况下，我还是推荐使用泳道制式。

7.4　系统逻辑关系示意图

7.4.1　立体图风格

图 7-7 是一张表现力强大、内容极丰富的图。关系线上文字描述的是系统间业务接口（服务）级调用关系，而非进程间通信技术，其所携带的内容量，远超过对上下游关系的简单标注。因此，并不能通过如 ESB 服务总线方式将此网状的关系图进行简化，ESB 是服务集成、协议适配等技术目的，并无业务属性，ESB 上的所有服务，最终都来源于应用系统。如果想要掌控"哪个系统提供哪些接口，这些接口被哪些系统所调用"，那么，每一个业务系统都要出现在图上。

需要注意的是，这张平铺图是有焦点的，第一是图例的颜色，可以让阅读者有选择地关注不同的业务板块，第二是矩形框的大小不同，大矩形框是相对重要、处于轴心地位的。使用颜色和框的大小来携带设计语义，是制作高档次技术图的必备技能。

这张图所含的系统，可能只是整个平台的一个小部分，但其间关系已经足够错综复杂，用一张大图已经难以容纳，与立体风格的交互流程图类似，做图门槛比较高，修改难度大，因此难以长期维护。但是对于足够庞大的系统群而言，没有其他更简洁的表达方式了。

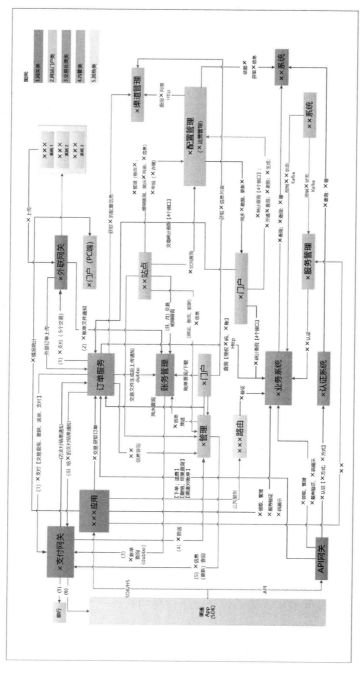

图 7-7　立体风格系统逻辑关系示意图

7.4.2　分层次风格

同样是系统间逻辑关系，图 7-8 的连接线同样很多，但是整张图要清晰很多，根本原因在于图中分为 5 个板块的 23 个系统，可以分为 2 层，即图中的上层和下层，两层板块之间存在的依赖关系很多，每层内板块之间依赖关系很少，每个板块内的各个系统间依赖关系很多，恰恰体现了"高内聚、低耦合"的特征。

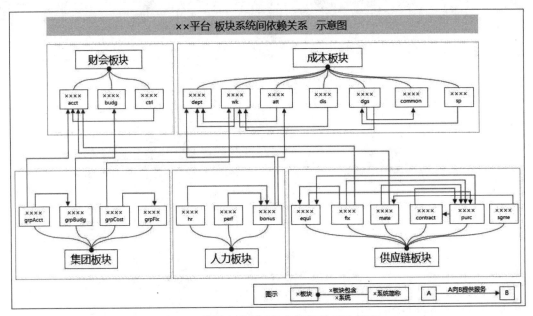

图 7-8　分层次风格系统的逻辑关系示意图

对于体现若干个实体单元（图 7-7、图 7-8 的实体数量都在 20 ～ 25 个）之间关系的技术设计图，全局结构上能进行分层的，可以优先考虑分层，相比于网状布局的连接线麻团，分层连接表达效果更加清晰。

这样的规律，使得分层构图相当有效，整个设计图因此而变得有序、易读。

对于系统及连接线的数量很多的情况，通过分层、分块的方式将复杂变简单，此图是良好的例子。

此 23 个系统相互间的依赖关系设计，所体现的另外一个特征是，连接线无文字，箭头指向被依赖方，两层之间的所有关系线的箭头方向都是一致向上的，说明下层 3 个板块中的很多系统是公共通用类的，为上层 2 个板块系统提供支撑。

7.5 应用系统部署示意图

图 7-9 是一张部署图，诠释了如下几个特点：一是充分体现了"水平宽、纵深浅"这一良好的架构设计原则；二是此图是本书第二部分 21 张图中技术性最强的，也是唯一使用 Visio 专用插件提供的图标，消息中间件、文件存储、缓存、数据库、运行容器、负载均衡、区域外关联系统等节点都使用专用图标表示，从本质上携带了第一级的技术信息，保证了整张图的可读性；三是图的元素量适中，如果再增加，一般显示器难以看清楚；四是使用多种连接线，直折线为主形成主关系网，细一点的曲线连接表达更灵活的系统间访问关系。

作为逻辑部署图，内容齐全是最重要的制图衡量因素，除上述特点外，本图详尽标注了各个服务的域名信息、网络区域信息，以及每个系统的名称，并对重要系统标注 IP 地址信息。

经过"前后端分离，后端微服务拆分"后，一个应用系统会产生 N 个部署点。部署图比其他类设计图复杂之处在于，必须准确反映实际运行的部署点，一个部署点即是一个元素，不能合并或者简化示意。本图是 × 平台的一个板块，但已经足够复杂，因此，一张图包容平台全部系统并不现实，只能是按板块拆分分别绘制。

　　本图框体左右两侧的绿色圆圈，即是本板块有关联关系的（其他板块）系统，这些系统是多板块间的连接点。对于平台全局共享的中间件和技术服务，每个板块都要绘制，如图7-9所示，标明其给本板块所分配的资源标记，对于数据库而言是实例名称，对于缓存而言是分区的名称，等等。

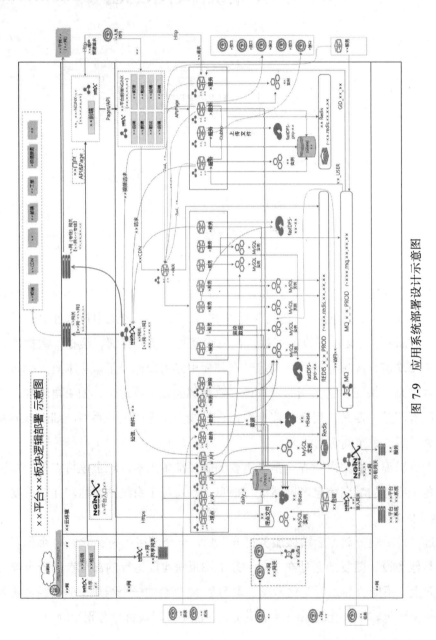

图 7-9　应用系统部署设计示意图

7.6 数据架构设计示意图

7.6.1 偏重数据处理关系

这是比较主流的数据架构表现手法之一，侧重描述各个数据主题之间的逻辑处理关系，图 7-10 所示的数据架构图的语义并不包含技术实现方面的信息，哪个是 Oracle、MySQL，哪个是 Hive，这种基本的技术要素都没有体现。

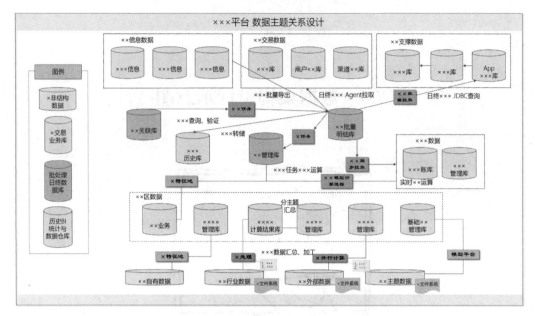

图 7-10　数据主题处理关系设计示意图

　　图 7-10 有三方面语义：一是平台中所包括的各种数据主题，二是使用图例对数据主题进行分类，三是使用矩形框表现重要的处理程序，以及（包括拉取、查询、运算、汇总、导出等）主要的处理关系。

　　图 7-10 再次使用图例表达一层语义，对数据库使用微软雅黑，对处理程序使用隶书，分别使用两种字体以示区分，为避免太乱，本图并没有再增加文字，全图布局匀称，尤其是着色走清秀风格，但绝不失严谨感。制图风格与个人偏好有关，主观性较强，笔者难言绝对意义上的指导，最终还是要靠自己多琢磨、多练习，找到自己的风格。

7.6.2　偏重于分区关系

　　图 7-11 只有两方面语义：一是以分区的方式，显示平台中所包括的各种主题的数据库，二是分区之间的关系。显而易见，该图更着重于体现分区规划设计，按板块清晰展示各类数据。除数据库外，还囊括日志、对象等文件类数据资产，为了便于区分，对于不同种类的文件类数据资产，使用了不同图标。因此，此图的目的就很清楚了，全面列示平台的数据资产。

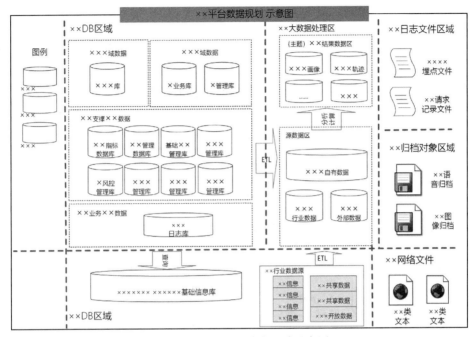

图 7-11　数据分区分类设计示意图

需要注意，图 7-10、图 7-11 都是逻辑视角的数据库设计，重在体现业务切面的所述板块、数据主题及数据含义，这只是全面、完整的数据架构设计的一部分而已。

7.7　系统功能框架示意图

7.7.1　功能地图型

功能设计是平台设计中必不可少的，但并非一定由技术人员来制定，很多情况下是由业务方、产品方在立项或者下发需求时提供。其更多体现在需求分析工作中，与技术架构和设计相关性略低，本书正文中并没有对应章节讲述功能设计。

软件平台建设初始，一般不会全局设定全部应用系统的功能，因此功能设计多是系统级别的，在进行系统设计时做更为现实。

功能设计与产品地图，可以使用相似的表达，即大量、多层级的框体来表达一级功能、二级功能、三级功能，以此类推，图 7-12 是一个规规矩矩的功能罗列图范例，如目录、列表风格的表现方式，图中没有明显的视觉焦点，所有功能没有轻重之分，作为平台系统功能的设计规划所用，应该是可以胜任的。作为提升建议，如果增加图例，对不同颜色定义属性（如底座类、核心类、增值类……），并标注优先级级别，增加一个内容切面，此图的语义无疑会更加丰富。

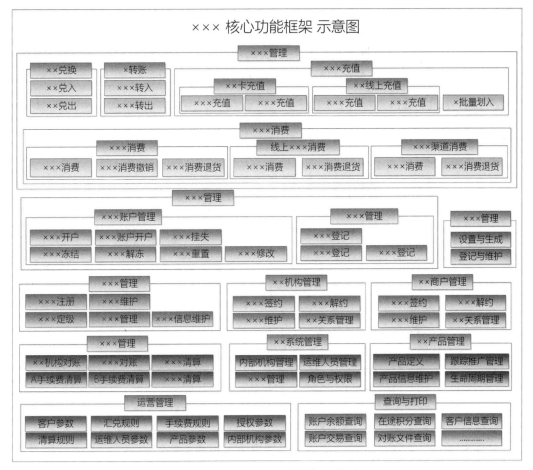

图 7-12　罗列型的功能框架示意图

　　对于制作图型、页面类材料，笔者不推荐使用此类无焦点图，在没有其他办法，只能如此的情况下，可以认为"没有焦点也就意味着全图都是焦点"，只能通过语言讲述时"避轻就重"[①]地有选择发挥。

　　功能设计经常会被产品地图取代。功能框架设计与系统逻辑关系设计有一个共同的"命运"，常为立项、为汇报而生，完成其用途之后，后续功能和业务接口内容变化多而且频繁，很少会再被维护，不再鲜活。

---

① 并非错词，是特意对成语避重就轻的修改，来形象化表达，便于加深记忆。

7.7.2　功能与交互混合型

　　图 7-13 是一张混合风格的设计图，左侧重点描述包含各个参与方系统间的逻辑关系交互，右侧则着重表示前台、中后台系统的功能框架。如果右侧使用 7.7.1 节的纯功能地图型的方式，左右之间的反差确实比较大，因此，右侧也使用了一些关系连接线，因此整个设计图还是很协调、平衡的。

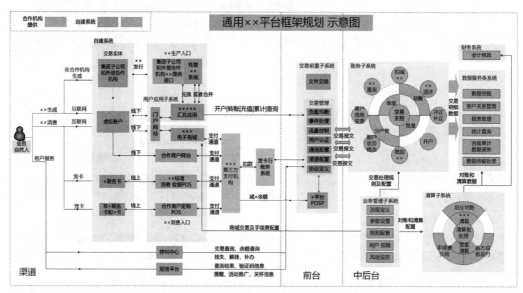

图 7-13　功能与交互混合型的功能框架示意图

　　当时评审时，有人确实对此有质疑，提出可以拆成两张图来表示，左右分别形成一张图。是的，笔者也并不推荐将不在一个维度切面的多个主题放到一个图上，但是图形毕竟是自由表达，版面允许的情况下，只要不是结构太失衡或者头重脚轻，根据具体需要，制图者可以如此发挥。

第 8 章
积累复用，多走捷径

IDE 里集成的代码检查工具，配置了规范的检查规则，可以是行业通用的，但是对于编制技术评审检查点、版本上线单据、平台运行事件台账等必备的文档材料而言，最大的不同处在于其个性化更强，即根据平台的技术特点和功能模块类型，以及工程的实际情况摸索而定。

以技术评审检查点为例，合适的检查点，必须来源于之前评审工作的问题记录和搜集，经过积攒、梳理，理论与经验相结合进行筛选，为平台评审工作所专用。

本章提供具备一定通用性的前后端技术评审检查点，以及几个必备的工作台账记录模板，可供缺乏此类工作材料的读者参考使用。

编写平台的各类流程、管理办法、招标文件、各类操作单据等材料，甚至是常用领域的技术规范文件，从零开始编制，难度大、耗时长，最优的方式是寻找同行业的同类材料，拿来学习参考，修改完善后为己所用。

8.1　技术评审检查点

经长期积累、沉淀，整理出的CheckList，是团队的宝贵财富

8.1.1　前端领域

　　表 8-1 是前端领域的技术评审检查单示例，包含 40 个检查项，涵盖业务需求、代码规范、性能、依赖包管理、安全、代码库 6 个方面的内容，便于在实际工作中参考。

表 8-1　前端技术评审表

序　号	类　型	检查项	检查项说明
1	业务需求方面	重点业务评估	重点业务是否符合需求，并评估重点业务流程合理性
2		作废需求冗余	更新迭代造成的冗余代码及时删除
3		对全局引用环境变量检查	若更改环境变量本地服务不易排查，需增强评审
4		功能范围评估	底层架构、组件或者方法的修改，是否确认影响范围，每个受影响的依赖都能正常使用，是否属于本次迭代正常上线的功能范围，有没有对本次范围进行变更

续表

序　号	类　型	检查项	检查项说明
5		文件、变量命名	命名规则统一，语义清晰、规范、正确，避免命名冗余
6		CSS 样式	选择器应该在满足功能的基础上尽量简短，减少选择器嵌套，查询消耗，但避免覆盖全局样式设置
7		使用 ES6 编码规范	使用 ES6 编码规范编写代码
8		全等号使用	等于判断使用全等于号，避免在判断的过程中，由 JavaScript 的强制类型转换所造成的困扰
9		复杂条件判断	if 循环中的条件是否合理，多重 if 嵌套是否逻辑清晰，是否有更好的替换方案
10		逻辑范围变化	注意条件判断逻辑处理的范围变化，评估是否真地符合预期
11		逻辑边界处理	是否考虑代码的边界逻辑，交互逻辑是否全面
12		异常错误处理	抛出异常或者错误，页面或者运行的代码是否会崩溃
13		空处理评估	条件判断，对象使用中是否需要进行判空处理
14		列表渲染设置属性 key	key 是否使用合理的唯一标识
15	代码规范方面	代码注释	注释是否清晰、合理且必要
16		代码复用及扩展	逻辑抽离，避免重复、冗余代码
17		数据处理评估	尽可能直接展示后台返回数据，对传输 / 接收的数据都进行校验、认证，确保数据的来源和正确；数据转换处理一定要经过充分的测试验证，并且尽量选取源数据进行传输，而非转换后的数据
18		依赖倒置	模块之间的依赖是否合理，模块修改时，影响面是否能得到有效控制
19		全局方法	评估全局方法的合理性，是否存在冲突、覆盖
20		递归函数	直接或间接地使用递归，要确保递归可以退出
21		全局功能方法单一原则	遵循单一原则，减少 if…else 判断
22		less、sass 使用规范	公共样式抽取，减少打包大小，独立样式减少范围，注意命名冲突
23		二级路由	多路径情况，以当前路径为基准跳二级路由，不要写固定路径
24		兼容性	代码是否有浏览器版本、历史数据、接口等兼容问题

序　号	类　型	检查项	检查项说明
25	性能方面	HTTPS 请求	页面初始化请求过多，白屏时间过长，初始化加载数据是否在正确范畴内
26		防抖和节流	评估频繁请求操作采用防抖和节流控制请求数，或者采用显示加载中的方式来阻止用户多次点击
27		静态资源	图片、路由懒加载，图片压缩、base64 转码，第三方插件按需引入，合理使用 CDN
28		内存泄漏	及时清理监听、定时任务，清除全局变量、闭包、JavaScript 对 dom 的引用，清除缓存避免内存泄漏
29		缓存数据	重复加载数据时，缓存数据以减少请求次数
30	依赖包管理方面	依赖包安全性	尽量减少第三方依赖，选用相对成熟的依赖包，检测依赖包的风险
31		相同功能依赖仅依赖一套	对第三方组件，相同功能仅使用一套，优先以内部组件为主，若不满足要求，先尝试对旧组件二次封装
32		依赖包版本管理	不得随便改变依赖包的版本，新增、更新依赖库需锁死版本
33	安全方面	XSS 漏洞	输入的值以及输出的值进行全面的安全过滤，对非法的参数，如 "<>" 等特殊符号进行自动转义，或者是强制拦截并提示，过滤双引号、分号、单引号，对字符进行 HTML 实体编码操作
34		硬编码密码	是否采用硬编码方式处理密码
35		JavaScript 动态代码注入	不使用 eval 函数解析服务端的响应
36		外链跳转	第三方外链跳转免责提醒
37		控制台打印语句	打印调试语句是否清楚，防范数据信息泄露
38		敏感数据加密	数据传输是否使用国密算法进行加密，接口是否会在无用户凭证的情况下，返回敏感数据；敏感数据展示及存储是否脱敏或加密处理
39	代码库操作	遵循提交规范	提交 message 清晰，并循序规范，需求号＋＋message
40		增加提交频率	大需求拆解为多段小功能点，分别提交，增加清晰度

8.1.2　后端领域

表 8-2 是后端领域的技术评审检查表示例，包含 50 个检查项，涵盖业务代码、服务调用、配置文件、运维检测、安全、性能代码、数据库、缓存、中间件、网络共 10 个方面的内容，便于在实际工作中参考。

表 8-2　后端技术评审表

序　号	类　型	检查项	检查项说明
1	业务代码方面	重点业务评估	重点业务是否符合需求，并评估重点业务流程合理性
2		条件判断	if 循环中的条件是否合理，多重 if 嵌套是否逻辑清晰，是否有更好的替换方案
3		异常处理	对接口异常有对应处理，并评估合理性
4		空处理评估	条件判断，对象使用中是否需要进行判空处理
5		边界处理	是否需要考虑边界值问题，评估边界值影响
6		注解编写	关键属性、关键方法、关键类添加注解
7		代码注释	注释是否清晰且必要
8		高可用性	如果业务出现问题是否有可替代方案
9		组件复用	是否充分利用了已存在的第三方组件，避免重复开发
10		代码易读	是否规避了使用魔法数，函数是否过长，且逻辑冗余
11		代码设计	是否违背了设计模式的相关原则
12		引用修改	避免在函数内部，进行对象引用的重定向
13	服务调用方面	接口超时设置	整体服务是否设置了超时机制，是否有单个接口需要设置超时机制
14		第三方调用评估	是否有第三方调用系统接口服务，检查接口可用性，以及明确调用方，调用机制
15		调用第三方评估	是否有调用其他系统接口服务，检查下游服务发生问题后是否有对应的容错机制，比如读超时设置
16		服务耦合性评估	是否松耦合调用，防止本服务受其他服务的影响
17		服务调用关系	微服务间服务调用关系是否清晰且合理
18	配置文件方面	配置修改，新增评估	是否有新增加或修改的配置，且区分了生产和测试环境
19		配置文件加密评估	配置文件中的重要信息加密编写，例如密码等

序　号	类　型	检查项	检查项说明
20	运维检测方面	健康检查接口评估	是否添加了运维探针检测接口
21	安全方面	数据库敏感字段评估	是否有敏感字段，并对该字段进行国密加密
22		日志敏感字段评估	是否有敏感信息经过日志打印
23		数据传输加密评估	数据传输是否需要加密解密，如果不需要给出解释
24		前后端交互	接口是否会在无用户凭证的情况下，返回敏感数据
25	性能代码方面	递归方法评估	是否使用递归，查看递归退出条件是否清晰
26		性能，并发评估	是否考虑并发问题,加锁是否合理,是否考虑分布式锁,是否需要性能测试
27		循环嵌套循环	是否有循环中使用循环，并查询数据库的情况
28		Java 新特性使用评估	是否使用 Stream API 和 lambda 表达式，可以在批量操作集合的情况下获得更高的效率（并行执行）
29		缓存评估	是否合理使用了缓存技术提升访问性能
30		池化技术应用	是否使用了池化技术，是否充分考虑了并发量，并合理地配置了池参数（包含连接数、缓存策略、队列长度、超时策略）
31		充分利用 CPU 性能	数据是否规整，合理利用了 CPU 分支预测逻辑。避免跨维度操作数据，避免降低 CPU 缓存命中
32		对象引用释放	是否在使用完对象后进行了释放，避免影响 GC
33	数据库方面	数据量评估	是否会产生大数据量的表，是否针对其进行处理
34		慢 SQL 评估	是否会有大 SQL 查询
35		索引评估	是否需要新增加索引，判断索引的合理性
36		SQL 执行计划	通过分析执行计划判断 SQL 的效率
37		逻辑是否过度依赖 SQL	将不合理的计算逻辑放到数据库，降低了数据库的性能，且 SQL 过长不易理解
38		锁表语句评估	不得使用 for update 等语句操作数据库
39		多表关联	多表关联和多次数据库操作两种方案选择是否合理
40		查询 SQL 条件判断	对于数据量过大的表，SQL 语句是否关联了索引，且不受参数为空的影响

续表

序　号	类　型	检查项	检查项说明
41	缓存方面	Redis 键遍历操作评估	是否存在对 Redis 所有 key 的查询操作，如 key *
42		Redis 值数据量评估	是否有大 value（Redis 值对象）存储，评估影响
43		Redis 锁评估	加锁后是否释放
44		Redis 超时时间	设置 key（Redis 键）的时间，控制内存使用
45		Redis 数据一致性	是否保证了持久化存储和 Redis 同步修改，避免数据不一致的现象发生
46	中间件方面	消息通道基础配置评估	是否有新增加的消息通道，明确测试生产配置，并明确环境 Topic 是否创建完成
47		第三方接入评估	评估具体接入的第三方，明确接入方式，以及具体处理的业务流程
48		中间件单点评估	如短信、滑块、CDN 等，调用支持冗余的方法
49	网络方面	网络连通性评估	是否有新增加的网络链路，评估对应的网络、端口配置以及白名单添加
50		负载代理转发评估	是否需要经过 Nginx（或其他负载代理）转发请求，并明确路径，确认测试与生产的区别

8.2 上线与运行事件台账

场景覆盖全面，无死角
内容完整，严谨记录

8.2.1 版本上线台账

版本投产工作信息登记，作为一项日常例行工作，看似无技术难度，但确实需要一定的管理经验，并对交付工作实际情况有深入了解，才能量身订做适合平台的台账单据。表 8-3 是一份版本上线单据的示例，读者可在实际工作中参考。

表 8-3 版本发布台账

×× 平台 - ×× 产品 - 版本发布单			
上线单编号	YYYYMMDD×××	版本号	V×.×.×
版本类型	1. 常规版本 √ 2. 临时版本 3. 紧急版本	需求来源	1. 产品 √ 2. 运营 3. 技术 4. 其他
上线原因	（需求版本，紧急任务……，在此进行相关描述说明）		
上线功能	（简述上线功能）		

续表

××平台 - ××产品 - 版本发布单		
UAT 验收说明	1. 验收通过 √ 2. 部分验收通过（"无法验证"内容及原因） 3. 未验收（原因） （说明 UAT 环境验收情况，如存在"无法验收"的部分或"未验收"的情况，说明内容及原因）	
上线变更范围	1. 基础资源变更 2. 网络变更 3. 应用程序变更 √ 4. 中间件变更 5. 配置变更 6. 数据库变更 7. 运营操作	发布系统

上线变更范围（发布系统）	
系统名称	依赖系统（无则空白）
1.××	1.××
2.××	2.××
…	…

上线变更描述	上线文件清单	
	（填写上线所涉及的程序包 job 名称、配置文件涉及的工程名称，包含"增、删、改"的配置文件名称，按需写明文件所在的路径、日期）	
	程序包 job 名称	配置文件名称 仅涉及配置修改时填写
	1.×××	1.×××
	2.×××	2.×××
	DB 操作审批单号	
	（涉及数据库操作时，需上传 ××× 系统 ××× 审核通过的单号，包含"单号""状态"两个字段）	
	中间件审批单号	
	（涉及中间件操作时，需上传 ××× 系统 ××× 审核通过的单号，包含"单号""状态"两个字段）	
	操作说明	
	（写明上线变更范围的执行顺序；涉及配置变更需在下面代码块中编写详细的执行内容；仅重启工程，无须部署系统的需单独编写操作步骤，写明工程名称） 1.××× 2.××× 3.××× 更新配置文件名称： 更新配置文件内容：	

续表

×× 平台 - ×× 产品 - 版本发布单			
上线变更描述	验证说明		
	1. 可直接验证： 2. 无法验证： 3. 延迟验证： （对上线后"可直接验证""无法验证""延迟验证"或"他人配合验证"的内容及操作进行描述；"无法验证"的部分写明原因）		
	回退说明		
	（写明需进行版本回退时，回退的操作） 1.××× 2.×××		
开发操作人员			
是否停机	1. 停机	停机时长	
	2. 不停机 √		
运维操作人员（主）		运维操作人员（备）	

8.2.2　运行事件台账

平台运行事件的类型较多，最常用的两个，一是需求交付环节的问题，二是平台运行维护中出现的事件。表 8-4 是一份版本投产问题台账的示例，读者可在实际工作中参考。

表 8-4　版本投产问题台账

版本投产问题台账表	
问题时间	
业务条线	
版本编号	
需求编号	
需求名称	
问题领域	①应用程序包 ②配置中心及配置文件 ③数据库操作 ④中间件配置 ⑤负载均衡（或路由）配置 ⑥网络操作……
问题描述	

续表

版本投产问题台账表	
问题处置措施描述	
问题的发现方式	①技术验证 ②产品验收 ③用户投诉 ④运行故障 ⑤部署失败……
问题的类型	
问题的产生原因分析	
后续改进方案及事项跟踪	列示方案、责任人、时间计划
问题及处置描述附件	过程及处理的详细过程描述，单独出报告的作为附件提供

表 8-5 是一份运行维护中事件台账的示例，便于在实际工作中参考。需要注意事件类型完整，不仅包括运行故障，对停机维护、服务降级、切换演练等事件，只要涉及对客户造成实质性影响的，都应该记录在案。

表 8-5 运行事件台账

运行事件台账表	
开始时间	
结束时间	
持续时间	
事件类型	①不可用故障 ②计划内停机 ③限流、熔断 ④切换演练……
详细类型	①硬件故障 ② 网络 ③应用系统 ④三方系统或服务⑤其他
故障定级	（如果为故障）1 级 、2 级……
问题简述	
影响范围	
处置措施	
后续改进方案及事项跟踪	（对于故障类型填写）列示方案、责任人、时间计划
报告或材料	（对于故障类型填写）关于问题发生的整个处理流程、涉及到的技术诊断与操作，如内容较多则单独提供附件

参考文献

[1] 达利欧. 原则 [M]. 刘波，綦相，译. 北京：中信出版社，2018.

[2] 基林. 架构师修炼之道 [M]. 马永辉，顾昕，译. 武汉：华中师范大学出版社，2019.

[3] 埃文斯. 领域驱动设计：软件核心复杂性应对之道 [M]. 赵俐，盛海艳，刘霞，等译. 2 版. 北京：人民邮电出版社，2016.

[4] 弗农. 领域驱动设计精粹 [M]. 覃宇，笪磊，译. 北京：电子工业出版社，2018.

[5] 弗兰克·布施曼，雷吉娜·默尼耶，彼得·萨默拉德，等. 面向模式的软件架构：模式系统 [M]. 袁国忠，译. 北京：人民邮电出版社，2013.

[6] 理查森. 微服务架构设计模式 [M]. 喻勇，译. 北京：机械工业出版社，2019.

致谢

　　能将自己的知识，以这样的方式，传播到社会进行分享，是一种真正的快乐，希望本书的内容，能够得到真正的认可与好评。大家的支持是我以后能够创作更多、更好作品的最强驱动力。

　　感谢清华大学出版社对本书的赏识，这是对我最大的鼓励，离开校门18年，能以这本书与清华再度结缘，是我的莫大荣幸，这份喜悦之情，可谓溢于言表，远非富贵之物可比。头一遭出书，对整体流程明显缺乏认知度和把控力，而且完全独立的编撰方式十分考验耐受力，在迷茫时，编辑是我唯一可依赖的对象，感谢清华大学出版社编辑在整个过程中的帮助，尤其是对语言文字的悉心把关。

　　感谢工作过的单位的领导和各位同仁对我的指导，使我有机会以这样的方式回馈行业。感谢殷犇总经理、张波总经理、陈天晴院长，感谢大神级技术专家黄志东、吴震操、刘景应，感谢老朋友刘惠军和厉冬，以及成就远在我之上的老同学左学明和赵静谧，为我做序或推荐语。尤其是上铺兄弟左学明，一别多年，远隔重洋的交流，时而将我拉进回忆的堆栈中，感叹时光飞逝、岁月蹉跎。

感谢倪真与我默契合作，在极短时间制作的简笔绘画，使本书整体结构更呈立体化，这些配画无疑进一步彰显出本书的独特风格，为读者朋友们奉上飘逸之风。感谢唐宜冰对书稿的试读挑错。

本书特别献给已故多年的父亲，人生无常、世事如棋，唯希望才学书气能够跨越两个世界，成为共情之物，值此寄托！为纪念父亲，是写此书的初衷之一，创作一部作品的最神圣（或是奇妙）之处，或许永远在于探求在其内容之外的心灵延伸。

最后，不能忘记感谢家里人的默默支持。

确定使用《软件平台架构设计与技术管理之道》这么霸气的书名，对内容的权威性、理性、深度、视角和表现手法而言，意味着极高的潜在要求，就一个人的能力而言，不论达到多么高的境界，也不可能写出令所有人都满意的完美之作，何况仅凭我的绵薄之力。因此，感谢广大读者细心阅读，对于本书内容的任何意见和建议，可发送到我个人邮箱 namofin@163.com，以便进行修改、完善，同时希望通过本书能结识更多的技术同仁和社会友人。

由维昭

2022 年 7 月于北京

后记

这是富有意义的尝试

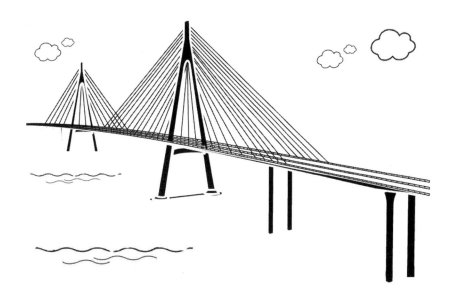

让无形的道跃然纸上

军旗有暗棋、明棋和翻棋三种玩法，在翻棋玩法中，最后答案揭晓前，你永远不知道你的司令、军长这些大棋子藏在哪里，这正是翻军棋的乐趣之一。同理，将三个总结性的、高度抽象的观点与主张放置在后记里面，只有阅读完全书才能看到，以此作为本书的一个特色和趣味之处，如果能在此处再体会到一丝升华，你对本书的印象定会更加深刻。

第一，软件平台所用技术是复杂的，但是项目管理与工作决策可以是简单的，可以是既轻量又透彻的[①]。你一定要留意保有"大道至简、大开大合"的格局和技术观。

---

① 这里所谓简单、轻量、透彻，要从抽象意义上去理解，而并非指工作难度小、执业能力的门槛低，请勿错误理解。

大量工作难免让你深陷于深奥的 IT 技术中，但是能够助你进行理性思考、做出正确判断的，往往是那些常识性的道理。架构设计与技术管理工作实战中，越是大的问题，其解决策略越是与具体技术无关，而是取决于立场原则、场景事态、各方关系、趋势变化、心理状况、信任度、影响力、公平性等方面的权衡，这些不仅没有任何一个是新鲜事物，而且其评判标准几乎是亘古不变的。

良好的思想和方法并非可以被轻易创造。多数情况下，不需执迷和诉诸于什么新生的理论、新奇的想法，我们工作中存在很多干扰因素，难堪大用的言论比比皆是，"花架子"在激烈的职场竞争中"各显神通"，对此，务必保持清醒头脑。庞大的 IT 队伍中，不论何时，你所能看到和控制的不良因素，远少于逃逸在你视野范围之外的，因此，应该永远保持谦虚谨慎的工作心态。

第二，我喜欢看反模式，本书的写法上，也多使用否定句和反问句，并且大量运用反例。依个人经验来说，对于同一个话题，一个反例携带的信息量可与两个正例相当，剖析反例能让论点更显透彻。就背后的思想本质而言，这是一种批判性思维！我的主张是，多以博弈、辩证的视角来观察、审视架构设计和技术管理工作，在批判性思维上付诸少量的精力，即会有"从根本上避免大量失败"之效。

如果你觉得这仅是在提升个人能力而已，那么，专题任务中组织有效的问题风暴会，即是批判思维在团队实际工作中良好运用的案例。再例如，领域驱动设计所推荐使用的事件风暴、架构工作中的风险驱动设计思想，这些以博弈视角来拉动工作的方式方法，都是我们应该大力发扬的。在团队管理方面，批判性思维可以发挥功效的场景应该更多，这里就不再举例了，留给读者自己思考为好。如何为批判性思维找到更多"翔实且有指导意义"的工作落脚点，这可能正是很多人需要突破的瓶颈。

来看质朴的象棋、军旗类对局，你必须投入一半以上精力去研究对方有啥破绽，剩下的精力呢，就是研究如何让自己没破绽，整盘棋所做的事情，都离不开用反向思维方式去识别破绽。这些古老的对弈游戏中蕴含着博大精深的智慧和道理，正如老同学在序中所言，"道"在各行之间都是相通的。

第三，如果把建设优秀软件平台比喻成踢一场酣畅淋漓、赏心悦目的足球赛，那么我们可以用对待裁判员和教练的方式，来评价软件平台技术负责人的工作表现。

如何评判足球比赛中的裁判员？答案应该是，对比赛节奏的把控、判罚尺度的拿捏，都做得十分到位，比赛得以连贯有序地进行，让观众感受不到裁判的存在，这是对其最高评价。而作为反例，则是裁判员频频出现错误判罚和争议判罚，球员和观众抱怨不断，比赛踢得断断续续，镜头屡次落在裁判员身上。再来看如何评判足球比赛中教练员，答案不难，良好的表现无疑是深思熟虑于心，协调自如地调配队员和阵型，同时能够最大化减少对场上球员的影响。大声叫喊更多是为传达信息，外在表象下，内心平静如水才是实质。

回到软件行业，同理观之，技术负责人兼具裁判与教练双重角色，优秀技术负责人的工作应该给人以"沉静而流畅"之感，呈现出"超越分歧"之力，升华于"自然而无形"之态。这在正文讲述"领会无为而治"时，已有所体现。如果你十分在乎存在感，一样可以成功并且成为行业顶流，但可能不太符合本书所讲述的最佳审美标准。

为何没有将这些内容单独做成一节放入正文呢，除了想效仿军旗暗棋玩法之外，原因还在于，越是抽象化的内容，越是并非针对软件平台的技术工作，而是在绝大多数行业中都适用。

虽然这三点内容都是抽象的理解，但是你已经看到，不使用"道"字，一样可以将这些"看不见、摸不着"的学问清楚的表达出来，本书从头到尾，一直都在努力做好这件事。

一本书，能做到一件事就足够了。

一份追求与一丝期望

本书的内容到此为止，在书稿编撰结束时，压力得以释放，作为此刻的几点感受，虽不敢谓深切之极，但确有必要分享。

一是激动。编写本书过程中，确实富有激情，每每想到一个好的词汇即让我兴奋不已，不论身处哪里都要随时找个介质记下，生怕忘掉。写书稿时，常常是陷入沉思中，不觉已深夜。这本书是一份情怀，也是一项挑战，它像一个磁场，吸引我去投入，除工作之外，旁暇事情无所顾忌。除此之外，我还重拾起对语文的热爱，越是临近结束，越是想挑战自己文字能力的极限[①]，咬文嚼字般推敲每一个句子。

人到中年，能体会这样的心情，尤为珍贵。用自己的方式努力诠释"不诉沧桑、

---

① 全书所有内容中，如果你感觉后记是写的最好的，那么即是对此处所言的印证。

不露锋芒、不减锐气"的心境和活法，是我们每一位同龄人孜孜以求的理想生活状态。

二是感慨。感慨从起笔到交稿的效率之高、速度之快，对于论道之书，无太多既有内容可鉴，主要靠自行构思、逐句揣摩、逐字敲击，实属不易。我十分推崇很多IT书籍作者的精益求精，但是动则花半年甚至更多时间撰写，这样的时间跨度真地不适合目前的我，如果还有机会，我一定尽力改正心态毛躁这个缺点。

著书是"立德立功立言"之行，我自然是希望书的内容能够尽善尽美，但是，架构设计与技术管理太过广博，就所论话题，只能尽量做到清晰，点到为止，另外也有对"内容量再增加是否会降低语言质量"的担心，因此，还有些可谈的内容本次未能再深入展开。修改中想增加、增加中想修改，循环无止境，脑力、体力、时间亦不允许内容再做蔓延，必须不断督促自己完稿。凡事无完美，或许遗憾也是一种美。

三是信念。防御故障的最高超方法恰恰是主动注入故障，混沌工程体现了"逆向思维"之巧；设置蜜罐系统引诱入侵者，捕获攻击，安全体系设计彰显了"陷阱思维"之妙。编写本书的立意，正是想给大家带来启发，意识到技术哲学就在我们身边。

对于技术设计与管理决策的考量要素（如书中提到的约束、质量属性、债务、领域特征、兜底机制、场景、颗粒度……换个视角，也可将这些要素称为"特定关切"），如果能够有效洞察其运用之道，加以深度思考、提炼归纳，那么一定可以将高价值的观点（与理念）根植于心，逐渐固化下来，成为无形的能力底蕴、坚实的思想后盾。沉淀技术哲学，做到厚积薄发，这不仅令我们自身受益，更是助推软件业良性发展的利器。

四是期望。IT书籍一定要长篇大论的写技术、技能或者工具方面内容吗？主流风格确实如此。请认真思考，可否就一个精髓的观点和方法而写一本十分短小精悍的书，或是如随笔散文、漫漫谈心一样来写作IT书籍，亦或是用讲故事的写作手法编撰一本没有一行代码的IT书籍？减少被"形"所束缚，增加对"灵"的追求，这正是本书倾力而为的方向和价值目标。

因此，我尝试用相对来说颇为迥异的风格来写这本书，希望读者读起来能有一丝清新淡雅之感，期望本书的上市，做一点点引领之效，能为各种非主流风格类型的IT书籍，增加些许的市场空间。

不论如何，这都是一次富有意义的尝试。以此，为后记。